今すぐ使えるかんたん **PLUS+**

HTML5 &
CSS3

中島 真洋 著
Masahiro Nakashima

コンプリート
完全 大事典

Microsoft Edge　Microsoft Internet Explorer　Google Chrome　Mozilla Firefox　Opera　Safari　Safari(iOS)　Android

技術評論社

本書の使い方

・HTML5の要素、CSS3のプロパティについて解説しています
・主要ブラウザの対応状況がひと目でわかります
・使用できる属性や指定可能な値を簡潔にまとめています

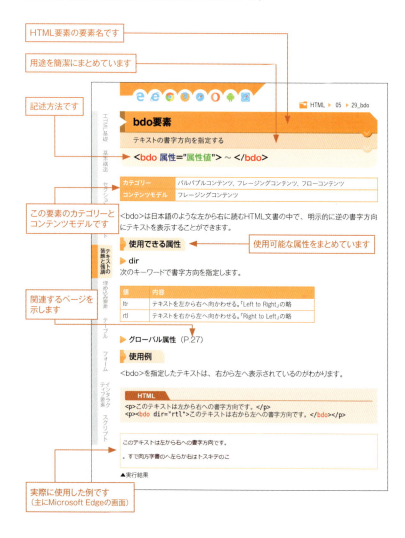

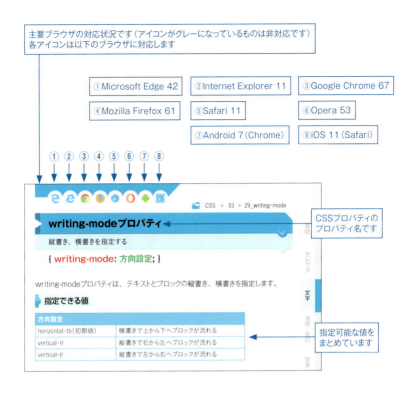

サンプルファイルについて

本書の解説で利用しているサンプルファイルは、本書のサポートページからダウンロード可能です。ブラウザを使い、以下のURLにアクセスしてください。

https://gihyo.jp/book/2018/978-4-7741-9811-8/support

サンプルファイルはZIP形式で圧縮されていますので、展開してご利用ください。
各解説の右上に、対応するサンプルファイルのフォルダーを記載しています。

たとえば、「CSS ▶ 03 ▶ 29_writing-mode」と書かれていた場合は、「CSS」フォルダー内の「03」フォルダーにある、「29_writing-mode」フォルダーの中にサンプルファイルがあります。

目 次

HTML 編

▶ HTML基礎

HTMLの基礎 ························ 18
カテゴリー ························ 21
コンテンツモデル ························ 24
アウトライン ························ 25
グローバル属性 ························ 27
マイクロデータ ························ 29
WAI-ARIA ························ 30

▶ 基本構造

DOCTYPE　　　ドキュメントタイプを宣言する ························ 32
html　　　　　ルート要素を示す ························ 33
head　　　　　ヘッダ情報を示す ························ 34
meta　　　　　HTML文書に関する情報（メタデータ）を示す ························ 35
title　　　　　HTML文書のタイトル要素を示す ························ 38
base　　　　　相対パスの基準となるURLを指定する ························ 39
link　　　　　指定した外部のリソースを参照する ························ 41
style　　　　　スタイル情報を記述する ························ 44
body　　　　　HTML文書の本文を示す ························ 45

▶ セクション

main　　　　　HTML文書のメインコンテンツを示す ························ 46
article　　　　記事コンテンツを示す ························ 47
section　　　　文章のセクションを示す ························ 48
header　　　　セクションのヘッダー情報を示す ························ 49
footer　　　　直近のセクションのフッター情報を示す ························ 50
nav　　　　　　ナビゲーションを示す ························ 51
aside　　　　　補足・余談の情報を示す ························ 52
address　　　　連絡先の情報を示す ························ 54
div　　　　　　特別に機能がない汎用的な範囲を示す ························ 55

004

▶ テキスト

h1、h2、h3、h4、h5、h6

見出しを示す ································· 57

p 段落を示す ··································· 58

ol 順序のあるリストを表す ················· 59

ul 順序のないリストを表示する ··········· 61

li リスト項目を表示する ···················· 62

dl 定義や説明のリストを表示する ········· 63

dt 定義する用語を表示する ················ 64

dd 定義した用語の説明を表示する ········ 64

blockquote 引用文であることを示す ··············· 65

pre ソース中のスペースや改行をそのまま表示する ··· 66

hr 段落の区切りを示す ······················ 67

▶ テキストの装飾と強調

a リンクを示す ································· 68

em テキストに強勢を付ける ················ 72

strong テキストに重要性を示す ················ 73

b 他と区別したいテキストを示す ········· 74

i 通常のテキストとは少し異なるテキストを示す ··· 75

u スペルミスや外国固有名詞などを示す ··· 76

mark ユーザーの操作によって目立たせるテキストを示す ··· 77

small 細目（さいもく）を示す ················· 78

s 無効になった内容を示す ················· 79

cite 文献や作品のタイトルを示す ··········· 80

q 短い引用文であることを示す ··········· 81

dfn 定義語を示す ································· 82

abbr 略語や頭文字を示す ···················· 83

ruby ルビを振る ··································· 84

rb ルビを振る対象テキストを示す ········· 86

rt ルビテキストを示す ······················ 86

rp ルビテキストを示す ······················ 87

rtc ルビテキストの集まりを示す ··········· 87

time 日付や時刻を正確に示す ················ 88

data コンピュータが理解できるデータを示す ··· 90

sub 下付き文字を表示する ··················· 91

sup 上付き文字を表示する ··················· 92

005

span	汎用的な範囲を示す	92
br	改行を示す	94
wbr	改行が可能な位置を指定する	95
ins	追加されたことを示す	97
del	削除された箇所を示す	98
bdi	他のテキストとは異なる書字方向であることを示す	99
bdo	テキストの書字方向を指定する	100
code	プログラムなどのコードであることを示す	101
var	変数であることを示す	102
samp	プログラムなどの出力結果であることを示す	103
kbd	ユーザがコンピュータへ入力する内容であることを示す	104

▶ 埋め込み要素

img	画像ファイルを表示する	105
picture	レスポンシブ・イメージを指定する	107
source	video要素、audio要素、picture要素で複数の外部リソースを指定する	108
【実践サンプル①】	ユーザのディスプレイ環境に合わせて異なる画像を表示する	109
map	イメージマップを作成する	112
area	ホットスポット領域を指定する	113
figure	図表などのまとまりを示す	115
figcaption	figure要素のキャプション（表題）を示す	116
iframe	インラインフレームを表示する	117
embed	外部アプリケーションやインタラクティブコンテンツを埋め込む	119
audio	音声コンテンツを埋め込む	120
video	動画コンテンツを埋め込む	122
track	video要素やaudio要素のトラック情報を指定する	124
svg	SVG画像をHTML文書に埋め込む	126
object	外部のリソースを埋め込む	127

▶ テーブル

table	テーブル（表組み）を作成する	128
tr	テーブル（表組み）の行を表す	129
th	テーブル（表組み）の見出しセルを表す	129
td	テーブル（表組み）のセルを表す	130
caption	テーブル（表組み）のタイトルを表す	131
thead	テーブル（表組み）のヘッダ要素の行グループを表す	131
tbody	テーブル（表組み）のボディ要素の行グループを表す	132
tfoot	テーブル（表組み）のフッタ要素の行グループを表す	132

colgroup	テーブル（表組み）の列グループを表す	133
col	テーブル（表組み）の列を表す	133
【実践サンプル②】	HTML5でテーブルを作成する	134

▶ フォーム

form	フォーム関連の要素を指定する	136
input	フォームの入力要素を作成する	138
type「text」	1行のテキスト入力欄を作成する	144
type「hidden」	画面には表示されないデータを作成する	145
type「search」	検索キーワードの入力欄を作成する	146
type「tel」	電話番号の入力欄を作成する	147
type「url」	URLの入力欄を作成する	148
type「email」	メールアドレスの入力欄を作成する	149
type「password」	パスワードの入力欄を作成する	150
type「date」	日付（年・月・日）の入力欄を作成する	151
type「month」	月の入力欄を作成する	152
type「week」	週の入力欄を作成する	153
type「time」	時刻の入力欄を作成する	154
type「datetime-local」		
	ローカル日時の入力欄を作成する	155
type「number」	数値の入力欄を作成する	156
type「range」	大まかな数値の入力欄を作成する	157
type「color」	RGBカラーの入力欄を作成する	158
type「checkbox」	チェックボックスを作成する	159
type「radio」	ラジオボタンを作成する	160
type「file」	送信するファイルの選択欄を作成する	161
type「submit」	送信ボタンを作成する	162
type「image」	画像の送信ボタンを作成する	163
type「reset」	入力内容のリセットボタンを作成する	164
type「button」	汎用的なボタンを作成する	165
button	ボタンを作成する	166
textarea	複数行のテキスト入力欄を作成する	167
select	プルダウンメニューを作成する	170
option	select要素、datalist要素の選択肢を作成する	171
optgroup	option要素のグループを作成する	172
datalist	入力候補を作成する	173
label	入力コントロールの項目名を表す	174
output	計算結果を表示する	176
progress	プログレスバー（進行状況）を表示する	177

007

meter	特定範囲の測定値を表示する	179
fieldset	入力コントロールをグループ化する	182
legend	fieldset要素で作られたグループの見出しを作成する	183
【実践サンプル③】	問い合わせフォームを作る	184

▶ インタラクティブ要素

details	追加の詳細情報を示す	186
summary	details要素の要約を示す	188
dialog	ダイアログを示す	188

▶ スクリプト

script	JavaScriptなどクライアントサイドスクリプトを埋め込む	190
noscript	スクリプトが動作しない環境の内容を表す	192
template	スクリプトが利用するHTMLのパーツを表す	193
canvas	グラフィックやアニメーションの描写領域を表す	195

CSS 編

▶ CSS基礎

CSSの書式	198
CSSの組み込み方	200
ボックスモデル	202
スタイル適用の優先順位	203
ベンダープレフィックス	206

▶ セレクタ

全称セレクタ	すべての要素を指定する	207
要素型セレクタ	特定の要素を指定する	208
子孫セレクタ	子孫要素を指定する	209
子セレクタ	子要素を指定する	210
隣接兄弟セレクタ	直後の兄弟要素を指定する	211
一般兄弟セレクタ	弟要素を指定する	212
クラスセレクタ	クラス名を持つ要素を指定する	213
IDセレクタ	ID名を持つ要素を指定する	214

属性セレクタ①	特定の属性を持つ要素を指定する	215
属性セレクタ②	特定の属性と属性値を持つ要素を指定する	216
属性セレクタ③	特定の属性値を含む要素を指定する	217
属性セレクタ④	属性値が指定の文字列ではじまる要素を指定する	218
属性セレクタ⑤	属性値が指定の文字列で終わる要素を指定する	219
属性セレクタ⑥	属性値が指定の文字列を含む要素を指定する	220
属性セレクタ⑦	属性値が指定の文字列でハイフン区切りで始まる要素を指定する	221
:root	HTMLドキュメントのルートを指定する	222
:nth-child(n)	n番目の子要素を指定する	223
:nth-last-child(n)	うしろから数えてn番目の子要素を指定する	225
:nth-of-type(n)	同じ要素のみをカウントして、n番目の子要素を指定する	227
:first-child	最初の子要素を指定する	229
:last-child	最後の子要素を指定する	230
:first-of-type	同じ要素のみをカウントして、最初の要素を指定する	231
:last-of-type	同じ要素のみをカウントして、最後の子要素を指定する	232
:only-child	子要素が1つだけの時に指定する	234
:only-of-type	要素の種類に関係なく、指定した子要素が1つだけの時に指定する	235
:empty	空の要素を指定する	236
:link	リンク先が未訪問の時にスタイルを適用する	237
:visited	リンク先が訪問済みの時にスタイルを適用する	238
:hover	カーソルが乗っている要素にスタイルを適用する	239
:active	要素がアクティブになった時にスタイルを適用する	240
:focus	要素がフォーカスされている時にスタイルを適用する	241
:target	アンカーリンクのターゲット先の要素にスタイルを適用する	242
:lang	特定の言語が指定された要素にスタイルを適用する	243
:enabled	有効になっている要素にスタイルを適用する	244
:disabled	無効になっている要素にスタイルを適用する	245
:checked	チェックされている要素にスタイルを適用する	246
::first-line	要素の1行目にスタイルを適用する	247
::first-letter	要素の1文字目にスタイルを適用する	248
::before/::after	要素の前後にコンテンツを挿入する	249
:not	指定条件に当てはまらない要素にスタイルを適用する	250

▶ 文字

color	テキストの色を指定する	252
font-style	フォントのスタイルを指定する	253
font-variant	フォントをスモールキャップスに指定する	254

009

font-weight	フォントの太さを指定する	255
font-size	フォントのサイズを指定する	256
line-height	行の高さを指定する	258
font-family	フォントの種類を指定する	259
font	フォント関連のプロパティをまとめて指定する	261
font-stretch	フォント幅の拡大・縮小を指定する	262
font-size-adjust	フォントのサイズを調整する	264
font-feature-settings		
	OpenTypeフォントの機能を制御する	265
@font-face	Webフォントを利用する	266
text-transform	テキストを大文字や小文字表示に指定する	268
text-align	テキストの行揃えの位置を指定する	269
text-align-last	テキストの最終行の揃え位置を指定する	271
text-justify	text-align: justifyの形式を指定する	272
text-overflow	テキストが表示領域をはみ出したときの表示を指定する	273
text-indent	テキストの1行目の字下げ幅を指定する	274
letter-spacing	文字の間隔を指定する	276
word-spacing	単語の間隔を指定する	277
tab-size	タブ文字の表示幅を指定する	278
white-space	要素内のスペース・タブ・改行の表示を指定する	279
word-break	テキストの改行方法を指定する	280
line-break	改行の禁則処理を指定する	281
overflow-wrap	単語の途中での改行を指定する	282
hyphens	単語の途中での折り返す際のハイフン(-)を指定する	283
direction	テキストを表示する方向を指定する	284
unicode-bidi	文字表記の方向設定の上書方法を指定する	284
writing-mode	縦書き、横書きを指定する	285
text-decoration-line		
	テキストに対する線の種類を指定する	286
text-decoration-style		
	テキストに対する線のスタイルを指定する	287
text-decoration-color		
	テキストに対する線の色を指定する	288
text-decoration	テキストに対する線をまとめて指定する	289
text-emphasis-style		
	テキストに付ける圏点のスタイルを指定する	290
text-emphasis-color		
	テキストに付ける圏点の色を指定する	291
text-emphasis	テキストに付ける圏点をまとめて指定する	292

text-emphasis-position
テキストに付ける圏点の位置を指定する …………………………… 293
text-shadow　　　テキストに影を追加する ……………………………………………… 294
vertical-align　　　縦方向の揃え位置を指定する ……………………………………… 296

▶ 境界・余白

margin　　　　　　ボックスの外側の余白を指定する ……………………………… 298
padding　　　　　ボックスの内側の余白を指定する ……………………………… 301
border-style　　　ボーダーのスタイルを指定する ………………………………… 303
border-width　　　ボーダーの幅を指定する ………………………………………… 306
border-color　　　ボーダーの色を指定する ………………………………………… 308
border　　　　　　ボーダーのプロパティをまとめて指定する ……………………… 309
border-radius　　ボーダーの角丸を指定する ……………………………………… 311
border-image-source
ボーダーに画像を指定する ……………………………………… 313
border-image-width ボーダー画像の幅を指定する …………………………… 314
border-image-slice ボーダー画像の分割位置を指定する …………………… 315
border-image-repeat
ボーダー画像の繰り返しを指定する ……………………………… 317
border-image-outset
ボーダー画像の領域を広げるサイズを指定する ……………… 318
border-image　　ボーダー画像のプロパティをまとめて指定する ……………… 320

▶ 背景

background-color
背景の色を指定する …………………………………………… 321
background-image
背景画像を指定する …………………………………………… 322
background-attachment
スクロール時の背景画像の表示方法を指定する ……………… 323
background-repeat
背景画像の繰り返しを指定する ………………………………… 324
background-position
背景画像を表示する位置を指定する …………………………… 326
background-clip　背景画像を表示する領域を指定する ………………………… 328
background-size　背景画像のサイズを指定する …………………………………… 330
background-origin
背景画像を表示する基準位置を指定する ……………………… 332
background　　　背景のプロパティ一括指定する ………………………………… 333

011

linear-gradient	線形グラデーションを指定する	334
radial-gradient	円形グラデーションを指定する	336
repeating-linear-gradient		
	繰り返しの線形グラデーションを指定する	338
repeating-radial-gradient		
	繰り返しの円形グラデーションを指定する	340

▶ ボックス

width/height	ボックスの幅と高さを指定する	342
max-width/max-height		
	ボックスの幅と高さの最大値を指定する	343
min-width/min-height		
	ボックスの幅と高さの最小値を指定する	345
box-sizing	ボックスサイズの計算方法を指定する	347
box-shadow	ボックスに影を追加する	350
box-decoration-break		
	ボックスが改行する時の表示方法を指定する	351
overflow-x/overflow-y		
	ボックスからコンテンツがはみ出た時の水平方向・垂直方向の表示方法を指定する	352
overflow	ボックスからコンテンツがはみ出た時の表示方法を指定する	353
outline-style	ボックスのアウトラインのスタイルを指定する	355
outline-width	ボックスのアウトラインの幅を指定する	356
outline-color	ボックスのアウトラインの色を指定する	357
outline	ボックスのアウトラインのプロパティをまとめて指定する	358
outline-offset	ボックスのアウトラインとボーダーの間隔を指定する	359
resize	ボックスのリサイズを許可する	360
display	ボックスの種類を指定する	361
float	ボックスの回り込みを指定する	363
clear	ボックスの回り込みを解除する	364
position	ボックスの配置規則を指定する	365
top/right/bottom/left		
	ボックスの配置位置を指定する	365
z-index	ボックスの配置位置を指定する	366
visibility	ボックスの表示・非表示を指定する	368

▶ テーブル

| table-layout | テーブルのレイアウトアルゴリズムを指定する | 370 |
| border-collapse | テーブルのボーダーの表示形式を指定する | 372 |

border-spacing	テーブルのボーダーの間隔を指定する	373
empty-cells	テーブル内の、空のセルの表示形式を指定する	375
caption-side	テーブルのcaption要素の表示位置を指定する	376

▶ 表示

list-style-type	リスト項目のマーカーの種類を指定する	377
list-style-position	リスト項目のマーカーの位置を指定する	378
list-style-image	リスト項目のマーカーの画像を指定する	380
list-style	リスト項目のマーカーをまとめて指定する	381
opacity	要素の透明度を指定する	382
cursor	マウスポインターのデザインを指定する	383
content	コンテンツを挿入する	385
quotes	contentプロパティで挿入する記号を指定する	387
counter-increment	contentプロパティで挿入するカウンターの更新値を指定する	388
counter-reset	contentプロパティで挿入するカウンター値をリセットする	389
object-fit	画像などをボックスにどのようにフィットさせるか指定する	391
object-position	画像などをボックスに表示させる位置を指定する	393
image-orientation	画像を回転させる	395

▶ 段組み

column-count	段組みの列数を指定する	396
column-fill	段組み内の要素の表示バランスを指定する	397
column-gap	段組みの列の間隔を指定する	399
column-rule	段組みの列間に引く罫線のプロパティをまとめて指定する	400
column-rule-color	段組みの列間に引く罫線の色を指定する	401
column-rule-style	段組みの列間に引く罫線のスタイルを指定する	402
column-rule-width	段組みの列間に引く罫線の太さを指定する	403
column-span	段組み内の要素が複数の列にまたがるかを指定する	404
column-width	段組みの列の幅を指定する	406
columns	段組みの列数と列の幅をまとめて指定する	407
break-before/break-after/break-inside	改ページや段組みの区切り位置を指定する	408

▶ 変形

transform（2D）	要素を2Dに変形させる	410
transform（3D）	要素を3Dに変形させる	413
transform-origin	要素を2D・3D変形させる時の中心点を指定する	414

transform-style	3D変形させる時の子要素の配置方法を指定する	416
perspective	要素を3D変形させる時の奥行きを指定する	417
perspective-origin		
	3D変形させる時の要素の奥行きの基点を指定する	419
backface-visibility		
	3D変形させる時の、要素の背面の描画方法を指定する	420

▶ アニメーション

@keyframes	アニメーションの動きとタイミングを指定する	422
animation-name	要素にアニメーション名を指定する	424
animation-duration		
	アニメーションの1回分の時間を指定する	425
animation-delay	アニメーションが開始するまでの時間を指定する	426
animation-play-state		
	アニメーションが再生中か一時停止状態かを指定する	427
animation-timing-function		
	アニメーションの変化のタイミングを指定する	428
animation-fill-mode		
	アニメーションの実行前後のスタイルを指定する	429
animation-iteration-count		
	アニメーションの実行回数を指定する	430
animation-direction		
	アニメーションの再生方向を指定する	431
animation	アニメーション関連のプロパティをまとめて指定する	432
transition-property		
	トランジション効果を適用するプロパティを指定する	433
transition-duration		
	トランジション効果が完了するまでの時間を指定する	435
transition-timing-function		
	トランジション効果の変化のタイミングを指定する	437
transition-delay	トランジション効果が開始されるまでの時間を指定する	438
transition	トランジション効果をまとめて指定する	439

▶ フレキシブルボックス

display: flex/display: inline-flex		
	flexboxコンテナを指定する	440
flex-direction	flexboxアイテムを配置する方向を指定する	442
flex-wrap	flexboxアイテムの折り返しを指定する	443
flex-flow	flexboxアイテムの配置する方向と折り返しを指定する	445

order	flexboxアイテムを配置する順番を指定する	446
flex-grow	flexboxアイテムの幅の、伸びる倍率を指定する	448
flex-shrink	flexboxアイテムの幅の、縮む倍率を指定する	449
flex-basis	flexboxアイテムを指定する	450
flex	flexboxアイテムの幅を一括で指定する	451
justify-content	flexboxアイテムをメイン軸に沿って配置する位置を指定する	452
align-item	flexboxアイテムのクロス軸に沿って配置する位置を指定する	454
align-self	flexboxアイテムのクロス軸に沿って配置する位置を個別に指定する	456
align-content	flexboxアイテムをクロス軸に沿って配置する位置を指定する	458

▶ **グリッドレイアウト**

display: grid/display: inline-grid
グリッドレイアウトを指定する ⋯ 460
grid-template-rows/grid-template-columns
グリッドレイアウトの行と列のトラックサイズを指定する ⋯ 462
grid-template　グリッドレイアウトの行と列のトラックサイズをまとめて指定する ⋯ 464
grid-row-start/grid-row-end/grid-column-start/grid-column-end
行と列のグリッドアイテムの開始位置と終了位置を指定する ⋯ 465
grid-row/grid-column
行と列のグリッドアイテムの位置を指定する ⋯ 468
grid-template-areas グリッドレイアウトのエリアを指定する ⋯ 471
grid-area　グリッドアイテムのエリア名を指定する ⋯ 473
grid-row-gap/grid-column-gap
グリッドアイテム同士間の行と列の余白を指定する ⋯ 474
grid-gap　グリッドアイテム同士間の余白をまとめて指定する ⋯ 475
grid-auto-flow　グリッドアイテムの配置方向を指定する ⋯ 477
grid-auto-rows/grid-auto-columns
暗黙のトラックのサイズを指定する ⋯ 479

付録

▶ **CSS関数**

CSS関数とは ⋯ 482
calc()　プロパティ値の計算（四則計算）を行う ⋯ 483
counter()　カウンターを使用する ⋯ 484

attr()	属性値を取得する	485
rgb()/rgba()	色をRGB・RGBaで指定する	487
hsl()/hsla()	色をHSL・HSLaで指定する	488
minmax()	グリッドレイアウトでトラックの幅の最小値と最大値を指定する	489
repeat()	グリッドレイアウトでトラックの幅の指定を繰り返す	490
var()	CSS変数を使用する	491

▶ 数値と単位

プロパティに指定する数値と単位 ·· 493

▶ カラー

カラーの指定方法 ··· 494

▶ イベントハンドラ

イベントハンドラ属性とは ·· 495

索引 ··· 498

ご注意

■本書をお読みになる前に

・本書に記載された内容は、情報の提供のみを目的としています。したがって、本書を用いた運用は、必ずお客様自身の責任と判断によって行ってください。ソフトウェアの操作や掲載されているサンプルの実行結果など、これらの運用の結果について、技術評論社および著者、サービス提供者はいかなる責任も負いません。

・本書記載の情報は、2018年6月現在のものを掲載しています。ご利用時には変更されている場合もあります。ソフトウェア等はバージョンアップされる場合があり、本書での説明とは機能内容や画面図などが異なってしまうこともあり得ます。本書ご購入の前に、必ずバージョン番号をご確認ください。

・本書では、執筆当時の最新バージョンである以下の環境における、各ブラウザの対応状況を解説しております。

Microsoft Edge 42／Internet Explorer 11／Google Chrome 67／Firefox 61／Opera 53／Safari 11／Android 7（Chrome）／iOS 11（Safari）

以上の注意事項をご承諾いただいた上で、本書をご利用願います。これらの注意事項をお読みいただかずにお問い合わせいただいても、技術評論社および著者、サービス提供者は対処しかねます。あらかじめ、ご承知おきください。

本文中の会社名、製品名は各社の商標、登録商標です。

HTML 編

HyperText Markup Language

HTML基礎	18
基本構造	32
セクション	46
テキスト	57
テキストの装飾と強調	68
埋め込み要素	105
テーブル	128
フォーム	136
インタラクティブ要素	186
スクリプト	190

HTMLの基礎

HTMLは「Hyper Text Markup Language」の略です。要素をタグとして使い、内容を意味ごとにタグで囲む（マークアップする）ことでHTML文書を作ります。

HTMLの書式

HTMLでは、「＜要素名＞」のように、不等号（＜＞）で要素名を囲ったものをタグと呼びます。このタグを使って、「＜要素名＞ 内容 ＜/要素名＞」のように開始タグと終了タグで内容を囲むように記述します。タグの中には、属性を記述することでさらに詳細な意味付けができるものもあります。基本的なHTMLの書式は次のようになります。

```
          1                                          2
<button type="submit" name="formBtn"> 送信ボタン </button>
   3       4              4                 5         3
```

▶ 1 開始タグ

要素名を不等号（＜＞）で囲んだものを開始タグを呼びます。要素によっては、終了タグを省略できるものもあります。終了タグを省略するときは、開始タグのみを記述、または「＜要素名 /＞」のように閉じ括弧の前にバックスラッシュを付けて記述します。本書では、省略時は前者の開始タグのみの形式で記載します。

▶ 2 終了タグ

開始タグの要素名の前に「＜/要素名＞」のようにバックスラッシュ（/）を付けたものを終了タグと呼びます。要素によっては終了タグを省略できるものもあります。

▶ 3 要素名

要素名によって内容に意味を持たせます。要素名は小文字、大文字のどちらで記述することが可能です。本書ではすべて小文字で記載しています。

▶ 4 属性と属性値

属性と属性値は、要素に詳細な意味付けすることができます。要素によっては機能を与えるものもあります。使用できる属性は要素によって違います。開始タグの中に半角スペースで区切って記述し、複数の属性と属性値を記述することが可能です。

● 論理属性

属性は基本的には「属性="属性値"」の形式で記述しますが、属性のみを記述するだけで意味のある論理属性もあります。論理属性には次のように3つの記述方法があます。次の3つの記述例はselected属性を使い、＜option＞を選択しているという意味ですが、これらの3つの記述はすべて同じ意味になります。

```
<option value="Tokyo" selected>東京都</option>
<option value="Tokyo" selected="">東京都</option>
<option value="Tokyo" selected="selected">東京都</option>
```

▶ 5　内容

タグでテキストや別のタグを囲んだ箇所は内容となります。タグは「`<ul><li>`内容`</li></ul>`」のように入れ子構造で囲むことが可能です。囲んだタグは子要素として、さらに囲んだ要素は孫要素として機能します。

HTML文書の基本構造

HTML文書の基本形は次のようになります。

1	`<!DOCTYPE html>`
2	`<html lang=" ja" >`

3	`<head>`
	　`<meta charset="UTF-8">`
	　`<title>HTML 文書の構造 </title>`
	`</head>`

4	`<body>`
	　内容
	`</body>`

2	`</html>`

▶ 1　HTML5の文書型宣言

HTML文書が何の文書型で記述されているのかを宣言します。この記述によって、HTML5なのか、HTML4.01なのか、などがわかります。HTML5では「`<!DOCTYPE html>`」と記述します。この記述はHTML文書の一番上に記述します。詳しくは32ページを確認してください。

▶ 2　html要素

HTML文書の一番外の要素は`<html>`です。サンプルでは、lang属性によってこのHTML文書が日本語で書かれていることを示しています。HTML文書の最後には、終了タグが記述されていることも確認できます。

▶ 3　head要素

HTML文書に関する情報の要素を記述します。サンプルの「`<meta charset="UTF-8">`」では、このHTMLファイルの文字コードがUTF-8であることを

記述しています。<title>は、このHTML文書のタイトルを記述しています。それぞれの要素については、該当する要素の解説を確認してください。

▶ 4 body要素

HTML文書の本体の内容です。この<body>の中に、複数の要素を使いながらマークアップしていきます。

要素の階層構造

HTML文書では、要素の中に要素を記述することが可能です。つまり要素は入れ子になり、階層構造になります。この要素の階層構造は、CSS3でスタイルを記述するときも重要です。次の図のHTMLを例に、要素の関係性を解説します。

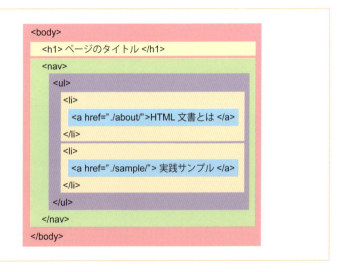

▶ 親要素と子要素

このHTMLでは、<nav>の中に<ul>があります。このとき<ul>は<nav>の**子要素**となります。逆にいえば、<nav>は<ul>の**親要素**ともいえます。

▶ 孫要素

<ul>の子要素に<li>があります。さらに、<li>の子要素に<a>があります。このとき、<a>は<ul>の**孫要素**となります。

▶ 兄弟要素

2つの<li>は同じ階層に並んでいるので、<li>同士は**兄弟要素**になります。<h1>と<nav>は違う要素名同士ですが、同じ階層なのでこれも兄弟要素です。

カテゴリー

HTML5以前では、要素は**ブロック要素**と**インライン要素**の2つに区分されていました。HTML5では、これらの区分を次のカテゴリーに分け直されました。要素には、複数のカテゴリーに属するものもあります。

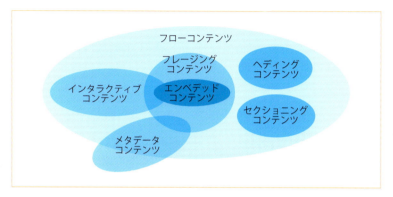

HTML5の7つのカテゴリー

▶ メタデータコンテンツ
HTML文書の概要や他のHTML文書との関連性を示す要素です。

メタデータコンテンツの要素
base, command, link, meta, noscript, script, style, title

▶ セクショニングコンテンツ
章・節のような、コンテンツの固まりの階層構造(アウトライン)を定義する要素です。

セクショニングコンテンツの要素
article, aside, nav, section

▶ ヘディングコンテンツ
見出しに関連する要素です。

ヘディングコンテンツの要素
h1, h2, h3, h4, h5, h6

▶ フローコンテンツ

文書の本体（内容）に関連する要素です。

フローコンテンツの要素

a, abbr, audio, b, bdi, bdo, br, button, canvas, cite, code, data, datalist, del, dfn, em, embed, i, iframe, img, input, ins, kbd, keygen, label, map, mark, math, meter, noscript, object, output, progress, q, ruby, s, samp, script, select, small, span, strong, sub, sup, svg, template, textarea, time, u, var, video, wbr, テキスト

▶ エンベディッドコンテンツ

HTML文書に外部のリソースを埋め込む要素です。

エンベディッドコンテンツの要素

audio, canvas, embed, iframe, img, math, object, svg, video, picture

▶ インタラクティブコンテンツ

ユーザーが何かしらの操作ができる要素です。

インタラクティブコンテンツの要素

a, audio, button, details, embed, iframe, img, input, keygen, label, menu, object, select, textarea, video

▶ フレージングコンテンツ

文書内のテキスト、および段落内のテキストをマークアップするための要素です。

フレージングコンテンツの要素

a, abbr, area, audio, b, bdi, bdo, br, button, canvas, cite, code, data, datalist, del, dfn, em, embed, i, iframe, img, input, ins, kbd, keygen, label, map, mark, meter, noscript, object, output, picture, progress, q, ruby, s, samp, script, select, small, span, strong, sub, sup, template, textarea, time, u, var, video, wbr, テキスト

その他のカテゴリー

要素は前述の7つのカテゴリーとは別のカテゴリーに属するものもあります。

▶ セクショニングルート

文書全体のアウトラインには影響を与えず、独自のアウトラインの最上位階層を構成する要素です。

セクショニングルートの要素

body, blockquote, details, fieldset, figure, td

▶ パルパブルコンテンツ

フローコンテンツ、またはフレージングコンテンツに属する要素で、hidden属性が指定されていない内容を最低1つ持つ要素です。

パルパブルコンテンツの要素

a, abbr, address, article, aside, audio, b, bdi, bdo, blockquote, button, canvas, cite, code, data, details, dfn, div, dl, embed, em, fieldset, figure, footer, form, h1 ～ h6, header, hgroup, i, iframe, img, input, ins, kbd, keygen, label, main, map, mark, menu, meter, nav, object, ol, output, p, pre, progress, q, ruby, s, samp, section, select, small, span, strong, sub, sup, table, textarea, time, u, ul, var, video

▶ フォーム関連

フォーム関連の入力項目、ラベルやボタンなどの要素です。

フォーム関連の要素

button, fieldset, input, keygen, label, meter, object, output, progress, select, textarea

▶ カテゴリーに属しない要素

どのカテゴリーにも属しない要素です。

カテゴリーに属しない要素

caption, colgroup, col, dt, dd, figcaption, head, html, li, tbody, thead, tfoot, tr, th

コンテンツモデル

コンテンツモデルとは

コンテンツモデルとは、要素にどの内容を入れて良いかを定義したルールのようなものです。HTML5で記述するときは、どのようにマークアップすればいいのか、コンテンツモデルを意識しながら使う必要があります。

たとえば、<section>のコンテンツモデルはフローコンテンツです。次のように、メタデータコンテンツである<meta>を子要素に記述することはできません。

HTML コンテンツモデルに反したHTML

```
<section>
  <h2>見出し</h2>
  <meta name="format-detection" content="telephone=no">
</section>
```

次のように<h2>や<p>はフローコンテンツなので記述することが可能です。

HTML コンテンツモデルに即したHTML

```
<section>
  <h2>見出し</h2>
  <p>内容のテキスト</p>
</section>
```

トランスペアレントコンテンツ

親要素のコンテンツモデルを受け継ぐ要素があります。これを、トランスペアレントコンテンツといいます。トランスペアレントコンテンツは、削除されたとしてもコンテンツモデルが崩れないように使う必要があります。

トランスペアレントコンテンツの要素

a, audio, canvas, del, ins, map, noscript, video

アウトライン

アウトラインとは

アウトラインとは、HTML文書の階層構造のことです。HTML5では、このアウトラインを意識しながらマークアップすることが重要です。イメージとしては、本を想像してください。通常、本は「章」「節」「項」のように段階に分けて構成されています。HTML文書でも同じように、内容の階層構造を持つ必要があります。このときの見出しと内容の固まりがアウトラインとなります。

▶ HTML5以前の階層構造

HTML5以前は、`<h1>`や`<h2>`などを使用して、見出しのレベルを段階的使うことで暗黙的に階層構造を表してきました。

```
HTML   HTML5以前の記述
<body>
<h1>園芸日記ブログ</h1>
  <h2>記事の一覧</h2>
    <h3>1日目：種を植えてみた</h3>
    <p>庭の畑に種を植えました。</p>
    <h3>2日名：水をやる</h3>
    <p>畑にジョウロで水をあげました。</p>
</body>
```

▶ HTML5の階層構造

HTML5では、`<section>`など「セクショニング・コンテンツ」に属する要素を使うことで明示的にアウトラインを記述することができます。アウトラインが明示的に記述できるので、複数の`<h1>`を使うこともできます。

```
HTML   HTML5での記述
<body>
  <h1>園芸日記ブログ</h1>
  <section>
    <h1>記事の一覧</h1>
    <section>
      <h1>1日目：種を植えてみた</h1>
      <p>庭の畑に種を植えました。</p>
    </section>
```

続く

HTML基礎 基本構造 セクション テキスト テキストの装飾と強調 埋め込み要素 テーブル フォーム インタラクティブ要素 スクリプト

```
    <section>
      <h1>2日名：水をやる</h1>
      <p>畑にジョウロで水をあげました。</p>
    </section>
  </section>
</body>
```

なお、上記のHTMLは、次のように<h2>以下の見出し要素を、セクションの階層レベルに合わせて記述することも可能です。

HTML 　HTML5での記述（見出し要素を階層レベルに合わせる）

```
<body>
  <h1>園芸日記ブログ</h1>
  <section>
    <h2>記事の一覧</h2>
    <section>
      <h3>1日目：種を植えてみた</h3>
      <p>庭の畑に種を植えました。</p>
    </section>
    <section>
      <h3>2日名：水をやる</h3>
      <p>畑にジョウロで水をあげました。</p>
    </section>
  </section>
</body>
```

暗黙のアウトライン

HTML5では、セクショニング・コンテンツに属する要素を使って明示的にアウトラインを作成できますが、これらの要素を記述しなくてもアウトラインが生成されていると見なされます。これを暗黙のアウトラインといいます。つまり、<h1>や<h2>で見出し記述すると、その後に続く内容は同じアウトラインに属することと見なされます。また、このとき<h2>や<h3>の見出しレベルが下がると下階層のアウトライン、同じレベルであれば同階層のアウトラインと見なされます。

グローバル属性

グローバル属性とは

グローバル属性は、すべての要素に指定できる共通の属性のことです。要素によっては動作しないものもあります。

▶ accesskey
要素にアクセスキーを割り当てます。

▶ autocapitalize
入力／編集されたとき、入力文字列の先頭大文字化が自動的に行われるかどうかなどを指定します。

値	内容
offまたはnone	自動的な大文字化は指定しない
onまたはsentences	最初の文字を大文字化する
words	各語の最初の文字を大文字化する
characters	すべての文字を大文字化する

▶ class
要素にクラス名を付けます。クラス名はCSSのセレクタで、特定の要素を選択できるようになります。

▶ contenteditable
要素の内容が編集可能かどうかを指定します。

値	内容
trueまたは空	要素が編集可能であることを示す
false	要素は編集不可であることを示す

▶ data-*
カスタムデータ属性と呼ばれ、JavaScriptで使用するための独自属性を指定します。data-currentのように「data-」に続けて半角英数の任意の文字列を記述します。

▶ dir
要素の内容の書字方向（文字を書き進める方向）を指定します。

値	内容
ltr	テキストを左から右へ書き進める。「Left to Right」の略
rtl	テキストを右から左へ書き進める。「Right to Left」の略
auto	ユーザーエージェントによって自動的に書字方向を決める

▶ draggable

Drag and Drop APIを使用して要素をドラッグすることができるかを指定します。

値	内容
true	要素がドラッグ可能であることを指定する
false	要素がドラッグ不可であることを指定する

▶ hidden

関連性がないことを指定します。

▶ id

要素にIDを付けます。ID名はCSSのセレクタで、特定の要素を選択できるようになります。

▶ lang

要素の内容の言語を指定します。

▶ spellcheck

要素の内容に対するスペルチェックの可否を指定します。

▶ style

要素に直接スタイルシートを指定します。

▶ tabindex

Tabキーによる移動順序を指定します。正の数値で指定すると、その順序にTabキーで移動できるようになります。負の数値を指定すると、選択することはできますが、Tabキーでの移動順序には入りません。

▶ title

要素に補足情報を加えます。

▶ translate

翻訳対象にするかどうかを指定します。

値	内容
yes	翻訳を許可する
no	翻訳を許可しない

マイクロデータ

マイクロデータとは、HTML文書内に埋め込むためのメータデータです。マイクロデータを指定すると、コンピュータはそのブロックが何について書かれているのか理解できるようになります。「schema.org」や「data-vocabulary.org」などの団体が、マイクロデータで使用できるプロパティを策定しています。

マイクロデータの書式

schema.orgの策定しているマイクロデータの基本的な使い方を紹介します。次の3つのグローバル属性を使用します。

属性	役割
itemscope	マイクロデータを持つ要素の開始を宣言する
itemtype	使用するマイクロデータのタイプを指定する。使用できるタイプは次のURLにまとめられている マイクロデータ・タイプ：https://schema.org/docs/full.html
itemprop	itemtypeで指定したタイプに基づいてプロパティを指定する。使用できるプロパティは、マイクロデータ・タイプのURLからたどることができる

itemtypeには「http://schema.org/タイプ」の形式で指定します。次の図では「Person」を指定して、人物に関するマイクロデータであることを指定しています。itempropに「url」を指定することで、a要素はその人物に関するURLであることを指定しています。

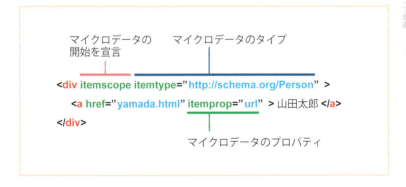

使用例

次の例は、パンくずリストのHTMLです。マイクロデータを記述することで、コンピュータはこのリストが「HOME → 製品一覧 → アイテムA」のパンくずであるのが理解できるようになります。

HTML

```html
<div itemscope itemtype="http://schema.org/BreadcrumbList">
  <ul>
    <li itemprop="itemListElement" itemscope itemtype="http://
schema.org/ListItem">
      <a itemprop="item" href="https://example.com">
        <span itemprop="name">Home</span>
      </a>
      <meta itemprop="position" content="1" />
    </li>
    <li itemprop="itemListElement" itemscope itemtype="http://
schema.org/ListItem">
      <a itemprop="item" href="https://example.com/products/">
        <span itemprop="name">製品一覧</span>
      </a>
      <meta itemprop="position" content="2" />
    </li>
    <li itemprop="itemListElement" itemscope itemtype="http://
schema.org/ListItem">
      <a itemprop="item" href="https://example.com/products/
item-a/">
        <span itemprop="name">アイテムA</span>
      </a>
      <meta itemprop="position" content="3" />
    </li>
  </ul>
</div>
```

WAI-ARIA

WAI-ARIA（Web Accessibility Initiative - Accessible Rich Internet Applications）は、W3Cが公開している技術仕様です。視覚に障がいを持つユーザーによく利用されている音声ブラウザでは、JavaScriptで作られたRIA（リッチインターネットアプリケーション）を閲覧するときにページの状態がわかりにくいことがあります。WAI-ARIAを導入することで、WebコンテンツやWebアプリケーションのアクセシビリティをより高めることができます。

WAI-ARIAの書式

WAI-ARIAは、role属性とaria-*属性を使って記述します。

属性	役割
role	要素がどのような役割を持っているかを指定する。使用できる種類はW3Cの次のURLにまとめられている WAI-ARIA：https://www.w3.org/TR/wai-aria/
aria-*	要素の状態を指定する。aria-selectedのように「aria-」からはじまる形式で記述する

使用例

次の例はタブメニューを使ったコンテンツのHTMLです。role属性でタブリストであるという役割を示しています。aria-*属性でどのタブコンテンツが開いているのか状態を示すことができます。なお、タブの開閉ロジックはJavaScriptで記述しますが、ここでは省略しています。

```html
<ul role="tablist">
  <li role="tab" aria-selected="true" aria-
controls="tabpanel1">
    <a href="#tabpanel1">タブ1</a>
  </li>
  <li role="tab" aria-selected="false" aria-
controls="tabpanel2">
    <a href="#tabpanel2">タブ2</a>
  </li>
</ul>
<div id="tabpanel1" role="tabpanel" aria-hidden="false" aria-
labelledby="tab1">
  タブ1の内容
</div>
<div id="tabpanel2" role="tabpanel" aria-hidden="true" aria-
labelledby="tab2">
  タブ2の内容
</div>
```

031

HTML ▶ 02 ▶ 01_doctype

DOCTYPE

ドキュメントタイプを宣言する

<!DOCTYPE html>

カテゴリー	–
コンテンツモデル	–

<!DOCTYPE html>は、HTML文書がHTML5で作成されたものであることを宣言します。<html>よりも上に記述します。HTML 4.01では、DOCTYPE宣言は次のように記述していました。

HTML　HTML 4.01のDOCTYPE宣言
```
<!DOCTYPE HTML PUBLIC "-//W3C//DTD HTML 4.01 Transitional//EN">
```

HTML5では、以下のように簡単な記述となりました。DOCTYPEの部分は小文字で記述しても問題はありません。

HTML　HTML5のDOCTYPE宣言
```
<!DOCTYPE html>
または
<!doctype html>
```

HTML ▶ 02 ▶ 02_html

html要素

ルート要素を示す

<html 属性="属性値"> ～ </html>

カテゴリー	–
コンテンツモデル	子要素にhead要素を1つと、それに続くbody要素を1つ

<html>は、すべてのHTML文書に使われるものでルート要素を示します。すべての要素は、<html>の中に含まれます。したがって、HTML文書には<html>は1つしか含まれません。ただし、DOCTYPE宣言だけは、例外的に<html>よりも前に書きます。

使用できる属性

▶ lang
要素内容の言語を示す言語コードを指定します。言語コードは国際規格のISO 639で定められたものを指定します。また、ハイフン（-）で国コードを繋げて指定することもできます。

言語コード	説明
ja	日本語
en	英語
ko	韓国語
zh	中国語
zh-cn	中国語（簡体）
zh-tw	中国語（繁体）

▶ xmlns
HTML文書をXMLとして記述する場合は、次のように指定します。
<html xmlns="http://www.w3.org/1999/html">

▶ manifest
HTML5のApplication Cache機能を使って、定義したファイルをブラウザのローカル領域に保存し、オフラインでも利用することが可能です。ただし、HTML5制定時では使用できましたが、本書の執筆時点では非推奨となっています。使用する場合は、各ブラウザの対応状況などを確認してください。

▶ グローバル属性 （P.27）

使用例

以下のサンプルでは、HTML文書であり、日本語で書かれていることを示しています。

HTML

```html
<html lang="ja">
（省略）
</html>
```

HTML ▶ 02 ▶ 03_head

head要素

ヘッダ情報を示す

<head> ~ </head>

カテゴリー	－
コンテンツモデル	・メタデータコンテンツ ・メタデータコンテンツを記述する際はtitle要素は必須 　※iframe要素のsrcdocの場合、またはタイトル情報が提供される場合はtitle要素の省略は可能

<head>は、HTML文書のヘッダ情報を示します。ヘッダ情報とは、そのHTML文章に関する情報のことです。たとえば、タイトルを示す<title>、リンク情報の<link>、メタデータの<meta>といったような要素です。<head>は、<html>の最初の子要素として記述します。

使用できる属性

▶ グローバル属性（P.27）

使用例

HTML

```html
<head>
  <meta charset="UTF-8">
  <meta http-equiv="X-UA-Compatible" content="IE=edge,chrome=1">
  <meta name="description" content="HTML文書の概要">
  <link rel="stylesheet" href="styles.css">
  <title>head要素</title>
</head>
```

HTML ▶ 02 ▶ 04_meta

meta要素

HTML文書に関する情報（メタデータ）を示す

```
<meta name="メタデータ名" content="内容">
<meta http-equiv="キーワード" content="内容">
<meta charset="文字コード">
```

カテゴリー	メタデータコンテンツ
コンテンツモデル	−

<meta>はHTML文書に関する情報（メタデータ）を記述します。メタデータとは、HTML文書に関するさまざまな情報のことです。

<meta>は、<head>内に記述します。<meta>を使うときには、「name」「http-equiv」「charset」のいずれか1つの属性を必ず記述します。

使用できる属性

▶ name

name属性でメタデータ名を定義し、content属性で内容を指定することができます。

▶ http-equiv

content属性と併せて使用し、HTML文書で使用する各国の言語、文字符号化方式、スタイルシート、更新方法、クッキーなどを指定します。http-equiv属性には次のような属性値があります。

属性値	概要
refresh	自動更新やリダイレクトを指定する
X-UA-Compatible	Internet Explorerのレンダリング方法を指定する
default-style	デフォルトのスタイルシートを指定する

▶ charset

HTML文書の文字符号化方式を指定します。文字符号化方式とは、文字の集合をコンピュータで扱えるようにしたものです。代表的なものにUTF-8があります。

▶ content

name属性やhttp-equiv属性とセットで使用し、属性の詳細内容を指定します。

▶ マイクロデータ（P.29）、WAI-ARIA（P.30）、OGP（P.99）
▶ グローバル属性（P.27）

使用例

メタデータには多くのものがあります。次に使用頻度の高いメタデータの指定方法を紹介します。

▶ HTML文書の概要を指定する

表示しているHTML文書に関連する概要文を指定します。検索エンジンは、この文章を解釈して検索結果の表示に利用します。

HTML

```
<meta name="description" content="HTML文書の概要文を記述します。">
```

▶ Internet Explorerの最新バージョンの標準モードを指定する

Internet Explorerは、「互換表示」と「標準表示方法」のレンダリング方法を持っており、バージョンごとに表示方法を変えることができます。Internet Explorerの最新バージョンの標準モードを指定することで、表示の差異を統一することができます。

HTML

```
<meta http-equiv="X-UA-Compatible" content="IE=edge">
```

▶ アクセスしたときの表示領域を指定する

viewportを指定しないときは、アクセスしている端末に合わせて表示が拡大されます。viewportを使うことで、表示領域をコントロールすることが可能です。その際、content属性には次の値をカンマ区切りで指定することができます。

プロパティ		プロパティ値	
width=	表示領域の幅	device-width	端末画面の幅に合わせる
		数値	ピクセル数（200 ～ 10000） 初期値は980
height=	表示領域の高さ	device-height	端末画面の高さに合わせる
		数値	ピクセル数（233 ～ 10000） 初期値は自動
initial-scale=	初期のズーム倍率	数値	倍率（minimum-scale ～ maximum-scaleの範囲）
minimum-scale=	最小倍率	数値	倍率（0 ～ 10） 初期値は0.25
maximum-scale=	最大倍率	数値	倍率（0 ～ 10） 初期値は1.6
user-scalable=	スマートフォンなどでのズームの操作	yes	許可する（初期値）
		no	許可しない

レスポンシブデザイン、またはスマートフォンサイトでのviewportの指定には次のものがあります。

ピンチ操作による拡大・縮小ができる指定

```
<meta name="viewport" content="width=device-width, initial-scale=1">
```

ピンチ操作による拡大・縮小ができない指定

```
<meta name="viewport" content="width=device-width, initial-scale=1.0, minimum-scale=1.0, maximum-scale=1.0, user-scalable=no">
```

▶ 電話番号のリンクを無効化する

iPhoneなど、電話番号と判断したときにWebブラウザ側でリンクを自動的に設定する場合があります。意図しない数字の羅列が合った場合に、リンクになるのを防ぎます。

HTML

```
<meta name="format-detection" content="telephone=no">
```

▶ 検索エンジンにページをインデックスさせない

HTML文書を検索エンジンにクロール、インデックス、アーカイブ化させたくないときに使います。管理画面や完了画面など、特定の人にしか見られたくない場合に使います。

HTML

```
<meta name="robots" content="noindex, nofollow, noarchive">
```

▶ リダイレクト・再読み込みを指定する

指定の秒数後に、任意のURLに切り替えることができます。次の例では、アクセスされた5秒後にhttp://example.com/sample.htmlに切り替えます。

HTML

```
<meta http-equiv="refresh" content="5; url=http://example.com/sample.html">
```

037

title要素

HTML文書のタイトル要素を示す

`<title>` ～ `</title>`

カテゴリー	メタデータコンテンツ
コンテンツモデル	テキスト。スペースのみは不可

`<title>`には、HTML文書のタイトルを記入します。`<head>`の中に1つだけ記述できます。`<title>`で指定したテキストは、検索エンジンの検索結果画面や、Webブラウザのタブ・ブックマーク欄などに使われます。

検索エンジンの検索結果などには、`<title>`に記述したテキストが利用されますが、必ずしも`<title>`のテキストがそのまま表示されるとは限りません。

▲検索結果に表示される例

▲タブやブックマークに表示される例

`<title>`は、SEO対策においても重要な意味があります。HTML文書の内容を適切に示したテキストを記述しましょう。また、同じWebサイト内では、各ページの`<title>`のテキストが重複しないよう推奨されています。

使用できる属性

▶ グローバル属性 (P.27)

HTML ▶ 02 ▶ 06_base

base要素

相対パスの基準となるURLを指定する

<base 属性="属性値">

カテゴリー	メタデータコンテンツ
コンテンツモデル	なし

<base>は、相対パスの基準となるURLを指定します。<base>は、<link>などでURLが指定されているものよりも前に記述する必要があります。

▶ 使用できる属性

▶ **href（必須）**
基準となるURLを指定します。

▶ **target**
リンク先のターゲットを次のキーワードを使って指定します。

属性値	説明
_blank	<a>要素の相対パスで指定されたリンクでは、新しいウィンドウを立ち上げて表示する
_self	リンクを記述しているフレームに、リンク先のページを表示させることができる
_parent	<frameset>要素のウィンドウにリンク先のページを表示する
_top	フレーム表示を解除して、ウィンドウ全体にリンク先のページを表示する
フレーム名	<iframe>要素に<name>属性を指定してフレーム名を付けておくと、名前の付けられたフレームにページを表示させることができる

▶ グローバル属性（P.27）

▶ 使用例

<base>を適切に使うことにより、サーバー上のファイルをすべてダウンロードしなくても、HTMLファイルを編集して確認するといった作業が可能になります。
たとえば、次のようにローカルPC上にsample.htmlがあり、サーバー上にhttp://example.com/styles.cssが配置されているとします。

このとき、sample.htmlの<head>内には、次のように<link>でスタイルシートが指定されています。しかし、ローカルPCにはsample.htmlファイルしかないので、styles.cssを読み込むことができません。

```
HTML    sample.html
<head>
  <link rel="stylesheet" href="./styles.css">
</head>
```

そこで、<base>のhref属性にstyles.cssが存在するURLを指定します。このとき、<base>以降の相対パスが指定されるので、<link>の「href="./styles.css"」は、「href="http://example.com/styles.css"」と同じ扱いになり、ファイルを読み込むことが可能になります。なお、スタイルシートファイル内のbackground-imageなどのURLパス指定には、<base>は機能しません。

```
HTML    sample.html (<base>を指定する)
<head>
  <base href="http://example.com/">
  <link rel="stylesheet" href="./styles.css">
</head>
```

href="http://example.com/styles.css"と同じ扱いになります。

HTML ▶ 02 ▶ 07_link

link要素

指定した外部のリソースを参照する

<link href="属性値" rel="属性値" その他の属性="属性値">

カテゴリー	メタデータコンテンツ
コンテンツモデル	なし

<link>はCSSファイル、RSSファイルといったような、外部のリソースファイルを参照することが可能です。<link>を使う際には、href属性とrel属性が必須ですが、その他にもtype属性などの多くの属性が指定可能です。

使用できる属性

▶ href（必須）
参照する外部ファイルのURLを指定します。

▶ rel（必須）
href属性で指定したファイルの用途を指定します。数多くの属性値が用意されていますが、ここでは使用頻度の高い属性値を記載します。

属性値	説明
stylesheet	外部のスタイルシートファイルを読み込むときに指定する
icon	ブックマークしたときなどに表示されるアイコンファイルを指定する
canonical	現在のHTML文書と似た内容のページのURLを正規化することができる。適切に使うことで検索エンジンからの評価が分散しなくなる
alternate	現在のHTML文書と同じ内容のページが存在するときに使う。たとえば、スマートフォン用ページ、多言語ページのように、同じ内容のページが違うURLで存在すると、検索エンジンは不正を疑う。alternate属性で指定することで、URLを一本化することが可能
index	指定したURLが、現在のHTML文書に対する索引であることを示す
next	現ページの1つ先のリンクを指定する
prev	現ページの1つ前のリンクを指定する
author	現在のHTML文書の、作者へのリンクを指定する
license	現在のHTML文書の、著作権ライセンスに関する文書へのリンクを指定する
pingback	pingbackサーバーのアドレスを指定する

▶ type
参照するファイルのMIMEタイプを指定します。rel属性の属性値ごとに初期値があり、この属性の指定を省略するも可能です。たとえば、rel="stylesheet"のときは、type="text/css"の記述は省略できます。

▶ media

読み込む外部リソースが、どのメディアに適用するのかを指定します。この属性を指定しない場合は"all"となります。カンマ（,）区切りで複数のメディアを指定することも可能です。

属性値	説明
all	すべてのデバイス
screen	パソコン、スマートフォンなど一般的なWebブラウザすべてが対象。特定のサイズのスマートフォンだけを対象にしたいときなどは、「and」に続けて細かな条件を指定することもできる 例：「media="screen and (max-width: 767px)"」
print	プリンタでの印刷時、印刷のプレビュー画面が対象
aural	音声合成装置
braille	点字出力デバイス
handheld	携帯電話など、画面が小さいデバイス
projection	プロジェクタが対象
tty	テレタイプ端末など、表示文字幅が固定されたデバイスが対象
tv	テレビのような、解像度や色数に制限があるデバイスが対象

▶ crossorigin

CORS（Cross-Origin Resource Sharing：クロスドメイン通信）によるサーバーとの通信方法を指定します。

属性値	説明
anonymous	この要素からのCORSリクエストにユーザ認証情報は必要としない
use-credentials	ユーザ認証情報を求める

▶ sizes

rel属性がrel="icon"のときにアイコンのサイズを指定します。

▶ title

外部リソースのタイトルを指定します。

▶ グローバル属性 （P.27）

使用例

▶ サンプル① 外部のスタイルシートファイルを読み込む

外部のスタイルシートファイルを読み込み、現在のHTML文書にCSSを適用します。

```html
HTML
<head>
  <link rel="stylesheet" href="http://example.com/styles.css">
</head>
```

▶ サンプル②　Webブラウザのサイズに応じてファイルを追加で読み込む

外部のstyles.cssを読み込みます。さらに、スマートフォンなどWebブラウザサイズが767px以下の場合は、smartphone.cssを追加で読み込みます。

HTML
```
<head>
  <link rel="stylesheet" href="http://example.com/styles.css">
  <link rel="stylesheet" href="http://example.com/smartphone.css"
media="screen and (max-width: 767px)">
</head>
```

▶ サンプル③　文書の関係性を指定する

ページネーションを使ったような記事の一覧ページなど、複数のURLに分かれる場合があります。rel属性のnext、prev属性値を指定することでHTML文書の関係性を指定し、検索エンジンに適切に重要なページのみを表示させることができます。

HTML　list.html
```
<head>
  <link rel="next" href="http://example.com/list-2.html">
</head>
```

HTML　list-2.html
```
<head>
  <link rel="prev" href="http://example.com/list.html">
  <link rel="next" href="http://example.com/list-3.html">
</head>
```

HTML　list-3.html
```
<head>
  <link rel="prev" href="http://example.com/list-2.html">
</head>
```

HTML ▶ 02 ▶ 08_style

style要素

スタイル情報を記述する

<style 属性="属性値"> 〜 </style>

カテゴリー	メタデータコンテンツ、scoped属性が指定されている場合はフローコンテンツ
コンテンツモデル	スタイルシートの記述

<style>には、HTML文書にスタイルシート情報を記述します。

使用できる属性

▶ **media**

スタイルシートを適用するメディアタイプを指定します。「メディアタイプ・メディアクエリー」を参照してください（P.96）。

▶ **type**

スタイルシートのMIMEタイプを指定します。HTML5では、省略時は「text/css」が指定されるので省くことが可能です。「MIMEタイプ」を参照してください（P.45）。

▶ **scoped**

特定の範囲のみにスタイルを指定することができます。

▶ グローバル属性（P.27）

scoped属性の使用例

scoped属性をhtmlタグ内に直接記述すると、その親要素内にのみにスタイルが適用されます。またそのときは、指定する親要素内の先頭に記述することが必要です。

HTML

```
<div>
<style scoped="scoped">
p{ color: #ff9900;}
</style>
<p>この部分のみにスタイルが適用されます。</p>
</div>
```

scoped属性使用する際は、対応するブラウザを確認してください。

HTML ▶ 02 ▶ 09_body

body要素

HTML文書の本文を示す

\<body\> ～ \</body\>

カテゴリー	セクショニングルート
コンテンツモデル	フローコンテンツ

\<body\>はHTML文書の本文を示します。\<body\>の中には、\<h1\>や\<p\>などを使用して本文を記述していきます。

使用できる属性

▶ グローバル属性（P.27）

MEMO MIMEタイプ

MIMEタイプは、クライアントに対して転送するドキュメントの種類を伝える機能です。タイプとサブタイプをスラッシュ（/）で区切って表します。

タイプ	説明	代表的なサブタイプ
text	人間が読める文書を表す	text/plain, text/html, text/css, text/javascript
image	画像を表す。動画は含まれないが、アニメーションGIFなどの画像は含まれる	image/gif, image/png, image/jpeg, image/bmp, image/webp
audio	音声ファイルを表す	audio/midi, audio/mpeg, audio/webm, audio/ogg, audio/wav
video	動画ファイルを表す	video/webm, video/ogg
application	バイナリデータを表す	application/octet-stream, application/pkcs12, application/vnd.mspowerpoint, application/xhtml+xml, application/xml, application/pdf

045

HTML ▶ 03 ▶ 01_main

main要素

HTML文書のメインコンテンツを示す

`<main>` ～ `</main>`

カテゴリー	フローコンテンツ、パルパブルコンテンツ
コンテンツモデル	フローコンテンツ

`<main>`は、`<body>`の中に配置し、その部分が主要なコンテンツであることを示します。`<main>`はHTML文書中に1つだけしか配置できません。また、`<article>`、`<aside>`、`<footer>`、`<header>`、`<nav>`の中に`<main>`を使うことはできません。

使用できる属性

▶ グローバル属性（P.27）

間違った使い方

`<article>`の中に`<main>`を使うことはできません。

HTML 間違った使い方の例

```
<body>
  <article>
    <main>
      <h1>コンテンツタイトル</h1>
      <p>コンテンツの文章</p>
    </main>
  </article>
</body>
```

HTML ▶ 03 ▶ 02_article

article要素

記事コンテンツを示す

`<article>` ~ `</article>`

カテゴリー	フローコンテンツ、パルパブルコンテンツ、セクショニングコンテンツ
コンテンツモデル	フローコンテンツ

`<article>`はブログやメディアサイトの記事、または記事に対するコメントなど、HTML文書の中で独立した記事の箇所を示します。`<article>`を入れ子にして使うことも可能です。その場合は、子孫の`<article>`は親要素の`<article>`の内容に関連している必要があります。

使用できる属性

▶ グローバル属性 (P.27)

使用例

▶ **サンプル①　記事一覧のマークアップ例**

HTML文書内に複数の`<article>`を使うこともできます。

HTML

```html
<h1>記事の一覧</h1>
<article>
  <h2><a href="entry1.html">記事1のタイトル</a></h2>
  <p>記事1本文のテキスト。</p>
</article>
<article>
  <h2><a href="entry2.html">記事2のタイトル</a></h2>
  <p>記事2本文のテキスト。</p>
</article>
```

▶ **サンプル②　詳細記事のマークアップ例**

記事に対するコメントは、記事本文に関連するので、`<article>`が親子構造になっています。

HTML

```html
<article>
  <h1>記事のタイトル</h1>
  <p>記事本文のテキスト。</p>
  <article>
    <h2>記事に対するコメント</h2>
    <p>コメントのテキスト。</p>
  </article>
</article>
```

HTML ▶ 03 ▶ 03_section

section要素

文章のセクションを示す

<section> ~ </section>

カテゴリー	フローコンテンツ、パルパブルコンテンツ、セクショニングコンテンツ
コンテンツモデル	フローコンテンツ

<section>は、文章中のセクション（章や節といったまとまり）を示すためのものです。<h1>～<h6>による見出しも使います。ページ内で<h1>、<h2>のような見出しがすでに使われていても、<section>の中では<h1>からあらためて使うことが可能です。

<section>は、一般的なセクションを定義するためのものです。もしも記事としての意味合いが強いセクションを定義する場合は<article>を使用します。 他にも補足情報には<aside>、ナビゲーションには<nav>、ヘッダーには<header>、フッターには<footer>などを使用します。

使用できる属性

▶ グローバル属性（P.27）

使用例

HTML

```
<section>
<h1>セクションの見出し</h1>
<p>テキスト～ </p>
</section>
```

HTML ▶ 03 ▶ 04_header

header要素

セクションのヘッダー情報を示す

<header> ~ </header>

カテゴリー	フローコンテンツ、パルパブルコンテンツ
コンテンツモデル	フローコンテンツ。ただし、header要素、footer要素を子要素に持つことはできない

<header>は、セクションのヘッダー情報を示します。そのセクションの概要や目次など、関連する内容を記述することができます。<header>の中には、ほとんどの場合は<h1>~<h6>などの見出しを含みますが、これらのタグは必ずしも使う必要はありません。また、名前が似た<head>（P.34）とは異なる要素なので注意してください。

使用できる属性

▶ グローバル属性（P.27）

使用例

HTML

```
<body>
  <header>  ← ページのヘッダー情報として使用します。
    <h1>HTML5/CSS3のWEBサイト</h1>
    <nav>
      <ul>
        <li><a href="index.html">HOME</a></li>
        <li><a href="./about/">ABOUT</a></li>
      </ul>
    </nav>
  </header>

  <article>
    <header>  ← <article>のヘッダー情報として使用します。
      <h1>記事のテキスト</h1>
      <p>HTML5/CSS3のWEBサイトにようこそ</p>
    </header>
    <p>記事本文のテキスト。</p>
  </article>
</body>
```

049

HTML ▶ 03 ▶ 05_footer

footer要素

直近のセクションのフッター情報を示す

`<footer>` ~ `</footer>`

カテゴリー	フローコンテンツ、パルパブルコンテンツ
コンテンツモデル	フローコンテンツ。ただし、header要素、footer要素を子要素に持つことはできない

`<footer>`は、`<article>`、`<aside>`、`<nav>`、`<section>`などの直近のセクションに関するフッター情報を示します。ここでのフッター情報とは脚注にあたり、著者情報や関連リンクなどを記述します。`<footer>`はセクションの最後に配置されることが多いですが、必ずしもそうする必要はありません。

使用できる属性

▶ グローバル属性（P.27）

使用例

HTML

```html
<body>
  <article>
    <h1>記事のタイトル</h1>
    <p>記事本文のテキスト。</p>
    <footer>   ← <article>のフッター情報として使用します。
      <p>著者: 山田太郎</p>
      <address>yamada@example.com</address>
    </footer>
  </article>

  <footer>   ← ページのフッター情報として使用します。
    <nav>
      <ul>
        <li><a href="index.html">HOME</a></li>
        <li><a href="./about/">ABOUT</a></li>
      </ul>
    </nav>
    <small>Copyright.</small>
  </footer>
</body>
```

HTML ▶ 03 ▶ 06_nav

nav要素

ナビゲーションを示す

`<nav> ~ </nav>`

カテゴリー	フローコンテンツ、パルパブルコンテンツ、セクショニングコンテンツ
コンテンツモデル	フローコンテンツ

`<nav>`は、HTML文書内の他ページへのリンクを示します。HTML文書内のすべてのリンクに`<nav>`を使う必要はありません。主要なナビゲーションとなるセクションの箇所のみに使います。

使用できる属性

▶ グローバル属性（P.27）

使用例

```html
<body>
  <header>
    <h1>HTML5/CSS3のWEBサイト</h1>
    <p>HTML5/CSS3のWEBサイトにようこそ</p>
    <nav>           ← 主要なナビゲーションです。
      <ul>
        <li><a href="index.html">HOME</a></li>
        <li><a href="./about/">ABOUT</a></li>
      </ul>
    </nav>
  </header>

  <article>記事本文</article>

  <footer>
    <ul>           ← サブ的なナビゲーションには、<nav>を使う必要はありません。
      <li><a href="index.html">HOME</a></li>
      <li><a href="./about/">ABOUT</a></li>
    </ul>
  </footer>
</body>
```

051

aside要素

補足・余談の情報を示す

<aside> ~ </aside>

カテゴリー	フローコンテンツ、パルパブルコンテンツ、セクショニングコンテンツ
コンテンツモデル	フローコンテンツ

<aside>は、HTML文書や記事の内容と関連はしているが、区別されるべき余談・補足の情報を示します。たとえば、記事本文の補足や、関連記事の情報などがそれにあたります。つまり、<aside>を削除してもWebページや記事の本筋の情報に支障が出ないようにする必要があります。
<aside>は一見シンプルなようで、使うとなると判断の難しい要素の1つです。

使用できる属性

▶ グローバル属性（P.27）

使用例

<article>の中で使っている<aside>には、記事本文に関する補足情報を記述しています。もう1つの<article>外の<aside>は、HTML文書に関連するリンクや広告を記述しています。どちらの<aside>を削除したとしても、HTML文書の本筋は成り立ちます。レイアウトイメージは次の通りです。

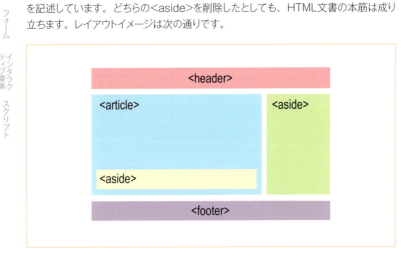

HTML

```
<body>
  <header>ページヘッダー </header>
  <article>
    <h1>記事のタイトル</h1>
    <p>記事本文のテキスト～ </p>
    <aside>
      <h1>補足情報のタイトル</h1>
      <p>補足のテキスト～ </p>
    </aside>
  </article>

  <aside>
    <ul>
      <li><a href="entry1.html">関連リンク</a></li>
      <li><a href="entry2.html">関連リンク</a></li>
    </ul>
    <ol>
      <li>バナー広告</li>
      <li>バナー広告</li>
    </ol>
  </aside>
  <footer>ページフッター </footer>
</body>
```

<article>要素に記述された記事の補足情報です。

このHTML文書に関連するリンクや広告です。

HTML ▶ 03 ▶ 08_address

address要素

連絡先の情報を示す

`<address>` ~ `</address>`

カテゴリー	フローコンテンツ、パルパブルコンテンツ
コンテンツモデル	フローコンテンツ。ただし、子孫要素にヘディングコンテンツ、セクショニングコンテンツ、header要素、footer要素、address要素は使用できない

`<address>`は、HTML文書または記事の作者への連絡先・問い合わせ先を示します。通常はHTML文書自体の作者への連絡先として使いますが、`<article>`の中で使うとその記事の作者への連絡先を示すことができます。

使用できる属性

▶ **グローバル属性**（P.27）

使用例

```
HTML
<body>
  <header>ページヘッダー</header>
  <article>
    <h1>記事のタイトル</h1>
    <p>記事本文の～</p>
    <address>
      この記事に関するお問い合わせ: <a href="mailto:article@example.
com">article@example.com</a>
    </address>
  </article>

  <footer>
    <address>
    このWEBページに関するお問い合わせはこちらにご連絡ください。
    <a href="mailto:info@example.com">info@example.com</a>、
    または<a href="contact.html">お問い合わせフォーム</a>からメッセージをお
送りください。
    </address>
  </footer>
</body>
```

<article>要素の記事の連絡先情報です。

HTML文書の連絡先情報です。

▶ **間違った使い方**

名称から「住所」を連想しますが、住所のようなテキストに使うことはできません。連絡先のメールアドレスや問い合わせページへのリンクに使用します。

054

```html
<body>
  ~
  <footer>
    <address>
      株式会社技術評論社<br>
      東京都新宿区市谷左内町21-13
    </address>
  </footer>
</body>
```

> 住所を示すのに<address>要素を使ってはいけません。

📁 HTML ▶ 03 ▶ 09_div

div要素

特別に機能がない汎用的な範囲を示す

<div> ~ </div>

カテゴリー	フローコンテンツ、パルパブルコンテンツ
コンテンツモデル	フローコンテンツ

<div>は、汎用的な範囲を示します。たとえば、<article>で囲った箇所は「記事の意味」を示しますが、<div>で囲った箇所には特別な意味を定義しません。デザイン上の目的で部分的にスタイルシートを適用したり、JavaScriptで操作したりするのによく用いられます。
また、同じように汎用の要素を表すフレージングコンテンツにspan要素があります。

▶ 使用できる属性

▶ グローバル属性（P.27）。

▶ 使用例

▶ 正しい使い方の例：一部だけデザインを変える

デザイン上の目的で、一部分の背景を黒に、テキストの色を白にするために<div>を使っています。

055

| **HTML** | 一部分だけデザインを変える |

```html
<article>
  <h1>記事のタイトル</h1>
  <p>記事本文のテキスト。</p>
  <div style="background-color:#000; color:#fff;">
    <p>この部分だけ背景が黒に、テキストの色を白にする。</p>
  </div>
</article>
```

▶ 間違った使い方の例

<article>、<header>、<footer>など、他に適切な要素がある場合は、そちらを優先して使用します。

| **HTML** | 間違った使い方の例 |

```html
<article>
  <h1>記事のタイトル</h1>
  <p>記事本文のテキスト。</p>
  <div style="border:1px solid #000;">
    <p>著者：山田太郎</p>
    <address>yamada@example.com</address>
  </div>
</article>
```

他に適切な要素があるのに、<div>を使っています。

| **HTML** | 正しい使い方の例 |

```html
<article>
  <h1>記事のタイトル</h1>
  <p>記事本文のテキスト。</p>
  <footer style="border:1px solid #000;">
    <p>著者：山田太郎</p>
    <address>yamada@example.com</address>
  </footer>
</article>
```

コンテンツを理解し、適切なタグ（<footer>）を使用します。

HTML ▶ 04 ▶ 01_h1-h6

h1、h2、h3、h4、h5、h6要素

見出しを示す

`<h1>`～`</h1>`

カテゴリー	フローコンテンツ、パルパブルコンテンツ、ヘディングコンテンツ
コンテンツモデル	フレージングコンテンツ

`<h1>`、`<h2>`、`<h3>`、`<h4>`、`<h5>`、`<h6>`は、見出しを記述する際に使います。1から6までの数字は見出しのランクを示すもので、`<h1>`が最上位になり、`<h2>`、`<h3>`と数字が大きくなるにつれて見出しのランクが下がります。最下位の見出しは`<h6>`になります。

明示的にセクションを表すには、`<section>`、`<article>`、`<aside>`、`<nav>`といったセクショニングコンテンツの中で使用し、そのセクションの見出しを示すことができます。しかし、`<section>`の中に記述しなくても、`<h1>`～`<h6>`の見出しを使用すると暗黙のアウトライン（P.26）が開始されたことになります。

`<section>`、`<article>`の中には原則的に見出しが入ります。もし`<section>`に見出しが付けられない場合には、`<nav>`や`<aside>`など使用するタグを検討しましょう。

▶ 使用できる属性

▶ グローバル属性（P.27）

▶ 使用例

HTML

```html
<body>
  <h1>HTML5/CSS3のWEBサイト</h1>
  <h2>WEBサイトについて</h2>
  <p>このサイトはHTML5/CSS3について説明しています。</p>
  <article>
    <header>
      <h2>記事の見出し</h2>
    </header>
    <p>記事本文のテキスト～</p>
    <section>
        <h3>記事の小見出し</h3>
        <p>小見出しに対応する記事のテキスト</p>
    </section>
    <section>
        <h3>記事の小見出し</h3>
        <p>小見出しに対応する記事のテキスト</p>
    </section>
  </article>
```

`<section>`などを使わなくても、暗黙のアウトラインが開始されたことになります。

続く

```
  <aside>
    <ul>
      <li><a href="example1.html">関連リンク</a></li>
      <li><a href="example1.html">関連リンク</a></li>
    </ul>
  </aside>
</body>
```

> `<h1>`～`<h6>`を使えない場合は、`<aside>`などを検討します。

HTML ▶ 04 ▶ 02_p

p要素

段落を示す

`<p>` ～ `</p>`

カテゴリー	フローコンテンツ、パルパブルコンテンツ
コンテンツモデル	フレージングコンテンツ

`<p>`は文書内の段落を示します。段落とは文章において見やすくまとめられた文のかたまりのことで、通常は複数の文によって構成されます。より適切な要素がある場合には、そちらを優先して使いましょう。たとえば、連絡先であれば`<address>`を使います。

使用できる属性

▶ グローバル属性（P.27）

使用例

HTML

```
<section>
  <h1>お問い合わせ</h1>
  <p>お問い合わせの内容により、次のメールアドレスからご連絡ください。</p>
  <p>ご回答を差し上げるまでにお時間をいただく場合もございます。</p>
  <address>
  送信先メールアドレス:
  <a href="mailto:info@example.com">info@example.com</a>
  </address>
</section>
```

HTML ▶ 04 ▶ 03_ol

ol要素

順序のあるリストを表す

<ol 属性="属性値"> ~ </ol>

カテゴリー	フローコンテンツ、li要素を1つ以上含む場合はパルパブルコンテンツ
コンテンツモデル	0個以上のli要素が必要。ol要素、li要素を含む場合もある。

<ol>は、順序のあるリストを表示するときに使います。表示するリスト項目は<ol>~<ol>の間に<li>を使います。<ol>は順序のあるリストを示すので、<li>の順序を変えた場合は意味が異なります。順序が関係ないリストを表示するときは、<ul>を使用します。

初期状態のスタイルでは<ol>で作られたリスト項目の先頭には連番の数字が付き、リスト全体がインデント（字下げ）された状態になります。

使用できる属性

▶ **reversed（論理属性）**

リスト項目の並び順を逆にします。デフォルトの昇順の場合は、降順に変わります。

▶ **start**

リスト項目の開始番号を整数で指定します。通常は「1」や「a」からリスト項目は開始しますが、<ol start="5"> ~ </ol> のように記述すると、5からリスト項目が開始します。

▶ **type**

リスト項目の番号表記の種類を指定します。

属性値	説明
1（初期値）	数字を指定する
a	英小文字を指定する
A	英大文字を指定する
i	小文字のローマ数字を指定する
I	大文字のローマ数字を指定する

▶ **グローバル属性**（P.27）

使用例

HTML

```html
<ol reversed>
    <li>リスト項目</li>
    <li>リスト項目</li>
    <li>リスト項目</li>
    <li>リスト項目</li>
    <li>リスト項目</li>
</ol>
```

▲実行結果

HTML

```html
<ol start="3" type="I">
    <li>リスト項目</li>
    <li>リスト項目</li>
    <li>リスト項目</li>
    <li>リスト項目</li>
    <li>リスト項目</li>
</ol>
```

▲実行結果

HTML ▶ 04 ▶ 04_ul

ul要素

順序のないリストを表示する

`<ul> ~ </ul>`

カテゴリー	フローコンテンツ、li要素を1つ以上含む場合はパルパブルコンテンツ
コンテンツモデル	0個以上のli要素が必要。ol要素、li要素を含む場合もある

`<ul>`は、順序のないリストを表示するときに使います。`<ol>`と違って、順序を変えても意味は変わりません。表示するリスト項目は`<ul> ~ </ul>`の間にliを使います。

リストのマーカーの初期スタイルは黒丸（disc）です。マーカーのスタイルを変更するときは、CSSのlist-style-typeプロパティ（P.377）を使用してください。

▶ 使用できる属性

▶ グローバル属性（P.27）

▶ 使用例

HTML

```html
<ul>
    <li>リスト項目A</li>
    <li>リスト項目B</li>
    <li>リスト項目C</li>
</ul>
```

- リスト項目A
- リスト項目B
- リスト項目C

▲実行結果

061

HTML ▶ 04 ▶ 05_li

li要素

リスト項目を表示する

`<li 属性="属性値"> ~ </li>`

カテゴリー	－
コンテンツモデル	フローコンテンツ

\<li\>はリスト項目を示します。\<ul\>、\<ol\>、\<menu\>の中で使用することで、その要素を親要素とするリスト項目として表示します。親要素が異なる\<li\>同士は関連しません。

\<ol\>はリスト項目の順序を表すので、この中での\<li\>は1、2と続くリストの意味になります。このリストの順序を3から始めたいときには、value属性を使用します。

使用できる属性

▶ value

\<ol\>の中でのみ使うことができ、リスト項目の順序を整数で指定することができます。

▶ **グローバル属性**（P.27）

使用例

```
HTML
<ol>
    <li value="3">リスト項目3</li>
    <li>リスト項目4</li>
    <li>リスト項目5</li>
</ol>
```

3. リスト項目3
4. リスト項目4
5. リスト項目5

▲実行結果

HTML ▶ 04 ▶ 06_dl

dl要素

定義や説明のリストを表示する

`<dl>` ~ `</dl>`

カテゴリー	フローコンテンツ、dt要素とdd要素のグループを1組以上含む場合はパルパブルコンテンツ
コンテンツモデル	dt要素と、続くdd要素のグループが必要

`<dl>`は、定義リストを表示するときに使います。表示するリスト項目は`<dl>` ~ `<dl>`の間に`<dt>`と`<dd>`を記述します。`<dt>`で定義する用語を示し、`<dd>`で用語の説明を行います。1つの`<dt>`に対して、複数の`<dd>`を使うことも可能です。

使用できる属性

▶ グローバル属性（P.27）

使用例

HTML

```
<dl>
  <dt>技術評論社</dt>
  <dd>パソコン書、IT書、理工書、実用書の出版社です。初心者の方から専門家の方まで、幅広い方に向けた書籍を刊行しています</dd>
</dl>

<dl>
  <dt>ブラウザ</dt>
  <dd>Internet Explorer</dd>
  <dd>Microsoft Edge</dd>
  <dd>Mozilla Firefox</dd>
  <dd>Google Chrome</dd>
  <dd>Safari</dd>
</dl>
```

技術評論社
　パソコン書、IT書、理工書、実用書の出版社です。初心者の方から専門家の方まで、幅広い方に向けた書籍を刊行しています

ブラウザ
　Internet Explorer
　Microsoft Edge
　Mozilla Firefox
　Google Chrome
　Safari

▲実行結果

HTML ▶ 04 ▶ 07_dt

dt要素

定義する用語を表示する

`<dt>` ~ `</dt>`

カテゴリー	—
コンテンツモデル	フローコンテンツ。ただし、header要素、footer要素、セクショニングコンテンツ、ヘディングコンテンツを子孫要素に持つことはできない

`<dt>`は、定義リスト中の定義する用語を表します。`<dl>`の中でのみ使用することができ、`<dd>`と組み合わせて定義リストを記述します。

使用できる属性

▶ グローバル属性 (P.27)

HTML ▶ 04 ▶ 08_dd

dd要素

定義した用語の説明を表示する

`<dd>` ~ `</dd>`

カテゴリー	—
コンテンツモデル	フローコンテンツ

`<dd>`は、定義リスト中の定義した用語の説明を表します。`<dl>`の中でのみ使用することができ、`<dt>`と組み合わせて定義リストを記述します。

使用できる属性

▶ グローバル属性 (P.27)

HTML ▶ 04 ▶ 09_blockquote

blockquote要素

引用文であることを示す

`<blockquote 属性="属性値"> ~ </blockquote>`

カテゴリー	フローコンテンツ、パルパブルコンテンツ、セクショニングルート
コンテンツモデル	フローコンテンツ

<blockquote>は、テキストが引用文であることを示します。複数の文章から成り立つような長い文章を引用する場合には<blockquote>を使用しますが、短い引用のときには<q>要素を使用します。<cite>を使用すると引用元の文書のURLを示すことが可能です。

使用できる属性

▶ cite
引用元の文書のURLを示します。

▶ グローバル属性（P.27）

使用例

HTML

```
<blockquote cite="http://gihyo.jp">
この部分に引用文が入ります。
引用文のエリアは、通常ではインデントされます。
</blockquote>
```

この部分に引用文が入ります。引用文のエリアは、通常ではインデントされます。

▲実行結果

HTML ▶ 04 ▶ 10_pre

pre要素

ソース中のスペースや改行をそのまま表示する

`<pre>` 〜 `</pre>`

カテゴリー	フローコンテンツ、パルパブルコンテンツ
コンテンツモデル	フレージングコンテンツ

`<pre>`は、整形済みテキスト (Preformatted Text) を表します。`<pre>`内のソースは半角スペースや改行をそのまま表示することができ、ソースコードなどを表示する際に便利です。ただし、「<」「>」「&」は特殊文字として認識されてしまうので、「<」「>」「&」を使って記述します。

使用できる属性

▶ グローバル属性（P.27）

使用例

HTML

```
<pre>
 ∧,,∧
(*・ω・)/
</pre>
<pre>
&lt;h1&gt;HTMLを表示する場合&lt;/h1&gt;
&lt;p&gt;「&lt;」「&gt;」「&amp;」は特殊文字として認識されます&lt;/p&gt;
</pre>
```

```
 ∧,,∧
(*・ω・)/

<h1>HTMLを表示する場合</h1>
<p>「<」「>」「&」は特殊文字として認識されます</p>
```

▲実行結果

HTML ▶ 04 ▶ 11_hr

hr要素

段落の区切りを示す

`<hr>`

カテゴリー	フローコンテンツ
コンテンツモデル	–

`<hr>`は、段落レベルのテーマや話題の区切りを示します。これは、あくまで段落レベルでの区切りです。たとえば2つの並んだ`<section>`の間は、すでに区切りを表しているので、`<hr>`は使用しません。

過去バージョンのHTMLでは区切り線として定義されていました。HTML5では区切り線のデザインとしてではなく、意味的な用途で使うので注意しましょう。

使用できる属性

▶ グローバル属性（P.27）

使用例

▶ 正しい使い方

> **HTML**
>
> ```
> <p>二人の若い紳士が、すっかりイギリスの兵隊のかたちをして、ぴかぴかする鉄砲をかつ
> いで、白熊のような犬を二疋つれて、だいぶ山奥の、木の葉のかさかさしたとこを、こんな
> ことを云いながら、あるいておりました。</p>
> <hr>
> <p>「ぜんたい、ここらの山は怪しからんね。鳥も獣も一疋も居やがらん。なんでも構わな
> いから、早くタンタアーンと、やって見たいもんだなあ。」</p>
> ```

▶ 間違った使い方

> **HTML** 段落レベルの外では`<hr>`は使えない
>
> ```
> <section>
>   ～セクション内容～
> </section>
> <hr>  ◀──────  段落レベルの外で<hr>を使っています。
> <section>
>   ～セクション内容～
> </section>
> ```

（右端の縦タブ）HTML基礎　基本構造　セクション　**テキスト**　テキストの装飾と強調　埋め込み要素　テーブル　フォーム　インタラクティブ要素　スクリプト

067

HTML ▶ 05 ▶ 01_a

a要素

リンクを示す

<a 属性="属性値"> ~ </a>

カテゴリー	インタラクティブコンテンツ、フレージングコンテンツ、パルパブルコンテンツ、フローコンテンツ
コンテンツモデル	トランスペアレントコンテンツ。ただし、インタラクティブコンテンツを子孫要素に持つことはできない

<a>はhref属性で指定したWebページ、同一ページ内のid属性の場所、ファイル、他のURLへのリンクを指定できます。また、メールソフトを起動して指定したメールアドレスに送信したり、指定した電話番号に携帯電話から発信したりすることもできます。href属性でURLを指定するときには相対パスと絶対パスの2つの形が使えます。

使用できる属性

▶ href

リンク先のURLを指定します。「<a href="HTMLファイル#要素のid属性値"> ~ </a>」のように、HTMLファイルに続き「#」でid属性の値を指定することで、ジャンプ先の位置も指定可能です。
「mailto:メールアドレス」で指定したメールアドレスを宛先としてメールソフトを起動、「tel:電話番号」の形で携帯電話からの発信を指定できます。

▶ target

リンク先のファイルを表示するために使用するウィンドウ、またはブラウジングコンテキスト（表示領域）を指定します。

属性値	説明
_self(初期値)	現在のブラウジングコンテキストを使用する
_blank	新たにブラウジングコンテキストにリンク先の内容を表示する
_parent	現在のブラウジングコンテキストの親のブラウジングコンテキストを使用する
_top	最上位レベルのブラウジングコンテキストを使用する

▶ download

download属性を指定することで、指定先のファイルをダウンロードするようにWebブラウザへ示します。また、ダウンロード時のファイル名は属性値として指定されます。

▶ rel

リンク先の内容の役割を指定します。半角スペースで区切ることで、複数の値を指定することも可能です。

属性値	説明
icon	ブックマークしたときなどに表示されるアイコンファイルを指定する
canonical	現在のHTML文書と似た内容のページのURLを正規化できる。適切に使うことで、検索エンジンからの評価が分散しなくなる
alternate	現在のHTML文書と同じ内容のページが存在するときに使います。たとえばスマートフォン向けページ、他言語ページなど同じ内容のページが違うURLで存在すると、検索エンジンは不正を疑うので、alternate属性を指定することでURLを一本化する
index	指定したURLが、現在のHTML文書に対する索引であることを示す
next	現在のページの、1つ先のリンクを指定する
prev	現在のページの、1つ前のリンクを指定する
author	このHTML文書の作者へのリンクを指定する
license	現在のHTML文書の著作権ライセンスに関する文書へのリンクを指定する
pingback	pingbackサーバーのアドレスを指定する
bookmark	文書の固定リンクを指定する
nofollow	重要でないリンクを指定する
noreferrer	ユーザーがリンクを移動する際、リファラを送信しない
tag	文書に指定されたタグのページを示す

▶ hreflang

リンク先のファイルの言語を指定します。

▶ type

リンク先のMIMEタイプを指定します。MIMEタイプとは、「タイプ名/サブタイプ名」でファイル形式を指定する文字列のことです。たとえば、HTMLファイルなら「type="text/html"」となります。

▶ **グローバル属性**（P.27）

相対パスと絶対パス

▶ 相対パス

ファイルの位置（階層）を基準にして指定します。同じディレクトリのファイルを指定するときは、「<a href="ファイル名">」と直接ファイル名を指定するか、「./」を付けて「<a href="./ファイル名">」と指定します。

別のディレクトリのファイルを指定するには、「../」で1つ上のディレクトリを指定できます。たとえば、HTMLファイルから見た1つ上にあるaccessディレクトリ内のmap.htmlを指定する場合は、「<a href="../map.html">」となります。

また、「<a href="/access/map.html">」のように「/」からはじめると、Webサイトの最上層からディレクトリを指定できます。

▶ 絶対パス

絶対パスは、URLでページを指定します。

069

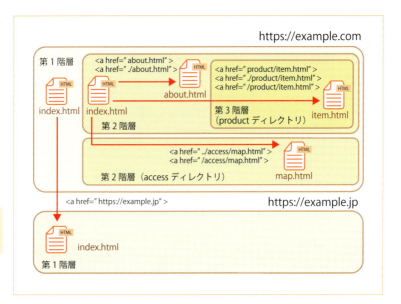

使用例

▶ サンプル①　基本的な使用方法

はじめの3つのリンクは、前述の相対パスでリンクを指定しています。4つめのリンクは、絶対パスで外部のWebページへリンクを指定しています。target属性に_blankを指定して、新しいウィンドウで表示するようにしています。

```html
<ul>
  <li><a href="./about.html">同じディレクトリのabout.htmlにリンクします</a></li>
  <li><a href="../access/map.html">ひとつ上のaccessディレクトリの内のmap.htmlにリンクします</a></li>
  <li><a href="/product/item.html">最上層のディレクトリからitem.htmlにリンクを指定しています</a></li>
  <li><a href="https://sample.com" target="_blank">絶対パスで外部Webページを新しいウィンドウで開きます</a></li>
</ul>
```

- 同じディレクトリのabout.htmlにリンクします
- ひとつ上のaccessディレクトリの内のmap.htmlにリンクします
- 最上層のディレクトリからitem.htmlにリンクを指定しています
- 絶対パスで外部Webページを新しいウィンドウで開きます

▲実行結果

▶ サンプル②　download属性の使用方法

download属性を論理属性として記述すると、ファイルをダウンロードさせることができます。download属性値にファイル名を指定した時は、サーバーにアップされているファイル名とは違う名前でダウンロードさせることができます。

HTML

```
<p><a href="./sample.jpg" download>「sample.jpg」のファイル名でダウンロード</a></p>
<p><a href="./sample.jpg" download="ダウンロード.jpg">「ダウンロード.jpg」のファイル名でダウンロード</a></p>
```

> 同じファイルへのリンクだが、ダウンロード時のファイル名が変わります。

「sample.jpg」のファイル名でダウンロード

「ダウンロード.jpg」のファイル名でダウンロード

▲実行結果

▶ サンプル③

HTML5以前では、<a>は、<div>などのブロックレベル要素を子要素に持つことはできませんでした。HTML5では、<a>はトランスペアレントコンテンツなので、親要素のコンテンツモデルを引き継ぐことができ、<div>や<section>などを子要素に持つよう記述することができます。

HTML

```
<article>
    <h1>ファラデーの伝</h1>
    <a href="./prologue.html">
    <section>
        <h1>序</h1>
        <p>偉人の伝記というと、ナポレオンとかアレキサンドロスとか、グラッドストーンというようなのばかりで、学者のはほとんど無いと言ってよい。</p>
        <p>[続きを読む]</p>
    </section>
    </a>
</article>
```

> セクション全体にリンクを指定します。

ファラデーの伝

序

偉人の伝記というと、ナポレオンとかアレキサンドロスとか、グラッドストーンというようなのばかりで、学者のはほとんど無いと言ってよい。

[続きを読む]

▲実行結果

em要素

テキストに強勢を付ける

`<em> ~ </em>`

カテゴリー	パルパブルコンテンツ、フレージングコンテンツ、フローコンテンツ
コンテンツモデル	フレージングコンテンツ

<em>では、囲んだテキストに強勢を付けることができます。強勢とは、口にする際に強調してアクセントを付けて発音する事です。あくまで強勢を付けるだけなので、<em>に重要性を伝える意味はありません。重要性が目的の場合には、strong要素（P.73）を使用してください。

使用できる属性

▶ グローバル属性（P.27）

使用例

<em>のテキスト部分は斜体で表示されています。

HTML
```
<p><em>HTML5</em>と<em>CSS3</em>は奥が深いです。</p>
```

> *HTML5*と*CSS3*は奥が深いです。

▲実行結果

HTML ▶ 05 ▶ 03_strong

strong要素

テキストに重要性を示す

`<strong>` ~ `</strong>`

カテゴリー	パルパブルコンテンツ、フレージングコンテンツ、フローコンテンツ
コンテンツモデル	フレージングコンテンツ

`<strong>`は、囲んだテキストの重要性を示すことができます。`<strong>`は入れ子にして使うこともでき、入れ子の数が増えるにつれて重要性が強まります。

使用できる属性

▶ グローバル属性（P.27）

使用例

`<strong>`のテキストは太字で表示されています。

HTML
```
<ul>
  <li><strong>必ず猫のエサを買う</strong></li>
  <li>掃除機をかける</li>
  <li>花に水をやる</li>
</ul>
```

- **必ず猫のエサを買う**
- 掃除機をかける
- 花に水をやる

▲実行結果

HTML ▶ 05 ▶ 04_b

b要素

他と区別したいテキストを示す

`<b> ~ </b>`

カテゴリー	パルパブルコンテンツ、フレージングコンテンツ、フローコンテンツ
コンテンツモデル	フレージングコンテンツ

文章内で他と区別したいテキストを示す際に使用します。`<b>`で囲まれたテキストは太字になりますが、そのテキストが重要であるという意味はありません。テキストが強勢することを示す場合にはem要素（P.72）を使います。重要性を示す場合にはstrong要素（P.73）を使用します。

使用できる属性

▶ グローバル属性（P.27）

使用例

`<b>`要素のclass属性に「lead」と記述してリード文であることを表しています。

HTML

```
HTML
<h1>b要素</h1>
<p><b class="lead">HTML5におけるb要素の使い方</b></p>
<p>この記事はb要素について説明しています。</p>
```

b要素

HTML5におけるb要素の使い方

この記事はb要素について説明しています。

▲実行結果

HTML ▶ 05 ▶ 05_i

i要素

通常のテキストとは少し異なるテキストを示す

`<i>` ～ `</i>`

カテゴリー	パルパブルコンテンツ、フレージングコンテンツ、フローコンテンツ
コンテンツモデル	フレージングコンテンツ

`<i>`は、声や心の中で思ったことや、専門用語、他言語の慣用句など、通常のテキストとは少し異なる箇所を示すことができます。`<i>`で囲まれたテキストは、ブラウザによっては斜体文字になりますが、デザイン上の目的で斜体文字にするために使ってはいけません。デザイン上の目的でフォントを斜体にしたい場合には、スタイルシートで指定します。

使用できる属性

▶ グローバル属性（P.27）

使用例

HTML
```
<p>昨日のことを思い出し、<i class="voice">少し言いすぎたかな</i>と反省した。
</p>
```

昨日のことを思い出し、*少し言いすぎたかな*と反省した。

▲実行結果（Internet Explorer）

HTML ▶ 05 ▶ 06_u

u要素

スペルミスや外国固有名詞などを示す

\<u\> ~ \</u\>

カテゴリー	パルパブルコンテンツ、フレージングコンテンツ、フローコンテンツ
コンテンツモデル	フレージングコンテンツ

\<u\>は、文章中のスペルミスを表す箇所や、中国語などにおける外国固有名詞などに使います。外国固有名詞とは、たとえばシンデレラは固有名詞ですが、中国語では「灰姑娘」と固有名詞を表記します。\<u\>はHTML5で定義されていますが、他の要素のほうが適切な場合も多いです。\<em\>、\<strong\>も使うことはできないか検討することをお勧めします。

使用できる属性

▶ グローバル属性（P.27）

使用例

スペルミスの箇所を\<u\>で表しています。

```
HTML
<h1>本書での誤字および追加修正文</h1>
<p>P.151:「<u>Helo</u> World」</p>
```

本書での誤字および追加修正文

P.151:「Helo World」

▲実行結果

076

HTML ▶ 05 ▶ 07_mark

mark要素

ユーザーの操作によって目立たせるテキストを示す

`<mark>` ~ `</mark>`

カテゴリー	パルパブルコンテンツ、フレージングコンテンツ、フローコンテンツ
コンテンツモデル	フレージングコンテンツ

`<mark>`は、ユーザーの操作によって目立たせる文章内のテキストを示します。たとえば、検索結果画面でユーザーが検索したテキストをハイライトさせたいときなどに使います。

`<mark>`は、あくまで「ユーザーの操作に関連している」箇所に使います。重要さなどを示したい場合には、`<em>`、`<strong>`など別の要素を使用します。

使用できる属性

▶ グローバル属性（P.27）

使用例

次のサンプルは、検索結果画面のイメージです。検索キーワードに一致するテキストを`<mark>`でハイライト表示しています。

HTML

```html
<h1>「<em>猫</em>」での検索結果</h1>
<input type="search" value="猫"><button>検索</button>
<p>吾輩は<mark>猫</mark>である。名前はまだ無い。</p>
```

▲実行結果

HTML ▶ 05 ▶ 08_small

small要素

細目(さいもく)を示す

<small> ~ </small>

カテゴリー	パルパブルコンテンツ、フレージングコンテンツ、フローコンテンツ
コンテンツモデル	フレージングコンテンツ

<small>は細目(さいもく)を示します。細目とは、細かい点について規定してある項目のことで、ここでは免責事項、警告、法的制約、著作権表示などを示します。
「small」という単語の意味から小さな文字を想像しますが、小さくする目的で使用してはいけません。著作権(Copyright)の表示によく使われます。

使用できる属性

▶ グローバル属性 (P.27)

使用例

Webページのフッターには著作権(Copyright)を表示することが多いです。この場合は<small>が適切です。

HTML

```
<footer>
  <p><small>Copyright &copy; Example Inc. All Rights Reserved.</small></p>
</footer>
```

Copyright © Example Inc. All Rights Reserved.

▲実行結果

HTML ▶ 05 ▶ 09_s

s要素

無効になった内容を示す

`<s>` ~ `</s>`

カテゴリー	パルパブルコンテンツ、フレージングコンテンツ、フローコンテンツ
コンテンツモデル	フレージングコンテンツ

`<s>`は、すでに無効になった内容や、正確でなくなった内容に使われます。ただし、`<s>`には「削除する」という意味はありません。内容を削除することを表す場合には、del要素（P.98）を使います。

使用できる属性

▶ グローバル属性（P.27）

使用例

次のサンプルは、オンラインショップのイメージです。在庫がなくなり、無効になっていることを`<s>`で表しています。

HTML

```html
<h1>シングルベッド</h1>
<p>次のカラーバリエーションがあります。レッドは在庫がありません。</p>
<ol>
  <li>ブルー </li>
  <li><s>レッド</s></li>
  <li>イエロー </li>
</ol>
```

シングルベッド

次のカラーバリエーションがあります。レッドは在庫がありません。

1. ブルー
2. ~~レッド~~
3. イエロー

▲実行結果

079

HTML ▶ 05 ▶ 10_cite

cite要素

文献や作品のタイトルを示す

`<cite> ~ </cite>`

カテゴリー	パルパブルコンテンツ、フレージングコンテンツ、フローコンテンツ
コンテンツモデル	フレージングコンテンツ

`<cite>`は、文献や作品のタイトルを示します。たとえば、本、新聞、論文、エッセイ、詩、楽譜、歌、台本、映画、TVショー、ゲーム、彫刻、絵画、劇場作品、演劇、オペラ、ミュージカル、展覧会、裁判の判例などです。作品の内容を引用するときには、blockquote要素 (P.65) やq要素 (P.81) を使います。

▶ 使用できる属性

▶ グローバル属性 (P.27)

▶ 使用例

最初の`<cite>`は作品名を表しています。2つめの`<cite>`はWebサイト名とリンクを貼るときの例です。

HTML

```
<p>
　ドストエフスキーの<cite>罪と罰</cite>を読み終えた。<br>
　難しいところもあったが、この<cite><a href="http://example.com/">罪と罰の考察</a></cite>というサイトが参考になった。
</p>
```

ドストエフスキーの罪と罰を読み終えた。
難しいところもあったが、この罪と罰の考察というサイトが参考になった。

▲実行結果

 HTML ▶ 05 ▶ 11_q

q要素

短い引用文であることを示す

<q 属性="属性値"> ~ </q>

カテゴリー	パルパブルコンテンツ、フレージングコンテンツ、フローコンテンツ
コンテンツモデル	フレージングコンテンツ

<q>は、テキストが短い引用文であることを示します。複数のフレーズから成り立つような長い文章を引用する場合には、blockquote要素（P.65）を使用します。最近のブラウザでは、<q>を使うと「」や""などの引用符で自動的に囲まれて表示されます。cite属性を使用すると、引用元の文書のURLを示すことが可能です。

使用できる属性

▶ cite
引用元の文書のURLを示します。

▶ グローバル属性（P.27）

使用例

<q>の引用元のテキスト部分には、自動的に括弧が表示されています。

HTML

```
<p>このニュースによると、<q cite="http://example.com/news/">山田太郎がKOで勝利</q>ということらしい。</p>
```

このニュースによると、「山田太郎がKOで勝利」ということらしい。

▲実行結果

HTML ▶ 05 ▶ l2_dfn

dfn要素

定義語を示す

`<dfn 属性="属性値"> ~ </dfn>`

カテゴリー	パルパブルコンテンツ、フレージングコンテンツ、フローコンテンツ
コンテンツモデル	フレージングコンテンツ。dfn要素を子孫要素に持つことはできない

`<dfn>`は、囲まれたテキストが定義部であることを示します。直近の親要素の`<p>`、`<dl>`、`<section>`などの中で、定義した言葉の定義内容を記述することが必要です。`<dfn>`がtitle属性を持っているならば、その属性値が定義される用語となります。定義部が略語の場合には、`<dfn>`の子孫要素にabbr要素（P.83）を使います。

使用できる属性

▶ title

属性値が正式な定義語になります。

▶ グローバル属性（P.27）

使用例

次のサンプルでは、「HyperText Markup Language」が定義される用語になっています。

HTML

```
<p><dfn title="HyperText Markup Language">HTML</dfn>は、ティム・バーナーズ＝リーにより考案されました。</p>
```

マウスポインターを「HTML」の上に置くと、定義語が表示されます。

▲実行結果

HTML ▶ 05 ▶ 13_abbr

abbr要素

略語や頭文字を示す

<abbr 属性="属性値"> ～ </abbr>

カテゴリー	パルパブルコンテンツ、フレージングコンテンツ、フローコンテンツ
コンテンツモデル	フレージングコンテンツ

<abbr>は、囲まれたテキストが略語や頭文字であることを示します。title属性を使用して、その略語の正式名称を示すことが推奨されます。

▶ 使用できる属性

▶ title
属性値が正式な定義語になります。

▶ **グローバル属性**（P.27）

▶ 使用例

<dfn>と組み合わせて、定義語が略語であることを示すことが可能です。

HTML

```
<p>
  <dfn><abbr title="World Wide Web">WWW</abbr></dfn>とは、インターネット
上で提供されるハイパーテキストシステムのことです。 <br>
  近年では<abbr title="World Wide Web">WWW</abbr>は、世界中で使われるよう
になりました。
</p>
```

マウスポインターを「WWW」の上に置くと、定義語が表示されます。

▲実行結果

ruby要素

ルビを振る

<ruby> ～ </ruby>

カテゴリー	パルパブルコンテンツ、フレージングコンテンツ、フローコンテンツ
コンテンツモデル	次のどちらかは必要 ・1つ以上のフレージングコンテンツ、またはrb要素は記述が可能 ・rp要素の直前か直後に1つ以上のrt要素、またはrtc要素は 　記述が可能

<ruby>は、ルビを振る場合に使います。ルビとは、ふりがな、説明や異なる読み方を小さな文字で対象の文字の上に表示したものです。

<ruby>でルビを振るときは、<rb>、<rt>、<rp>も同時に使うことでより詳細に示すことができます（P.86～P.87）。<rt>はルビの文字列を示し、<rb>はルビを振る対象を示します。また<rp>は、ルビのテキストを囲む括弧などの記号を指定します。<rb>と<rp>は省略することも可能です。詳しくは、サンプルを見てください。なお、ルビの表示はブラウザによって変わります。

使用できる属性

▶ グローバル属性（P.27）

使用例

▶ **サンプル①　最もシンプルな使い方**

最もシンプルな使い方の例です。

HTML

```
<p>
  <ruby>雰囲気<rt>ふんいき</rt></ruby>
</p>
```

ふんいき
雰囲気

▲実行結果（Firefox）

▶ サンプル②　＜rb＞で対象を指定する

＜rb＞でルビを振る対象を指定した使い方です。

HTML

```
<p>
  <ruby>
    <rb>雰</rb>
    <rb>囲</rb>
    <rb>気</rb>
    <rt>ふん</rt>
    <rt>い</rt>
    <rt>き</rt>
  </ruby>
</p>
```

ふ ん い き
雰囲気

▲実行結果（Firefox）

▶ サンプル③　対象外のブラウザでは括弧で代用する

＜rp＞を使うことで、対象外ブラウザの場合は括弧を表示しています。

HTML

```
<p>
  <ruby>
    雰囲気
    <rp>（</rp>
    <rt>ふんいき</rt>
    <rp>）</rp>
  </ruby>
</p>
```

ふ ん い き
雰囲気

▲実行結果（Firefox）

▶ サンプル④　複数のルビを表示する

＜rtc＞を使うことで、複数のルビを表示しています。Chromeは対応していません。

HTML

```
<p>
  <ruby>
    <rb>雰</rb><rb>囲</rb><rb>気</rb>
    <rtc>
        <rt>ふん</rt><rt>い</rt><rt>き</rt>
    </rtc>
    <rtc>
        <rt>FUN</rt><rt>I</rt><rt>KI</rt>
    </rtc>
  </ruby>
</p>
```

FUN I KI
ふ ん い き
雰囲気

▲実行結果（Firefox）

085

📁 HTML ▶ 05 ▶ 15_rb

rb要素

ルビを振る対象テキストを示す

<rb> ~ </rb>

カテゴリー	-
コンテンツモデル	フレージングコンテンツ

<rb>は、ルビを振る対象となるテキストを示します。同じ<ruby>要素内の<rt>と関連付いて表示されます。使い方のサンプルはruby要素（P.84）をご覧ください。

使用できる属性

▶ グローバル属性（P.27）

📁 HTML ▶ 05 ▶ 16_rt

rt要素

ルビテキストを示す

<rt> ~ </rt>

カテゴリー	-
コンテンツモデル	フレージングコンテンツ

<rt>は<ruby>の中で使用し、ルビテキストを表示します。使い方のサンプルはruby要素（P.84）をご覧ください。

使用できる属性

▶ グローバル属性（P.27）

HTML ▶ 05 ▶ 17_rp

rp要素

ルビテキストを示す

<rp> ~ </rp>

カテゴリー	–
コンテンツモデル	フレージングコンテンツ

<ruby>に対応していないブラウザでは、<rt>のルビテキストはそのまま表示されます。<rp>を使用すると、表示されるルビテキストを囲む括弧を指定することができます。使い方のサンプルはruby要素（P.84）をご覧ください。

使用できる属性

▶ グローバル属性（P.27）

HTML ▶ 05 ▶ 18_rtc

rtc要素

ルビテキストの集まりを示す

<rtc> ~ </rtc>

カテゴリー	–
コンテンツモデル	フレージングコンテンツ

<rtc>は、1つのルビ対象テキストに対して、複数のルビを適用したいときに使用します。使い方のサンプルはruby要素（P.84）をご覧ください。

使用できる属性

▶ グローバル属性（P.27）

087

HTML ▶ 05 ▶ 19_time

time要素

日付や時刻を正確に示す

<time 属性="属性値"> ～ </time>

カテゴリー	パルパブルコンテンツ、フレージングコンテンツ、フローコンテンツ
コンテンツモデル	フレージングコンテンツ

<time>は、24時間表記の時刻やグレゴリオ暦（一般的な西暦）の正確な日付を示します。これはコンピューターやブラウザが理解しやすい形式で日付や時刻を提供することを目的としたものです。日時を記述する際に、必ず<time>を使用しなくてはいけないわけではありません。また、グレゴリオ暦は1582年2月に制定されており、それ以前の日付に対しては使用しません。記述例は次の通りです。

種別	日付	記述例
年月日	2018年1月25日	<time>2018-01-25</time>
	2018年1月	<time>2018-01</time>
	1月25日	<time>01-25</time>
時刻	15時45分	<time>15:45</time>
	15時45分23秒	<time>15:45:23</time>
	15時45分23.431秒	<time>15:45:23.431</time>
日時（現地時間）	2018年1月25日 15時45分	<time>2018-01-25T15:45</time>
日時（協定世界時/UTC）	2018年1月25日 15時45分23秒	<time>2018-01-25T15:45:23+09:00</time>
週（-Wに週番号を記述）	2018年第26週	<time>2018-W26</time>
時間1[※1]	1週間+3日と5時間25分6秒	<time>1w 3d 5h 25m 6s</time>
	3日と5時間25分6秒	<time>3d 5h 25m 6s</time>
時間2[※2]	1週間+3日と5時間25分6秒	<time>P10DT5H25M6S</time>
	3日と5時間25分6秒	<time>P3DT5H25M6S</time>

※1 週(w)、日(d)、時間(h)、分(m)、秒(s) で所要時間や経過時間などを表します。
※2 「P」に続けて日(D)の数字、さらに「T」で区切り、時(H)、分(M)、秒(S) で所要時間や経過時間などを表します。

<time>を使うとき、「2018年6月」という文字列はコンピューターが理解できないので、「2018-06」という記述にする必要があります。しかし、この文字列が文章の中で適切でないことは多々あります。その際は、datetime属性を使用して「<time datetime="2018-06">2018年6月</time>」のように記述します。

使用できる属性

▶ datetime

属性値にはコンピューターが取り扱い可能な日時データを指定し、＜time＞内には文中に適切な日時を記述することができます。

▶ **グローバル属性**（P.27）

使用例

datetime属性を使うことで、文章の中では自然なテキストのまま、コンピューターに理解しやすい時間を指定することができます。

```
HTML
<p>世界マラソン大会は、<time datetime="2018-03-21T12:00">2018年3月21日の
12時</time>にスタートした。</p>
```

世界マラソン大会は、2018年3月21日の12時にスタートした。

▲実行結果

HTML ▶ 05 ▶ 20_data

data要素

コンピュータが理解できるデータを示す

<data 属性="属性値"> ～ </data>

カテゴリー	パルパブルコンテンツ、フレージングコンテンツ、フローコンテンツ
コンテンツモデル	フレージングコンテンツ

<data>は、ブラウザに表示される文字列とは別に、コンピュータが理解できるデータを付与できます。日付に関連する場合はtime要素（P.88）を使います。

使用できる属性

▶ value

コンピュータが理解できるデータを指定します。

▶ グローバル属性（P.27）

使用例

▶ サンプル①　データ処理用に算用数字を指定する

文中では漢数字ですが、<data>を使ってデータ処理用の算用数字を表します。

HTML

```
<p>この商品は、<data value="9800">九千八百円</data>になります。</p>
```

この商品は、九千八百円になります。

▲実行結果

▶ サンプル②　商品名と商品番号を紐付ける

商品名のリストですが、データ処理用に商品番号も紐付けています。

HTML

```
<p>製品一覧</p>
<ul>
  <li><data value="120">スマートフォンA(64GB)</data></li>
  <li><data value="121">スマートフォンB(128GB)</data></li>
  <li><data value="123">スマートフォンX(256GB)</data></li>
</ul>
```

製品一覧

- スマートフォンA(64GB)
- スマートフォンB(128GB)
- スマートフォンX(256GB)

▲実行結果

HTML ▶ 05 ▶ 21_sub

sub要素

下付き文字を表示する

`<sub>` ~ `</sub>`

カテゴリー	パルパブルコンテンツ、フレージングコンテンツ、フローコンテンツ
コンテンツモデル	フレージングコンテンツ

`<sub>`は、公式や化学記号で出てくるような下付き文字を表示するときに使います。上付き文字を表示するにはsup要素（P.92）を使用します。

使用できる属性

▶ グローバル属性（P.27）

使用例

HTML

```
<p>水の元素記号は「H<sub>2</sub>O」です。</p>
```

水の元素記号は「H_2O」です。

▲実行結果

HTML ▶ 05 ▶ 22_sup

sup要素

上付き文字を表示する

`<sup> ~ </sup>`

カテゴリー	パルパブルコンテンツ、フレージングコンテンツ、フローコンテンツ
コンテンツモデル	フレージングコンテンツ

`<sup>`は、上付き文字を表示するときに使います。たとえば、㎡（平方メートル）のような文字です。下付き文字を表示するにはsub要素（P.91）を使用します。

使用できる属性

▶ グローバル属性（P.27）

使用例

HTML

```
<p>この面積は「20m<sup>2</sup>」です。</p>
```

この面積は「20m²」です。

▲実行結果

HTML ▶ 05 ▶ 23_span

span要素

汎用的な範囲を示す

`<span> ~ </span>`

カテゴリー	パルパブルコンテンツ、フレージングコンテンツ、フローコンテンツ
コンテンツモデル	フレージングコンテンツ

`<span>`は、とくに意味を持たない汎用的な範囲を指定できます。`<span>`で囲んだ範囲はブラウザでの表示も変わりませんが、class属性やid属性などを使い、CSSに

よってスタイルを指定するときに頻繁に使用する要素です。

使用できる属性

▶ グローバル属性（P.27）

使用例

▶ サンプル①　style属性でスタイルを指定する例

次のサンプルは、style属性を使用してCSSでスタイルを指定する例です。

```html
<p>
吾輩は<span style="background-color:#f39a50; color:#fff;">猫</span>であ
る。名前はまだ無い。
</p>
```

吾輩は猫である。名前はまだ無い。

▲実行結果

▶ サンプル②　class属性でスタイルを指定する例

次のサンプルは、class属性を使用してCSSでスタイルを指定する例です。

```html
<p>
  <span class="border">どこで生れたかとんと見当がつかぬ。</span>
  何でも薄暗いじめじめした所でニャーニャー泣いていた事だけは記憶している。
</p>
```

```css
.border{
    border: 1px solid #000;
}
```

どこで生れたかとんと見当がつかぬ。何でも薄暗いじめじめした所でニャーニャー泣いていた事だけは記憶している。

▲実行結果

093

br要素

改行を示す

\<br\>

カテゴリー	フレージングコンテンツ、フローコンテンツ
コンテンツモデル	−

\<br\>は改行の位置を示します。詩や住所のように、改行が文章として必要なときのみ使用します。横幅を揃える、余白を作るといったような、デザインをする目的で使用してはいけません。文章の段落ごとの改行にはp要素（P.58）を使用します。

使用できる属性

▶ グローバル属性（P.27）

使用例

HTML

```
<p>
〒162-0846<br>
東京都新宿区<br>
市谷左内町21-13
</p>
```

〒162-0846
東京都新宿区
市谷左内町21-13

▲実行結果

間違った使い方

デザイン上の余白を取るために\<br\>を複数回使うことはできません。

HTML 余白を作るために複数回使用してはならない

```
<p>
こんにちは。<br><br><br>
今日はいい天気ですね。
</p>
```

こんにちは。

今日はいい天気ですね。

余白を作る目的で\<br\>を複数回使用してはいけません。

▲実行結果

HTML ▶ 05 ▶ 25_wbr

wbr要素

改行が可能な位置を指定する

`<wbr>`

カテゴリー	フレージングコンテンツ、フローコンテンツ
コンテンツモデル	−

`<wbr>`は、改行が可能な位置を指定するときに使います。`<wbr>`自体には特定の意味は持ちません。日本語の文章は1文字ずつが表示の単位なので、どの位置でも改行が可能です。

使用できる属性

▶ グローバル属性 (P.27)

使用例

次のサンプルのように長い文章だとしても、ブラウザの幅に合わせて1文字ずつ折り返すことが可能です。

> 「ではみなさんは、そういうふうに川だと言われたり、乳の流れたあとだと言われたりしていた、このぼんやりと白いものがほんとうは何かご承知ですか」先生は、黒板につるした大きな黒い星座の図の、上から下へ白くけぶった銀河帯のようなところを指しながら、みんなに問いをかけました。

▲ ブラウザの幅に合わせて1文字ずつ改行される

しかし、英語の文章などでは単語が表示の単位になっているので、単語の途中で改行することはできません。ブラウザ幅に単語が入らないときには、自動的に単語ごと折り返されます。

> TO SHERLOCK HOLMES she is always the woman. I have seldom heard him mention her under any other name. In his eyes she eclipses and predominates the whole of her sex. It was not that he felt any emotion akin to love for Irene Adler.

単語が入りきらないため、ここにスペースができています。

▲ 「predominates」の単語で折り返すことができないので、次の行に単語ごと折り返される

このように単語の途中では改行することはできませんが、`<wbr>`を記述した位置では改行を許可することが可能です。

> TO SHERLOCK HOLMES she is always the woman. I have seldom heard
> him mention her under any other name. In his eyes she eclipses and predomi
> nates the whole of her sex. It was not that he felt any emotion akin to love
> for Irene Adler.

← 単語が途中で
折り返されます。

▲ 「predominates」の中に記述した<wbr>の位置で折り返される

HTML

```
<p>
TO SHERLOCK HOLMES she is always the woman. I have seldom heard
him mention her under any other name. In his eyes she eclipses and
predomi<wbr>nates the whole of her sex. It was not that he felt any
emotion akin to love for Irene Adler.
</p>
```

MEMO　メディアタイプ・メディアクエリー

■メディアタイプ

メディアタイプは、HTML文書を閲覧しているデバイスによってCSSの読み込みを切り替えることができます。

キーワード	役割
all	すべての環境
screen	パソコンのディスプレイ
print	プリンタや印刷プレビュー
speech	音声出力機器

※ CSS2.1やメディアクエリー3では次のキーワードが定義されていましたが、メディアクエリー4では非推奨となっています。auralはspeechで置き換えられました。
tty, tv, projection, handheld, braille, embossed, aural

■メディアクエリー

キーワードと組み合わせて指定することで、条件を指定してCSSの読み込みを切り替えることができます。たとえば、ビューポートが767pxまでのデバイスのときだけCSSを読み込むときは次のようになります。

CSS

```
<link rel="stylesheet" href="sample.css" media="screen and
(max-width:767px)">
```

使用頻度が高いキーワードには次のようなものがあります。

キーワード	役割
width	ビューポートの幅。max-widthで上限、min-widthで下限が指定可能
height	ビューポートの高さ。max-heightで上限、min-heightで下限が指定可能
aspect-ratio	ビューポートの縦横比。max-aspect-ratioで上限、min-aspect-ratioで下限が指定可能
orientation	デバイスの向き。縦向きを「portrait」、横向きを「landscape」で指定
resolution	ディスプレイの解像度。max-resolutionで上限、min-resolutionで下限が指定可能

※ その他のキーワードは、次のURLで定義されたものが確認できます。
https://drafts.csswg.org/mediaqueries/#mf-dimensions

HTML ▶ 05 ▶ 26_ins

ins要素

追加されたことを示す

<ins 属性="属性値"> ~ </ins>

カテゴリー	パルパブルコンテンツ、フレージングコンテンツ、フローコンテンツ
コンテンツモデル	トランスペアレントコンテンツ

<ins>は、囲まれた箇所が追加されたことを示します。変更した日時を指定するにはdatetime属性を使用して、グローバル日時で指定します。変更した内容について説明するHTML文書がある場合には、cite属性にそのURLを指定します。

使用できる属性

▶ cite
変更した内容について説明するURLを指定します。
▶ datetime
変更した日時をグローバル日時で指定します。
▶ グローバル属性（P.27）

使用例

<ins>と<del>を併用し、追加と削除を示したサンプルです。<del>は削除されたテキストを表します。

HTML

```
<p>
世界でのChromeの利用シェア率は、
<del datetime="2017-03-01T00:00:00+09:00">48.62%</del>
<ins datetime="2017-03-01T00:00:00+09:00">62.84%</ins>
に達しています。
</p>
```

世界でのChromeの利用シェア率は、 48.62% 62.84% に達しています。

▲実行結果

HTML ▶ 05 ▶ 27_del

del要素

削除された箇所を示す

```
<del 属性="属性値"> ~ </del>
```

カテゴリー	フレージングコンテンツ、フローコンテンツ
コンテンツモデル	トランスペアレントコンテンツ

<del>は、囲まれた箇所が削除されたことを示します。削除した日時を指定するにはdatetime属性を使用して、グローバル日時で指定します。削除した内容について説明するHTML文書がある場合には、cite属性にそのURLを指定します。

使用できる属性

▶ cite

削除した内容について説明するURLを指定します。

▶ datetime

削除した日時をグローバル日時で指定します。

▶ グローバル属性（P.27）

使用例

HTML

```html
<h1>今月のイベント情報</h1>
<ul>
  <li><del datetime="2017-04-15T00:00:00+09:00">全品30%OFF</del></li>
  <li>2点以上お買上げの方には 500円OFF</li>
</ul>
```

今月のイベント情報

- ~~全品30%OFF~~
- 2点以上お買上げの方には 500円OFF

▲実行結果

HTML ▶ 05 ▶ 28_bdi

bdi要素

他のテキストとは異なる書字方向であることを示す

`<bdi> ~ </bdi>`

カテゴリー	パルパブルコンテンツ、フレージングコンテンツ、フローコンテンツ
コンテンツモデル	フレージングコンテンツ

`<bdi>`は、日本語のような左から右に読む文章の中に、アラビア語のような右から左に読む言語が混ざるときに使います。`<bdi>`の箇所は、そのテキストの書字方向を自動的に判断し、必要であれば逆の書字方向に表示します。

使用できる属性

▶ グローバル属性 (P.27)
dir属性は継承されません。

MEMO OGP

OGP (Open Graph Protocol) を使うと、FacebookやTwitterなどのSNS上でWebページの内容を伝えることができます。meta要素にpropertyとcontent属性を使って次のように記述します。

HTML

```
<head>
  <meta property="og:title" content="このページのタイトルをここに記述します">
</head>
```

property属性値はSNSによって複数定義されています。代表的なものを以下にまとめます。

property属性値	説明
og:url	このWebページのURL。パラメータが付いていない正規のURLを記入
og:type	website、blog、video、articleなどページの種類
og:title	ページのタイトル
og:description	ページの説明文
og:image	サムネイルとして表示する画像

▲OGPが設定されたURLがTwitterで表示された例

HTML ▶ 05 ▶ 29_bdo

bdo要素

テキストの書字方向を指定する

<bdo 属性="属性値"> ~ </bdo>

カテゴリー	パルパブルコンテンツ、フレージングコンテンツ、フローコンテンツ
コンテンツモデル	フレージングコンテンツ

<bdo>は日本語のような左から右に読むHTML文書の中で、明示的に逆の書字方向にテキストを表示することができます。

使用できる属性

▶ dir

次のキーワードで書字方向を指定します。

値	内容
ltr	テキストを左から右へ向かわせる。「Left to Right」の略
rtl	テキストを右から左へ向かわせる。「Right to Left」の略

▶ グローバル属性 (P.27)

使用例

<bdo>を指定したテキストは、右から左へ表示されているのがわかります。

HTML

```
<p>このテキストは左から右への書字方向です。</p>
<p><bdo dir="rtl">このテキストは右から左への書字方向です。</bdo></p>
```

このテキストは左から右への書字方向です。

。すで向方字書のへ左らか右はトスキテのこ

▲実行結果

100

HTML ▶ 05 ▶ 30_code

code要素

プログラムなどのコードであることを示す

`<code>` 〜 `</code>`

カテゴリー	パルパブルコンテンツ、フレージングコンテンツ、フローコンテンツ
コンテンツモデル	フレージングコンテンツ

`<code>`は、プログラムなどのコードであることを示します。プログラムのコード、HTML、XML、ファイル名などのコンピューターが認識できる文字列が対象です。一般的なブラウザでは、固定幅フォントで表示されます。コードの改行などを記述した通りに表示させたい場合は`<pre>`も一緒に使用し、`<pre>`の内に`<code>`を記述します。入力、変数、出力結果などを表すためには、`<kbd>`、`<var>`、`<samp>`が使用できます。

使用できる属性

▶ グローバル属性（P.27）

使用例

HTML

```html
<pre>
<code>
var isCode = true;
if(isCode){
  console.log( 'This is Code.' );
}
</code>
</pre>
```

```
var isCode = true;
if(isCode){
  console.log( 'This is Code.' );
}
```

▲実行結果

HTML ▶ 05 ▶ 3l_var

var要素

変数であることを示す

`<var> ~ </var>`

カテゴリー	パルパブルコンテンツ、フレージングコンテンツ、フローコンテンツ
コンテンツモデル	フレージングコンテンツ

<var>は、プログラムコードの中の変数や、文章中に変数名が出てきたときに使うことができます。<var>の箇所は斜体になり可読性も高まります。

使用できる属性

▶ グローバル属性（P.27）

使用例

<var>の箇所は斜体になっています。

HTML
```
<pre>
<code>
var <var>isCode</var> = true;
if(<var>isCode</var>){
  console.log( 'This is Code.' );
}
</code>
</pre>
```

```
var isCode = true;
if(isCode){
  console.log( 'This is Code.' );
}
```

▲実行結果

HTML ▶ 05 ▶ 32_samp

samp要素

プログラムなどの出力結果であることを示す

`<samp>` ~ `</samp>`

カテゴリー	パルパブルコンテンツ、フレージングコンテンツ、フローコンテンツ
コンテンツモデル	フレージングコンテンツ

`<samp>`は、プログラムを実行した際のコンピューターの出力結果を示します。改行なども表示させたい場合は`<pre>`も一緒に使用し、`<pre>`の中に`<samp>`を記述します。

使用できる属性

▶ グローバル属性（P.27）

HTML

```
<p>存在しないページにアクセスしたときは、<samp>404 Not Found</samp> と表示されます。</p>
```

103

HTML ▶ 05 ▶ 33_kbd

kbd要素

ユーザがコンピュータへ入力する内容であることを示す

<kbd> ～ </kbd>

カテゴリー	パルパブルコンテンツ、フレージングコンテンツ、フローコンテンツ
コンテンツモデル	フレージングコンテンツ

<kbd>は、ユーザが主にキーボードで入力する内容を示す際に使用します。<kbd>は「Keyboard」の略ですが、キーボード以外にも音声コマンドなど他の方法による入力を示すこともできます。<kbd>を入れ子にすることで、特定のキーを操作することを示せます。

使用できる属性

▶ グローバル属性（P.27）

使用例

▶ サンプル① 文字列の入力

文字列の入力を示します。

HTML

```
次の項目に<kbd>JAPAN</kbd>と入力してください。
```

▶ サンプル② キー操作を示す

<kbd>を入れ子にすることでキー操作を示します。<kdb>を入れ子にして、複数使うことも可能です。

HTML

```
ウィンドウを閉じるには<kbd><kbd>ESC</kbd></kbd>キーを押してください。
キーボードの<kbd><kbd>Ctrl</kbd> + <kbd>Z</kbd></kbd>の操作で元に戻ります。
```

HTML ▶ 06 ▶ 01_img

img要素

画像ファイルを表示する

＜img 属性="属性値"＞

カテゴリー	エンベッディッドコンテンツ、パルパブルコンテンツ、フレージングコンテンツ、フローコンテンツ、インタラクティブコンテンツ（usemap属性を持つ場合）
コンテンツモデル	−

＜img＞は、HTML文書内に画像を表示します。画像ファイルの形式は、PNG・JPG・GIFがよく利用されますが、ベクター画像のSVG・単一ページのPDFなども表示することが可能です。src属性にファイルのURLを指定し、使用します。

srcset属性やsizes属性を使うことで、ユーザーの閲覧環境に合わせて表示する画像を切り替えることも可能です。詳しくは「実践サンプル①」のsrcset属性とsizes属性を確認してください（P.109）。

使用できる属性

▶ src（必須）
画像ファイルのURLを指定します。

▶ alt（特定の場合を除き必須）
画像を置換可能な、詳細な代替テキストを指定します。

▶ width
表示する画像の幅の数値を指定します。width="120"のように単位は付けません。

▶ height
表示する画像の高さ数値を指定します。height="85"のように単位は付けません。

▶ usemap
イメージマップを利用する際にイメージマップ名を指定します。

▶ ismap
サーバサイド・イメージマップを指定します。クリック位置の座標（x,y）を、URLのクエリ文字列としてサーバーに送信します。

▶ srcset
ユーザーの閲覧しているディスプレイサイズやデバイスピクセル比に応じて、表示する画像ファイルを切り替えることができます。画像ファイルのURLの後に半角スペースで区切り、閲覧環境の条件を指定します。続けて、カンマ区切りで複数の画像ファイルと条件を指定します。

105

単位	説明
w	「768w」のようにディスプレイ幅を条件を指定する
h	「800h」のようにディスプレイ高さで条件を指定する
x	「2x」のようにディスプレイ比の倍率で条件を指定する

▶ sizes

ユーザーの閲覧しているディスプレイサイズに合わせて画像ファイルを指定します。srcset属性で指定した画像をブラウザが選択する際に使います。

▶ crossorigin

CORS（Cross-Origin Resource Sharing／クロスドメイン通信）の設定をします。CORSが有効な場合はcanvas要素で利用できるようにします。属性値が空、または次の値以外の際はanonymousが指定されたのと同様になります。

属性値	説明
anonymous（初期値）	Cookieやクライアントサイドの SSL証明書、HTTP認証などのユーザー認証情報は不要
use-credentials	ユーザー認証情報を求める

▶ グローバル属性（P.27）

使用例

画像ファイルを、幅と高さを指定して表示します。

HTML
```
<img src="./landscape.jpg" width="800" height="600" alt="海辺">
```

▲実行結果

HTML ▶ 06 ▶ 02_picture

picture要素

レスポンシブ・イメージを指定する

<picture> 〜 </picture>

カテゴリー	エンベッディッドコンテンツ、フレージングコンテンツ、フローコンテンツ
コンテンツモデル	最低1つのsource要素に続いて、1つのimg要素。オプションでscript要素またはtemplate要素

<picture>は、<img>と<source>を入れ子に持ち、<img>のリソースを画面サイズやデバイスのピクセル比によって切り替えることで、レスポンシブ・イメージを実現します。
詳しい使い方は「実践サンプル①」のsrcset属性とsizes属性を確認してください（P.109）。

使用できる属性

▶ グローバル属性（P.27）

107

HTML ▶ 06 ▶ 03_source

source要素

video要素、audio要素、picture要素で複数の外部リソースを指定する

<source 属性="属性値">

カテゴリー	–
コンテンツモデル	–

<video>と<audio>では、src属性で外部リソースを指定することができます。しかし、src属性だけではユーザーの環境に合わせてリソースを変更することができません。<source>を使うことで、各ブラウザ毎にサポートの異なる複数のメディア形式を指定することが可能です。

詳しい使い方は「実践サンプル①」のsrcset属性とsizes属性を確認してください（P.109）。

使用できる属性

▶ **src**

外部リソースのURLを指定します。

▶ **type**

外部リソースのMIMEタイプを指定します。「MIMEタイプ」を参照してください（P.45）。

▶ **media（picture要素で使用）**

外部リソースがどのメディアに該当するかのメディアクエリー指定します。「メディアタイプ・メディアクエリー」を参照してください（P.96）。

▶ **srcset（picture要素で使用）**

img要素のsrcset属性と同様です（P.109）。

▶ **グローバル属性**（P.27）

HTML ▶ 06 ▶ 04_sample

実践サンプル①

ユーザのディスプレイ環境に合わせて異なる画像を表示する

srcset属性、sizes属性

HTML5の\<img\>と\<source\>では、srcset属性とsizes属性が使えます。これらの属性を使うことで、ユーザのディスプレイ環境に合わせて異なる画像を読み込むことができます。ユーザは、デスクトップPCやスマートフォンなど多様な環境でWebサイトを閲覧をするので、ユーザにあった適切な画像を表示するよう設定しましょう。なお、Internet Explorerなど利用できないブラウザもあります。

srcset属性とは

srcset属性は、ユーザー環境に応じて利用する複数の画像を指定する属性です。ユーザ環境の判定には「ピクセル密度ディスクリプタ」と「幅ディスクリプタ」の2つの方法があります。

▶ ピクセル密度ディスクリプタ

ピクセル密度ディスクリプタは、高解像度のディスプレイをサポートすることができます。\<img\>（または\<source\>）のsrcset属性に、次のような指定をします。このときのデバイスピクセル比の単位は「x」になります。

> **HTML**　※srcset属性以外は省略しています。
> ```
> <img srcset="[画像のファイルパス] [デバイスピクセル比 + x], (繰り返し) ">
> ```

では、通常のディスプレイ以外にも、2倍と3倍のデバイスピクセル比に対応させてみましょう。対応する画像ファイルは次の3つを用意しました。デバイスピクセル比に合わせて画像サイズを倍にしています。なお、ファイル名の「@2x」のような書き方は慣例のようなものです。

対応するデバイスピクセル比	画像のファイルパス	画像サイズ
1倍	img/pic.jpg	横：320px, 縦：240px
2倍	img/pic@2x.jpg	横：640px, 縦：480px
3倍	img/pic@3x.jpg	横：960px, 縦：720px

\<img\>の記述は次のようになります。対応ディスプレイごとに、画像のファイルパスとデバイスピクセル比を指定しています。これでユーザー環境によって読み込まれる画像が切り替わります。

109

HTML ※src, srcset属性以外は省略しています。

```
<img src="img/pic.jpg"
    srcset="img/pic@2x.jpg 2x,
            img/pic@2x.jpg 3x"
    >
```

- pic.jpg / デバイスピクセル比 1倍
- pic@2x.jpg / デバイスピクセル比 2倍
- pic@3x.jpg / デバイスピクセル比 3倍

▶ 幅ディスクリプタ

幅ディスクリプタは、ユーザー環境のビューポート幅（ブラウザ幅）をサポートすることができます。<img>（または<source>）のsrcset属性に次のように指定します。このときのビューポート幅の単位は「w」になります。

HTML
```
<img srcset="[画像のファイルパス] [ビューポート幅 + w], (繰り返し)">
```

ここでは次のように、ビューポートによって3つの画像を切り替えます。

ビューポートの幅	画像のファイルパス	画像サイズ
320px	img/small.jpg	横：320px, 縦：240px
640px	img/medium.jpg	横：640px, 縦：480px
1024px	img/large.jpg	横：1024px, 縦：768px

<img>の記述は次のようになります。ビューポートごとに、画像のファイルパスとビューポート幅を指定しています。

HTML ※src, srcset属性以外は省略しています。

```
<img src="img/small.jpg"
    srcset="img/large.jpg 1024w,
            img/medium.jpg 640w,
            img/small.jpg 320w"
    >
```

ビューポート幅 320px　ビューポート幅 640px　ビューポート幅 1024px

sizes属性とは

sizes属性は、ブレークポイント間の画像サイズを指定する属性です。srcset属性で幅ディスクリプタを指定したときに使うことができます。sizes属性は次のように指定します。

HTML
```
<img sizes="[メディア・クエリ] [幅], (繰り返し) ">
```

幅ディスクリプタのサンプルでは、ビューポート幅に合わせて画像が伸縮します。そこで、幅が640px以下のときは画像が伸縮し、それより大きいときは画像のサイズは640pxに固定します。記述は次のようになります。

HTML　※src, srcset, sizes属性以外は省略しています。
```
<img src="img/small.jpg"
    srcset="img/large.jpg 1024w,
            img/medium.jpg 640w,
            img/small.jpg 320w"
    sizes="(max-width: 640px) 100vw, 640px"
    >
```

ビューポート幅 320px　ビューポート幅 640px　ビューポート幅 1024px

111

HTML ▶ 06 ▶ 05_map

map要素

イメージマップを作成する

<map 属性="属性値"> ～ </map>

カテゴリー	パルパブルコンテンツ、フレージングコンテンツ、フローコンテンツ
コンテンツモデル	トランスペアレントコンテンツ

<map>は、<img>の画像や<object>などで表示されたリソースにイメージマップを作成することができます。イメージマップとは、<img>などで表示された画像などの上に四角形・円形・多角形などの形状でリンクを設定したものです。

<a>でも<img>を囲めば、画像にリンクを設定することは可能です。<map>を使うメリットは、1つの<img>の上に複数のリンクを設定することができる点です。イメージマップを利用するには、<map>～</map>の中に<area>も記述します。

使用できる属性

name（必須）

このname属性の値と、<img>や<object>などのusemap属性の値を一致させることで、関連付けることができます。

▶ グローバル属性（P.27）

使用例

HTML　　※<img>のusemap属性値と、<map>のname属性値を一致させることで関連付けます。

```
<img src="./mountain.jpg" usemap="#sample" alt="山の頂上" width="600" height="800">
<map name="sample">
    <area coords="0,0,300,800" href="https://example.com/left/" alt="左の方向へ">
    <area coords="300,0,600,800" href="https://example.com/right/" alt="右の方向へ">
</map>
```

▲実行結果

112

HTML ▶ 06 ▶ 06_area

area要素

ホットスポット領域を指定する

<area 属性="属性値">

カテゴリー	フレージングコンテンツ、フローコンテンツ
コンテンツモデル	−

<area>は、<map>と組み合わせてホットスポット領域を設定できます。ホットスポット領域とは、イメージマップのクリック可能箇所のことです。ホットスポット領域の形状は、shape属性を使うことで、四角形・円形・多角形を指定できます。

href属性でハイパーリンク先のURLを指定します。href属性を指定しない場合は、ホットスポット同士で重なった領域を除くことが可能です。これを組み合わせることで、複雑な形状のホットスポット領域を作成することもできます。

<map>と組み合わせたサンプルは、P.112を確認してください。

使用できる属性

▶ shape

ホットスポットの形状を指定します。

属性値	説明
rect	四角形の領域
circle	円形の領域
poly	多角形の領域

▶ coords

ホットスポット領域の座標を指定します。座標値の数と意味は、shape属性に指定した属性値に依存します。座標値の単位は、CSSのピクセル値です。

shapeの属性値	説明
rect	四角形の領域の左上の座標値を「x1, y1」、右下を「x2, y2」と考えたとき、「<area shape="rect" coords="x1, y1, x2, y2">」の順に指定する
circle	円形の領域の中心を「x, y」、半径を「r」として、「<area shape="circle" coords="x, y, r">」の順に指定する
poly	多角形の領域の各頂点を「x1, y1」のようにxとyのペアで捉え、必要な頂点の数だけ、「<area shape="poly" coords="x1, y1, x2, y2, x3, y3, ...">」のように記述する

▶ href

ハイパーリンク先のURLを指定します。

113

▶ alt（href属性を指定する場合は必須）

ハイパーリンクのテキストを指定します。href属性がない場合は必要ありません。

▶ download

download属性を指定することで、指定先のファイルをダウンロードするようにブラウザへ示します。また、ダウンロード時のファイル名は属性値として指定されます。

▶ hreflang

リンク先のリソースの言語を指定します。

▶ target

リンク先のファイルを表示するために使用するウィンドウ、またはブラウジング・コンテキスト（表示領域）を指定します。詳しくはa要素（P.68）を参照してください。

▶ media（初期値：all）

ハイパーリンク先のメディアを指定します。href属性を指定したときのみ使うことができます。

▶ rel

リンク先の内容の役割を指定します。半角スペースで区切ることで、複数の値を指定することも可能です。

属性値	説明
icon	ブックマークしたときなどに表示されるアイコンファイルを指定する
canonical	現在のHTML文書と似た内容のページのURLを正規化できる。適切に使うことで、検索エンジンからの評価が分散しなくなる
alternate	現在のHTML文書と同じ内容のページが存在するときに使う。たとえば、スマートフォン向けページ、他言語ページのような同じ内容のページが違うURLで存在すると、検索エンジンは不正を疑うため、alternate属性で指定してURLを一本化する
index	指定したURLが、現在のHTML文書に対する索引であることを示す
next	現在のページの、1つ先のリンクを指定する
prev	現在のページの、1つ前のリンクを指定する
author	このHTML文書の、作者へのリンクを指定する
license	このHTML文書の、著作権ライセンスに関する文書へのリンクを指定する
pingback	pingbackサーバーのアドレスを指定する
bookmark	文書の固定リンクを指定する
nofollow	重要でないリンクを指定する
noreferrer	ユーザーがリンクを移動する際、リファラを送信しない
tag	文書に指定されたタグのページを示す

▶ グローバル属性（P.27）

HTML ▶ 06 ▶ 07_figure

figure要素

図表などのまとまりを示す

`<figure>` ~ `</figure>`

カテゴリー	フローコンテンツ、パルパブルコンテンツ、セクショニングルート
コンテンツモデル	フローコンテンツ、figcaption要素

`<figure>`は、図表、写真、ソースコードなどのまとまりを示します。`<figure>`によるまとまりは自己完結型のものでなければなりません。`<figure>`要素部分を切り離したとしても、元の文書の流れに影響がないようにする必要があります。また、`<figcaption>`によってキャプション(表題)を付けることも可能です。

▶ 使用できる属性

▶ グローバル属性(P.27)

▶ 使用例

HTML

```html
<h1>技術評論社について</h1>
<p>株式会社技術評論社は、主にコンピュータ関連の書籍・雑誌を発行しています。<p>
<figure>
  <img src="book.png" alt="HTML5/CSS3リファレンスBOOK">
  <figcaption>最新刊:HTML5/CSS3リファレンスBOOK</figcaption>
</figure>
```

▲実行結果

▶ 間違った使い方

次のサンプルは、`<figure>`を切り離すと文書の流れに影響が出てしまう例です。`<figure>`をこのように使ってはいけません。

HTML ※<figure>が切り離されると文書に影響が出る

```
<h1>技術評論社へのアクセス方法</h1>
<p>次の地図を確認の上、ご来社ください。<p>
<figure>
  <img src="map.png" alt="地図">
  <figcaption>技術評論社までの地図</figcaption>
</figure>
```

▲実行結果

HTML ▶ 06 ▶ 08_figcation

figcaption要素

figure要素のキャプション（表題）を示す

<figcaption> ～ </figcaption>

カテゴリー	−
コンテンツモデル	フローコンテンツ

<figcaption>は、<figure>の中に記述することで図表にキャプション（表題）を示すことができます。<figcaption>の記述位置は、<figure>の中であれば図表の前後どちらでも問題ありません。<figcaption>のサンプルは、figure要素（P.115）を参照してください。

使用できる属性

▶ グローバル属性（P.27）

HTML ▶ 06 ▶ 09_iframe

iframe要素

インラインフレームを表示する

<iframe 属性="属性値"> 〜 </iframe>

カテゴリー	インタラクティブコンテンツ、エンベッディッドコンテンツ、フレージングコンテンツ、パルパブルコンテンツ、フローコンテンツ
コンテンツモデル	iframe要素に対応していないブラウザでは描画されるコンテンツ

\<iframe\>を使うとインラインフレームを作成し、現在のHTML文書の中に別のHTML文書を埋め込むことができます。埋め込むHTML文書はsrc属性で指定します。「\<iframe\> 〜 \</iframe\>」の間にもテキストを記述することで、\<iframe\>に対応していないブラウザ向けにメッセージを表示することができました。しかし、HTML5では未対応のブラウザ向けのメッセージについては正式には定義されていません。

使用できる属性

▶ src

表示するページのURLを指定します。

▶ srcdoc

インラインフレームの内容を属性値として直接記述できます。ダブルクォーテーション（"）が出てくるときは、「"」のようにHTMLエスケープをしてください。ブラウザがsrcdoc属性をサポートしている場合は、src属性で指定したページより優先されます。

▶ name

インラインフレームの名前を指定します。

▶ width

フレームの横幅をピクセル値で指定します。

▶ height

フレームの縦幅をピクセル値で指定します。

▶ sandbox

インラインフレーム内の表示に制限を加えます。複数の属性値を指定するには、スペースで区切って記述します。空文字を指定すると最大限の制限がかかります。

属性値	説明
allow-same-origin	インラインフレーム内のページが、呼び出し元と同じオリジン扱いになる
allow-scripts	インラインフレーム内のスクリプトの実行を許可する。ただしポップアップウィンドウは使えない
allow-forms	インラインフレーム内のスクリプトの実行を許可する
allow-modals	インラインフレーム内のページがモーダルウィンドウを開くことを許可する
allow-orientation-lock	インラインフレーム内のページに、ScreenOrientation APIによるスクリーンの向きの操作を許可する
allow-pointer-lock	インラインフレーム内のページに、Pointer Lock APIの使用を許可する
allow-popups	window.open、target=_blank、showModalDialogのようなポップアップを許可する
allow-popups-to-escape-sandbox	sandbox属性がかけられたインラインフレーム内のページでは、そのページの中で新たなウィンドウが開かれた場合にsandbox属性を継承するが、この属性値を指定すると、新たなウィンドウではsandbox属性を継承しなくなる
allow-top-navigation	インラインフレーム内のページから、読み込み元のページを操作することを許可する

▶ グローバル属性 (P.27)

▶ 使用例

<iframe>で、別のHTMLファイル「2nd.html」を読み込んでいます。

HTML
```
<iframe width="600" height="600" src="./2nd.html"></iframe>
```

HTML 2nd.htmlの内容
```
<img src="./picture.jpg" width="500" height="500" alt="夜の神社">
```

▲実行結果

HTML ▶ 06 ▶ 10_embed

embed要素

外部アプリケーションやインタラクティブコンテンツを埋め込む

<embed 属性="属性値">

カテゴリー	インタラクティブコンテンツ、エンベッディッドコンテンツ、フレージングコンテンツ、パルパブルコンテンツ、フローコンテンツ
コンテンツモデル	－

<embed>は、外部アプリケーションやインタラクティブコンテンツを埋め込むときに使います。よく利用されるデータには動画（.mpg、.mov）、音声（.wav、.aif、.au、.mid）などがあります。

使用できる属性

▶ **src**
埋め込むデータのURLを指定します。

▶ **type**
埋め込むデータが使用するMIMEタイプを指定します。

▶ **width**
表示する幅をピクセル値で指定します。

▶ **height**
表示する高さをピクセル値で指定します。

▶ グローバル属性（P.27）

119

HTML ▶ 06 ▶ 11_audio

audio要素

音声コンテンツを埋め込む

<audio 属性="属性値"> ～ </audio>

カテゴリー	エンベッディッドコンテンツ、フレージングコンテンツ、フローコンテンツ、インタラクティブコンテンツ（controls属性を持つ場合）、パルパブルコンテンツ（controls属性を持つ場合）
コンテンツモデル	トランスペアレントコンテンツ

<audio>は、音声を埋め込むときに使います。音声ファイルの指定には、src属性か<source>を使います。

使用できる属性

▶ src
音声ファイルのURLを指定します。

▶ volume
再生音量を0.0～1.0の範囲で指定します。

▶ autoplay（論理属性）
音声ファイルを自動的に再生します。音声ファイル全体のダウンロードが終わらなくても、再生可能になった状態で再生を開始します。

▶ preload
音声ファイルのデータを、再生するまでに事前に読み込んでおくかを指定します。実際の動きはブラウザによって異なります。

属性値	説明
auto（または空文字）	音声ファイル全体を読み込んでおく
metadata	音声ファイルのサイズや長さなどのメタデータを読み込んでおく
none	事前に何も読み込みまない

▶ controls（論理属性）
音声のコントロール機能（再生、一時停止、音量など）を表示します。

▶ loop（論理属性）
音声ファイルがループ再生します。

▶ muted（論理属性）
再生したときに音量をミュートした状態にします。

▶ mediagroup
音声ファイルをグループ化することができます。グループの動画は連続再生などが可能

になります。

▶ crossorigin

CORS（Cross-Origin Resource Sharing／クロスドメイン通信）の設定をします。属性値が空、または次の値以外の際は、anonymousが指定されたのと同様になります。

属性値	説明
anonymous	CookieやクライアントサイドのSSL証明書、HTTP認証などのユーザー認証情報は不要
use-credentials	ユーザー認証情報を求める

▶ グローバル属性（P.27）

使用例

controls属性を付けることで、コントロール機能付きのプレイヤーを表示することができます。非対応ブラウザの場合は、音声ファイルのダウンロードリンクを表示しています。

HTML
```
<audio src="./sample.mp3" controls>
 <p><a href="./sample.mp3" type="audio/mp3">音声ファイルのダウンロードはこちらから</a></p>
</audio>
```

▲実行結果

HTML ▶ 06 ▶ 12_video

video要素

動画コンテンツを埋め込む

<video 属性="属性値"> ~ </video>

カテゴリー	エンベッディッドコンテンツ、フレージングコンテンツ、フローコンテンツ、パルパブルコンテンツ、インタラクティブコンテンツ（controls属性を持つ場合）
コンテンツモデル	トランスペアレント・コンテンツ

<video>は、動画を埋め込むときに使います。動画ファイルの指定には、src属性か<source>を使います。属性の指定により、動画の自動再生といったコントロールも可能になります。

使用できる属性

▶ src

動画ファイルのURLを指定します。

▶ width

表示する動画ファイルの横幅をピクセル値で指定します

▶ height

表示する動画ファイルの高さをピクセル値で指定します

▶ poster

動画が再生できない場合や、再生の準備ができるまでの間に表示する画像のURLを指定します。この属性が指定されていない場合は、何も表示されません。

▶ autoplay（論理属性）

動画ファイルを自動的に再生します。

▶ preload

動画ファイルのデータを再生するまでに、事前に読み込んでおくかを指定します。実際の動きはブラウザによって異なります。

属性値	説明
auto（または空文字）	動画ファイル全体を読み込んでおく
metadata	動画ファイルのサイズや長さなどのメタデータを読み込んでおく
none	事前に何も読み込まない

▶ controls（論理属性）

動画のコントロール機能（再生、一時停止、音量など）を表示します。

▶ loop（論理属性）

動画ファイルがループ再生します。

▶ **muted（論理属性）**
再生したときに音量をミュートした状態にします。

▶ **mediagroup**
動画ファイルをグループ化することができます。グループの動画は連続再生などが可能になります。

▶ **crossorigin**
CORS（Cross-Origin Resource Sharing ／クロスドメイン通信）の設定をします。属性値が空、または次の値以外の際はanonymousが指定されたと同様になります。

属性値	説明
anonymous	CookieやクライアントサイドのSSL証明書、HTTP認証などのユーザー認証情報は不要
use-credentials	ユーザー認証情報を求める

▶ **グローバル属性**（P.27）

▶ **使用例**

controls属性を付けることで、コントロール機能付きの動画プレイヤーを表示することができます。poster属性で指定した画像ファイルが再生ボタンが押されるまでのスタート画面になっています。非対応ブラウザの場合は、動画ファイルのダウンロードリンクを表示しています。

HTML

```
<video src="./sample.mp4" poster="./cover.jpg" controls>
  <p><a href="./sample.mp4" type="video/mp4">動画ファイルのダウンロードはこちらから</a></p>
</video>
```

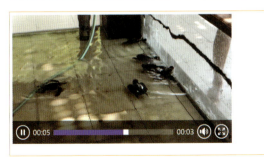

▲実行結果

HTML ▶ 06 ▶ 13_track

track要素

video要素やaudio要素のトラック情報を指定する

＜track 属性="属性値"＞

カテゴリー	-
コンテンツモデル	-

<track>は、<video>や<audio>のトラック情報（字幕、キャプション、チャプターなど）を指定することができます。トラックファイルはWebVTT（.vtt）で作る必要があります。

WebVTTファイルの1行目に「WEBVTT」と記述し、空白行を記述します。次の行から「HH:MM:SS.000 --> HH:MM:SS.000」の形式でデータの表示時間を指定し、改行後に表示するテキストを記述します。実際の例は、この後に紹介するサンプルのWebVTTファイルを見てください。本書では簡単に触れるだけに留めますが、他にも字幕の位置など多彩な指定が可能です。

使用できる属性

▶ **src**

トラック情報ファイルのURLを指定します。

▶ **kind**

トラック情報の種類を指定します。

属性値	説明
subtitles（初期値）	翻訳された字幕を指定する
captions	音声の書き起こしの字幕を指定する
descriptions	テキストによる動画の説明を指定する
chapters	頭出しなどリソースの操作用のデータを指定する
metadata	スクリプトが使用するデータ。ユーザーは見ることができない

▶ **srclang**

要素内容の言語を示す言語コードを指定します。言語コードには国際規格のISO 639で定められたものを指定します。また、ハイフン（-）で国コードを繋いで指定することもできます。

言語コード	説明
ja	日本語
en	英語
ko	韓国語

続く

zh	中国語
zh-cn	中国語（簡体）
zh-tw	中国語（繁体）

▶ label
トラックのタイトルを指定します。
▶ default（論理属性）
デフォルトの<track>を示します。属した<video>、<audio>の中で、1つの<track>だけが使うことができます。
▶ グローバル属性（P.27）

使用例

字幕のデータを記述したWebVTTファイル「sample.vtt」を読み込んでいます。動画の再生時間に合わせて、WebVTTファイルに記述した字幕が表示されます。

HTML
```
<video src="./sample.mp4" poster="./cover.jpg" controls>
  <track kind="subtitles" src="./sample.vtt" srclang="ja" label="日本語" default>
  <p><a href="./sample.mp4" type="video/mp4">動画ファイルのダウンロードはこちらから</a></p>
</video>
```

WEBVTT sample.vttファイルの内容

```
WEBVTT

00:00:00.200 --> 00:00:03.000
字幕を表示しています。

00:00:03.000 --> 00:00:06.000
3秒からの字幕です。
```

▲実行結果

HTML ▶ 06 ▶ I4_svg

svg要素

SVG画像をHTML文書に埋め込む

<svg 属性="属性値"> 〜 </svg>

カテゴリー	エンベッディッドコンテンツ、フレージングコンテンツ、フローコンテンツ
コンテンツモデル	circle、ellipse、rect、line、polyline、polygon、path、その他のSVGのための要素を任意の数と順で配置可能

<svg>は、HTML文書にSVG (Scalable Vector Graphics) を埋め込むために使われます。

SVGは、グラフィックをXMLベースで表すためのマークアップ言語です。GIF・JPG・PNGとは異なり、ベクター画像のため、画像を拡大・縮小しても画質が劣化せずに表示できます。Adobe Illustratorなどのソフトでも SVGファイルを作成可能です。

使用できる属性

▶ **xmlns**

「http://www.w3.org/2000/svg」を指定し、子孫要素がSVGである事を示します。

▶ **xmlns:xlink**

<svg>の中でxlink:href属性を使用する場合は、「http://www.w3.org/1999/xlink」を指定します。

▶ **version**

埋め込むSVGのバージョン。執筆時点 (2018年6月) のバージョンは1.1です。

▶ **width、height**

表示する幅 (高さ) の数値。width="120"のように単位は付けません。

▶ **viewBox**

viewBox="x y width height"の形式で、表示範囲と表示サイズを指定します。

▶ **グローバル属性** (P.27)

▶ **その他の属性**

この他にSVGで定義された属性が使用できます。

使用例

SVG描画には、<svg>をルート要素として広範囲にわたる要素を利用して表します。ここではシンプルな例として、2つの線で×を表示しています。

```
HTML
<svg width="100" height="100"
  xmlns="http://www.w3.org/2000/svg"
```

続く

```
  version="1.1"
  >
  <line x1="0" y1="0" x2="100" y2="100"
   stroke="#008fde" stroke-width="10"
   stroke-linecap="round"></line>
  <line x1="100" y1="0" x2="0" y2="100"
   stroke="#f5ac0f" stroke-width="10"
   stroke-linecap="round"></line>
</svg>
```

青とオレンジの2つの線で、幅100px・縦100pxの×を表示しています。

▲実行結果

HTML ▶ 06 ▶ 15_object

object要素

外部のリソースを埋め込む

<object 属性="属性値"> ~ </object>

カテゴリー	インタラクティブコンテンツ、エンベッディッドコンテンツ、パルパブルコンテンツ、フレージングコンテンツ、サブミット可能またはリスト可能のフォーム要素
コンテンツモデル	インタラクティブコンテンツ、フローコンテンツ

<object>を使うと、外部のリソースを埋め込むことができます。<embed>では外部アプリケーションやインタラクティブコンテンツを埋め込むことができますが、<object>では、それ以外にも画像など、さまざまなリソースを埋め込むことが可能です。
<object>に引数を定義するときには、<object>の子要素に<param name="引数" value="値">の形式で記述することもできます。

使用できる属性

▶ **data、type、name**
外部リソースのURL、使用するMIMEタイプ、名前を指定します。

▶ **usemap**
要素を利用する場合に、対象のイメージマップ名（#にname属性値を繋げたもの）を指定します。

▶ **form**
フォーム要素と関連付ける場合に、対象フォームのidを指定します。

▶ **width、height**
表示する幅（高さ）をピクセル値で指定します。

▶ **グローバル属性**（P.27）

table要素

テーブル（表組み）を作成する

<table 属性="属性値"> ~ </table>

カテゴリー	パルパブルコンテンツ、フローコンテンツ
コンテンツモデル	次の順序で記述することが可能 1. 任意で1つのcaption要素 2. 0個以上のcolgroup要素 3. 任意で1つのthead要素 4. 0個以上のtbody要素、または1つ以上のtr要素 5. 任意で1つのtfoot要素

\<table\>は、テーブル（表組み）を作成します。テーブルはレイアウトを目的とした使い方をしてはいけません。また、HTML4では\<table\>には次の属性がありましたが、HTML5ではこれらは非推奨となりました。同様のことを実現するにはCSSを使います。

HTML5で非推奨となった属性

align、bgcolor、border、cellpadding、cellspacing、frame、rules、summary、width、height

使用できる属性

▶ sortable（論理属性）

ユーザーがソート可能なテーブルになります。HTML5.1から追加された属性ですが、現時点（2018年6月）では意味はありません。将来的にソートする機能が提供される予定です。

▶ グローバル属性（P.27）

HTML ▶ 07 ▶ 02_tr

tr要素

テーブル（表組み）の行を表す

<tr> ～ </tr>

カテゴリー	－
コンテンツモデル	0個以上のth要素またはtd要素

<tr>は、テーブルの行を表します。

使用できる属性

▶ グローバル属性（P.27）

HTML ▶ 07 ▶ 03_th

th要素

テーブル（表組み）の見出しセルを表す

<th 属性="属性値"> ～ </th>

カテゴリー	－
コンテンツモデル	フローコンテンツ。header要素、footer要素、セクショニングコンテンツ、ヘッディングコンテンツを子孫要素に持つことは不可

<th>は「Table Header Cell」の略でテーブルの見出しセルを表します。

使用できる属性

▶ colspan

セルが横方向に広がる縦列の数を指定します。1000より大きな値を指定したときは、1000に切り詰めます。

▶ rowspan

セルが縦方向に広がる縦列の数を指定します。65534より大きな値を指定したときは、65534に切り詰めます。

▶ headers

セルがどの見出しセルと関連しているか、<th>のid属性の値で指定することができま

す。半角スペースで区切って、複数指定することができます。

▶ scope

見出しセルがどの方向に対応するのかを指定します。

属性値	説明
auto（初期値）	文脈から判断する
col	セルが属する列の、下方向の全セルに対応する
row	セルが属する行の、この見出しセル以降の全セルに対応する
colgroup	セルが属する列グループのうち、この見出しセル以降の全セルに対応する
rowgroup	セルが属する行グループのうち、この見出しセル以降の全セルに対応する

▶ グローバル属性（P.27）

HTML ▶ 07 ▶ 04_td

td要素

テーブル（表組み）のセルを表す

<td 属性="属性値"> ～ </td>

カテゴリー	セクショニングルート
コンテンツモデル	フローコンテンツ

<td>は「Table Data Cell」の略で テーブルのセルを表します。

使用できる属性

▶ colspan

セルが横方向に広がる縦列の数を指定します。1000より大きな値を指定したときは、1000に切り詰めます。

▶ rowspan

セルが縦方向に広がる縦列の数を指定します。65534より大きな値を指定したときは、65534に切り詰めます。

▶ headers

セルがどの見出しセルと関連しているか、<th>のid属性の値で指定することができます。半角スペースで区切って、複数指定することができます。

▶ グローバル属性（P.27）

HTML ▶ 07 ▶ 05_caption

caption要素

テーブル（表組み）のタイトルを表す

`<caption>` ~ `</caption>`

カテゴリー	―
コンテンツモデル	フローコンテンツ。table要素を子孫要素に持つことは不可

`<caption>`は、テーブルのタイトルを表します。`<caption>`を使うときは、`<table>`の最初の子要素として記述します。表示位置はCSSのcaption-sideプロパティで変更することも可能です。

使用できる属性

▶ グローバル属性（P.27）

HTML ▶ 07 ▶ 06_thead

thead要素

テーブル（表組み）のヘッダ要素の行グループを表す

`<thead>` ~ `</thead>`

カテゴリー	―
コンテンツモデル	0個以上のtr要素

`<thead>`は、テーブルのヘッダ要素の行グループを表します。`<table>`の子要素に記述します。`<thead>`は省略が可能ですが、`<tbody>`、`<tfoot>`と組み合わせることでテーブル構造を明確にすることが可能です。

使用できる属性

▶ グローバル属性（P.27）

 HTML ▶ 07 ▶ 07_tbody

tbody要素

テーブル（表組み）のボディ要素の行グループを表す

`<tbody>` 〜 `</tbody>`

カテゴリー	−
コンテンツモデル	0個以上のtr要素

`<tbody>`はテーブルのボディ（本体）要素の行グループを表します。

使用できる属性

▶ グローバル属性（P.27）

 HTML ▶ 07 ▶ 08_tfoot

tfoot要素

テーブル（表組み）のフッタ要素の行グループを表す

`<tfoot>` 〜 `</tfoot>`

カテゴリー	−
コンテンツモデル	0個以上のtr要素

`<tfoot>`はテーブルのフッタ要素の行グループを表します。

使用できる属性

▶ グローバル属性（P.27）

HTML ▶ 07 ▶ 09_colgroup

colgroup要素

テーブル（表組み）の列グループを表す

<colgroup 属性="属性値"> ~ </colgroup>

カテゴリー	–
コンテンツモデル	span属性を与えた場合はなし。span属性を与えない場合は0個以上のcol要素

<colgroup>は列グループを表します。

使用できる属性

▶ span

グループ化する列の数を指定します。<colgroup>の中に<col>がない場合に使えます。

▶ グローバル属性（P.27）

HTML ▶ 07 ▶ 10_col

col要素

テーブル（表組み）の列を表す

<col 属性="属性値">

カテゴリー	–
コンテンツモデル	–

<col>は<colgroup>の子要素として記述し、列を表します。

使用できる属性

▶ span

列の数を指定します。親要素の<colgroup>が、<span>属性を持たないときに使用できます。

▶ グローバル属性（P.27）

HTML ▶ 07 ▶ 11_sample

実践サンプル②

HTML5でテーブルを作成する

table要素、caption要素、thead要素、tr要素、th要素、td要素、tbody要素、tfoot要素

次のHTMLは、複数の要素を使ったテーブルのサンプルです。<caption>で表見出しを表示しています。<thead>、<tbody>、<tfoot>を使用して、表の意味を分解してマークアップしています。

なお、セルに色を付けるといった装飾にはCSSを使っています。CSSによる指定については、CSS3の解説（P.198）を参照してください。

HTML

```
<table>
  <caption>お見積り</caption>
  <thead>
    <tr>
      <th>詳細</th><th>単価</th><th>数量</th><th>価格</th>
    </tr>
  </thead>
  <tbody>
    <tr>
      <th>製品 A</th><td>5,000</td><td>2</td><td>10,000</td>
    </tr>
    <tr>
      <th>製品 B</th><td>15,000</td><td>2</td><td>20,000</td>
    </tr>
    <tr>
      <th>製品 C</th><td>10,000</td><td>5</td><td>50,000</td>
    </tr>
  </tbody>
  <tfoot>
    <tr>
      <th colspan="3">合計</th><td>¥80,000</td>
    </tr>
  </tfoot>
</table>
```

CSS

```
table{
    width: 100%;
    border-collapse: collapse;
    table-layout: fixed;
    font-size: 16px;}
table th,
```

続く

```css
table td{
    border: 1px solid #666;
    padding: 10px;
}
table caption{
    color: #00a5de;
    font-size: 24px;
    font-weight: bold;
}
thead th{
    background-color: #00a5de;
    color: #fff;
}
tbody th{
    background-color: #eee;
}
tbody td:last-child{
    font-weight: bold;
    text-align: right;
}
tfoot th,
tfoot td{
    border-top: 3px double #000;
}
tfoot th{
    background-color: #f5ac0f;
    color: #fff;
    text-align: right;
}
tfoot td:last-child{
    color: #d8212e;
    font-size: 18px;
    font-weight: bold;
    text-align: right;
}
```

お見積り			
詳細	単価	数量	価格
製品 A	5,000	2	10,000
製品 B	15,000	2	20,000
製品 C	10,000	5	50,000
		合計	¥80,000

▲実行結果

HTML ▶ 08 ▶ 01_form

form要素

フォーム関連の要素を指定する

<form 属性="属性値"> ～ </form>

カテゴリー	パルパブルコンテンツ、フローコンテンツ
コンテンツモデル	フローコンテンツ。form要素を子孫要素に持つことはできない

<form>は入力・送信フォームを作る際に使用します。<form>の中には<input>などのような入力欄を記述して、ユーザーが入力した情報をサーバに送信できます。属性値によりサーバにデータの送信方法などが指定できます。

使用できる属性

▶ action

データの送信先のURLを指定します。

▶ method

データを送信する方法を指定します。

値	説明
get	action属性で指定されたURLに対し、「?」をセパレータ、データをクエリ文字列として付加し、送信する
post	データをボディに収めて送信する。大きなデータを送信するのに向く

▶ name

フォームの名前を指定します。HTML文書内で固有の名前にします。

▶ accept-charset

送信可能な文字コードを指定します。スペースで区切ることで複数の指定が可能です。accept-charset属性を記述しないときは、HTML文書と同じエンコードを示します。

▶ autocomplete

input要素の入力時にブラウザの入力補完機能を行います。フォームに属する要素のautocomplete属性で上書きすることが可能です。

値	説明
on（初期値）	入力補完をサポートする
off	入力補完をサポートしない

▶ enctype

method属性がpostのときに送信するデータのMIME typeを指定します。

値	説明
application/x-www-form-urlencoded（初期値）	データをURLエンコードして送信する
multipart/form-data	\<input\>のtype属性で「file」を指定して、ファイルを送信するときに使用する
text/plain	データをプレーンテキストとして送信する。

▷ novalidate

フォームが送信されたときにバリデート（検証）していないことを示します。\<input\>、\<button\>のformnovalidate属性によって上書きが可能です。

▷ target

データ送信後の画面を表示する際の動作を示します。

値	説明
_self（初期値）	現在のブラウジングコンテキストを使用する
_blank	新たにブラウジングコンテキストにリンク先の内容を表示する
_parent	現在のブラウジングコンテキストの親のブラウジングコンテキストを使用する
_top	最上位レベルのブラウジングコンテキストを使用する

▷ グローバル属性（P.27）

使用例

▷ サンプル①　getを指定

method属性にgetを指定した例です。「送信」ボタンを押すとaction属性の値に従い「現在のURL/contact/example.php?fullname=[入力値]」のURLにGETメソッドでデータを送信します。

HTML

```html
<form method="get" action="./contact/example.php">
  <div>
    <label for="fullname">お名前</label>
    <input type="text" name="fullname" placeholder="山田太郎" id="fullname">
  </div>
  <input type="submit" value="送信">
</form>
```

お名前 [山田太郎]
[送信]

▲実行結果

137

▶ サンプル② postを指定

method属性にpostを指定、action属性に空を指定した例です。action属性を空の場合は「送信」ボタンを押すと、現在のURLにPOSTデータを送信します。

```html
<form method="post" action="">
  <div>
    <label for="fullname">お名前</label>
    <input type="text" name="fullname" placeholder="山田太郎" id="fullname">
  </div>
  <input type="submit" value="送信">
</form>
```

HTML ▶ 08 ▶ 02_input

input要素

フォームの入力要素を作成する

<input 属性="属性値">

カテゴリー	フローコンテンツ、リスト化、サブミット可能、リセット可能、フォーム関連要素、パルパブルコンテンツ。type属性値がhiddenでない場合はラベル付け可能要素、フレージングコンテンツ
コンテンツモデル	−

<input>は<form>で作ったフォームの入力欄を表示します。type属性の値により様々なタイプの入力欄を作ることができます。

使用できる属性

▶ type

属性値に次のキーワードを指定することで、作成するフォームのタイプを変えることができます。各属性値の詳細はP.144以降を参照してください。

値	説明
button	送信ボタン
checkbox	チェックボックス
color	色を指定するための入力欄
date	日付の入力欄
datetime	日付と時刻の入力欄
datetime-local	タイムゾーン情報がない日付と時刻の入力欄
email	電子メールアドレス
file	ファイルを送信させるための選択
hidden	表示せずに値だけをサーバに送信する
image	画像による送信ボタン
month	年と月の入力欄
number	数値の入力欄
password	パスワード用の入力欄
radio	ラジオボタン
range	大まかな数値（レンジ）の入力欄
reset	リセットするボタン
search	検索文字列の入力欄
submit	フォームの送信ボタン
tel	電話番号の入力欄
text	1行の入力欄
time	時刻の入力欄
url	URLの入力欄
week	週の入力欄

▶ accept

type属性の値がfileのときに、サーバが受け取ることができるファイルの種類を示します。値にはMIMEタイプ、拡張子を指定できます。カンマ区切りで複数の指定をすることも可能です。

▶ autocomplete

ブラウザがオートコンプリート（自動補完）するかどうかを示します。

値	説明
on（初期値）	オートコンプリートを許可する
off	オートコンプリートを許可しない
name	人の名前

続く

139

値	説明
honorific-prefix	敬称・肩書き("Mr.", "Ms.", "Dr.", "Mlle"など)
given-name	名(first name)
additional-name	ミドルネーム
family-name	名(last name)
honorific-suffix	後ろに付ける敬称("様"、"Jr."など)
nickname	ニックネーム
username	ユーザーネーム
new-password	新しいパスワード
current-password	現在のパスワード
organization-title	肩書き・職種
organization	組織名
street-address	住所のうち、区市町村名より後の部分
address-line1honorific	
address-line2	住所のうち、区市町村名より後の部分を、3つに分けたもの
address-line3	
address-level4	住所の末尾の部分
address-level3	住所のうち、区市町村名の後の町名
address-level2	区市町村名
address-level1	都道府県名
country	国コード
country-name	国名
postal-code	郵便番号
cc-name	カード払い者のフルネーム
cc-given-name	カード払い者の下の名
cc-additional-name	カード払い者のミドルネーム
cc-family-name	カード払い者の苗字
cc-number	カード払い者のカード番号
cc-exp	カード払い者のカード有効期限
cc-exp-month	カード払い者のカード有効月
cc-exp-year	カード払い者のカード有効年
cc-csc	カード払い者のカードのセキュリティコード
cc-type	カード払い者のカードの種類(VISA、MASTER、JCBなど)
transaction-currency	支払い通貨
transaction-amount	支払額の数字部分
language	言語(日本語など)

続く

値	説明
bday	誕生日
bday-day	誕生日の日の部分
bday-month	誕生月
bday-year	誕生年
sex	性別
url	URL
photo	写真へのURL

▶ autofocus（論理属性）

ページ読み込み時に、この属性を持つフォーム要素にフォーカスを移動させます。HTMLドキュメント内で1つの要素だけが、この属性を持つことができます。

▶ capture（論理属性）

type属性がfileの場合に、ユーザーの環境からメディアを直接取り込むことができます。

▶ checked（論理属性）

この属性を持つフォーム要素を選択された状態にします。

▶ disabled（論理属性）

この属性を持つフォーム要素を無効の状態にします。

▶ form

form要素のid属性を指定することで、このフォーム要素を関連付けることができます。

▶ formaction

type属性がsubmit、imageのときに使用できます。URLを指定した際に、関連するform要素のaction属性値を上書きして送信します。

▶ formenctype

type属性がsubmit、imageのときに使用できます。関連するform要素のenctype属性値を上書きして送信します。

▶ formmethod

type属性がsubmit、imageのときに使用できます。関連するform要素のmethod属性値を上書きして送信します。

▶ formnovalidate

type属性がsubmit、imageのときに使用できます。関連するform要素のnovalidate属性値を上書きして送信します。

▶ formtarget

type属性がsubmit、imageのときに使用できます。関連するform要素のtarget属性値を上書きして送信します。

▶ height

フォーム要素の高さをピクセル値で指定します。

▶ inputmode

入力時に使用するキーボードを指定します。type属性がtext、password、email、urlのときに使用し、次の属性値を指定します。

値	説明
numeric	0 〜 9の数字
tel	電話番号
email	メールアドレス
url	URL
kana	日本語のひらがな入力
katakana	日本語のカタカナ入力
verbatim	パスワードのような英数字で文章ではない入力
latin	検索ボックスなど、入力支援ができるラテン文字
latin-name	latinの人名用
latin-prose	latinよりも積極的な入力支援が可能な場合
full-width-latin	latinの全角ラテン文字

▶ list

データ入力されるときに表示される入力候補リストを指定します。<datalist>のid属性値を指定して、関連付けます。

▶ max

入力可能な最大値を指定します。min属性値より下回ることはできません。

▶ maxlength

入力可能な文字列の最大値を指定します。

▶ min

入力可能な最小値を指定します。min属性値より上回ることはできません。

▶ minlength

入力可能な文字列の最小値を指定します。

▶ multiple（論理属性）

複数の値が入力可能なことを示します。

▶ name

入力コントロールの名前を指定して、データとともに送信します。

▶ pattern

入力コントロールの値を正規表現でチェックします。JavaScriptの正規表現と同じアルゴリズムで、完全一致のみをチェックします。次の条件下では、pattern属性は無視されます。

　・関連しているform要素にnovalidate属性が指定されている
　・入力コントロールにdisable属性、readonly属性が指定されている

▶ placeholder
指定された値を入力コントロールに薄く表示します。 入力例などを表示するときに使います。

▶ readonly
この入力コントロールをユーザーが編集できなくします。 値は送信されます。

▶ required（論理属性）
この入力コントロールを必須項目にします。 ブラウザがサポートしていない場合は無視されるので注意が必要です。

▶ selectionDirection
選択が行われたときの方向を指定します。

値	説明
forward	LTR ロケールのときは左から右へ RTL ロケール時は右から左へ
backward	forwardの逆方向を指定
none	選択方向が不明

▶ size
入力コントロールの表示サイズ。 0より大きい数値を指定して、デフォルト値は20です。

▶ spellcheck
属性値をtrue にすると、スペル・文法チェックを有効にします。

▶ src
type属性がimageのときにURLを指定し、画像を表示します。

▶ step
入力可能な値の増加量を制限します。 たとえば、type属性がnumberの際に、step属性を3にすると3の倍数しか入力できなくなります。

▶ tabindex
Tab キーを押した際に、 フォーカスされる入力コントロールの順番を指定します。

▶ value
入力コントロールの初期値を指定します。 type属性がsubmit、image、reset、buttonが指定されている場合はボタン名となり表示されます。

▶ width
入力コントロールの幅を指定します。

▶ グローバル属性（P.27）

143

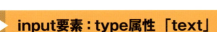

HTML ▶ 08 ▶ 03_input_text

input要素：type属性「text」

1行のテキスト入力欄を作成する

```
<input type="text">
```

カテゴリー	input要素(P.138)と同様
コンテンツモデル	−

<input>のtype属性に「text」を指定すると、1行のテキスト入力欄を作成します。ユーザーから入力された値はvalueにセットされます。複数行のテキスト欄を作成する場合は、textarea要素を使います。<input>にtype属性が指定されなかった場合は、このtext属性値が指定されたとものとして扱われます。

使用できる属性

各属性の詳細はinput要素の解説（P.138）を参照してください。

name, value, autofocus, disabled, autocomplete, dirname, form, list, maxlength, pattern, placeholder, readonly, required, size

使用例

テキスト入力欄を複数設置しています。name属性値は、それぞれ別のものにしてください。送信データが上書きされてしまいます。

HTML

```
<form method="post" action="">
  <div>
    <label for="fullname">お名前</label>
    <input type="text" name="fullname" placeholder="田中 太郎" id="fullname">
  </div>
  <div>
    <label for="ruby">フリガナ</label>
    <input type="text" name="ruby" placeholder="タナカ タロウ" id="ruby">
  </div>
  <input type="submit" value="送信する">
</form>
```

▲実行結果

HTML ▶ 08 ▶ 04_input_hidden

input要素：type属性「hidden」

画面には表示されないデータを作成する

`<input type="hidden">`

カテゴリー	input要素（P.138）と同様
コンテンツモデル	－

<input>のtype属性に「hidden」を指定すると、ユーザーには表示されないデータを作成することができます。このデータは送信された際には他のデータと一緒に送信されます。

▶ 使用できる属性

各属性の詳細はinput要素の解説（P.138）を参照してください。

```
name, value, form, disabled
```

▶ 使用例

ブラウザには表示されていませんが、type="hidden"の<input>が存在します。送信ボタンが押されると、この<input>に記述されている「name属性値がtype、value属性値がvip」のデータも送信されます。

HTML

```html
<form method="post" action="">
  <input type="hidden" name="type" value="vip">
  <div>
    <label for="fullname">お名前</label>
    <input type="text" name="fullname" placeholder="山田太郎" id="fullname">
  </div>
  <input type="submit" value="送信する">
</form>
```

▲実行結果

HTML ▶ 08 ▶ 05_input_search

input要素：type属性「search」

検索キーワードの入力欄を作成する

`<input type="search">`

カテゴリー	input要素（P.138）と同様
コンテンツモデル	−

`<input>`のtype属性に「search」を指定すると、検索キーワードの入力欄を作成します。対応したブラウザでは検索用の入力欄が表示されます。

使用できる属性

各属性の詳細はinput要素の解説（P.138）を参照してください。

name, value, autofocus, disabled, autocomplete, dirname, form, list, maxlength, pattern, placeholder, readonly, required, size

使用例

キーワード検索の設置サンプルです。スマートフォンのブラウザなど、環境によって入力キーボードが変化します。

HTML

```html
<form method="get" action="">
  <input type="search" name="s" placeholder="キーワードを入力">
  <input type="submit" value="検索">
</form>
```

丸みのある入力欄になります。また、[Enter]キーが[Search]という文字に変化します。

▲実行結果

HTML ▶ 08 ▶ 06_input_tel

input要素：type属性「tel」

電話番号の入力欄を作成する

```
<input type="tel">
```

カテゴリー	input要素（P.138）と同様
コンテンツモデル	−

<input>のtype属性に「tel」を指定すると、電話番号の入力欄を作成します。スマートフォンなど対応したブラウザでは数字キーボードが表示されます。

使用できる属性

各属性の詳細はinput要素の解説（P.138）を参照してください。

name, value, autofocus, disabled, autocomplete, form, list, maxlength, pattern, placeholder, readonly, required, size

使用例

入力欄にフォーカスしたときに、自動的に数字キーボードが表示されます。

HTML
```
<form method="post" action="">
  <div>
    <label for="phone">電話番号</label>
    <input type="tel" name="phone" id="phone">
  </div>
  <input type="submit" value="送信する">
</form>
```

数字キーボードが表示され、ユーザビリティが向上します。

▲実行結果

HTML ▶ 08 ▶ 07_input_url

input要素：type属性「url」

URLの入力欄を作成する

<input type="url">

カテゴリー	input要素(P.138)と同様
コンテンツモデル	－

<input>のtype属性に「url」を指定すると、URL用の入力欄を作成します。対応したブラウザではURLでないデータが送信されようとした際にエラーが返されます。

使用できる属性

各属性の詳細はinput要素の解説（P.138）を参照してください。

name, value, autofocus, disabled, autocomplete, form, list, maxlength, pattern, placeholder, readonly, required, size

使用例

入力欄にフォーカスしたときに、自動的にURL用キーボードが表示されます。

HTML

```
<form method="post" action="">
  <div>
    <label for="url">URL</label>
    <input type="url" name="url" id="url">
  </div>
  <input type="submit" value="送信する">
</form>
```

対応するブラウザでは、URL以外の文字列が表示されると送信時にエラーを表示します。

▲実行結果

フォーカス時にURL用キーボードが表示され、ユーザビリティが向上します。

HTML ▶ 08 ▶ 08_input_email

input要素：type属性「email」

メールアドレスの入力欄を作成する

```
<input type="email">
```

カテゴリー	input要素（P.138）と同様
コンテンツモデル	–

\<input\>のtype属性に「email」を指定すると、メールアドレスの入力欄を作成します。対応したブラウザではメールアドレスでないデータが送信されようとした際にエラーが返されます。

使用できる属性

各属性の詳細はinput要素の解説（P.138）を参照してください。

name, value, autofocus, disabled, autocomplete, multiple, form, list, maxlength, pattern, placeholder, readonly, required, size

使用例

入力欄にフォーカスしたときに、自動的にメールアドレス用のキーボードが表示されます。

HTML
```
<form method="post" action="">
  <div>
    <label for="email">Eメール</label>
    <input type="email" name="email" id="email">
  </div>
  <input type="submit" value="送信する">
</form>
```

フォーカス時にメールアドレス用キーボードが表示され、ユーザビリティが向上します。

▲実行結果

HTML ▶ 08 ▶ 09_input_password

input要素:type属性「password」

パスワードの入力欄を作成する

`<input type="password">`

カテゴリー	input要素(P.138)と同様
コンテンツモデル	－

`<input>`のtype属性に「password」を指定すると、パスワードの入力欄を作成します。入力された内容は伏せ字の●で表示され、画面では見えなくなります。

使用できる属性

各属性の詳細はinput要素の解説(P.138)を参照してください。

name, value, autofocus, disabled, autocomplete, form, list, maxlength, pattern, placeholder, readonly, required, size

使用例

type属性がpasswordの入力欄では伏せ字で入力されます。

HTML
```
<form method="post" action="">
  <div>
    <label for="pwd">パスワード</label>
    <input type="password" name="pwd" id="pwd">
  </div>
  <input type="submit" value="送信する">
</form>
```

入力した文字列は伏せ字になります。対応ブラウザでは、半角英数キーボードが表示されます。

▲実行結果

📄 HTML ▶ 08 ▶ 10_input_date

input要素：type属性「date」

日付（年・月・日）の入力欄を作成する

`<input type="date">`

カテゴリー	input要素（P.138）と同様
コンテンツモデル	−

`<input>`のtype属性に「date」を指定すると、日付（年・月・日）の入力欄を作成します。対応するブラウザではカレンダーなど年月日が選択しやすいインターフェースが表示されます。送信されるデータは「YYYY-MM-DD」形式です。「YYYY-MM-DD」形式では、「YYYY」は4桁の年、「MM」は2桁の月（01〜12）、「DD」は2桁の日（01〜31）を表します。

▶ 使用できる属性

各属性の詳細はinput要素の解説（P.138）を参照してください。

```
name, value, autofocus, disabled, autocomplete, form, list, max, min, readonly, required, step
```

▶ 使用例

入力欄にフォーカスしたときに、ブラウザによっては入力のしやすいインターフェースが表示されます。

HTML
```html
<form method="post" action="">
  <div>
    <label for="reservation_date">予約希望日</label>
    <input type="date" name="reservation_date" id="reservation_date">
  </div>
  <input type="submit" value="送信する">
</form>
```

▲実行結果（左：iPhone Safari、右：パソコン版Chrome）
　ブラウザによって入力のしやすいインターフェースが表示され、ユーザビリティが向上します。

HTML ▶ 08 ▶ 11_input_month

input要素：type属性「month」

月の入力欄を作成する

`<input type="month">`

カテゴリー	input要素(P.138)と同様
コンテンツモデル	−

`<input>`のtype属性に「month」を指定すると、月の入力欄を作成します。対応するブラウザではカレンダーなど年月が選択しやすいインターフェースが表示されます。送信されるデータは「YYYY-MM」形式で、「YYYY」が4桁の年、「MM」が2桁の月（01～12）です。

使用できる属性

各属性の詳細はinput要素の解説（P.138）を参照してください。

name, value, autofocus, disabled, autocomplete, form, list, max, min, readonly, required, step

使用例

入力欄にフォーカスしたときに、ブラウザによっては入力のしやすいインターフェースが表示されます。

HTML

```
<form method="post" action="">
  <div>
    <label for="reservation_month">予約希望月</label>
    <input type="month" name="reservation_month" id="reservation_month">
  </div>
  <input type="submit" value="送信する">
</form>
```

▲実行結果（左：iPhone Safari、右：Chrome/パソコン版）
ブラウザによって入力のしやすいインターフェースが表示され、ユーザビリティが向上します。

HTML ▶ 08 ▶ 12_input_week

input要素：type属性「week」

週の入力欄を作成する

```
<input type="week">
```

カテゴリー	input要素(P.138)と同様
コンテンツモデル	—

<input>のtype属性に「week」を指定すると、週の入力欄を作成します。対応するブラウザではカレンダーなど年の第何週が選択しやすいインターフェースが表示されます。送信されるデータは「YYYY-Wxx」形式で、「YYYY」は4桁の年、「Wxx」は1年の最初から数えた週の数値です。「2017-W38」は、2017年の38週目を表します。

使用できる属性

各属性の詳細はinput要素の解説（P.138）を参照してください。

name, value, autofocus, disabled, autocomplete, form, list, max, min, readonly, required, step

使用例

入力欄にフォーカスしたときに、ブラウザによっては入力のしやすいインターフェースが表示されます。

HTML
```
<form method="post" action="">
  <div>
    <label for="reservation_week">予約希望週</label>
    <input type="week" name="reservation_week" id="reservation_week">
  </div>
  <input type="submit" value="送信する">
</form>
```

▲実行結果（パソコン版Chrome）
　ブラウザによって入力のしやすいインターフェースが表示され、ユーザビリティが向上します。

input要素：type属性「time」

時刻の入力欄を作成する

`<input type="time">`

カテゴリー	input要素(P.138)と同様
コンテンツモデル	-

<input>のtype属性に「time」を指定すると、時刻の入力欄を作成します。対応するブラウザではカレンダーなど時刻が選択しやすいインターフェースが表示されます。送信されるデータは「hh:mm:ss」形式で、「hh」は2桁のとき（00～23）、「mm」は2桁の分（00～59）、「ss」は2桁の秒（00～59）です。

使用できる属性

各属性の詳細はinput要素の解説（P.138）を参照してください。

```
name, value, autofocus, disabled, autocomplete, form, list, max, min, readonly, required, step
```

使用例

step属性に10を指定して、10分ごと選択できるように指定しています。入力欄にフォーカスしたときに、ブラウザによっては入力のしやすいインターフェースが表示されます。

HTML

```html
<form method="post" action="">
  <div>
    <label for="reservation_time">予約希望時間</label>
    <input type="time" step="10" name="reservation_time" id="reservation_time">
  </div>
  <input type="submit" value="送信する">
</form>
```

▲実行結果（左：iPhone Safari、右：パソコン版Chrome）
ブラウザによって入力のしやすいインターフェースが表示され、ユーザビリティが向上します。

HTML ▶ 08 ▶ 14_input_datetime-local

input要素：type属性「datetime-local」

ローカル日時の入力欄を作成する

<input type="datetime-local">

カテゴリー	input要素(P.138)と同様
コンテンツモデル	—

<input>のtype属性に「datetime-local」を指定すると、協定世界時（UTC）によらないローカルの日時の入力欄を作成します。送信されるデータは「YYYY-MM-DDThh:mm:ss」形式です。「YYYY」は4桁の年、「MM」は2桁の月（01～12）、「DD」は2桁の日（01～31）、「hh」は2桁のとき（00～23）、「mm」は2桁の分（00～59）、「ss」は2桁の秒（00～59）です。「T」は時間が始まることを表す文字です。

使用できる属性

各属性の詳細はinput要素の解説（P.138）を参照してください。

name, value, autofocus, disabled, autocomplete, form, list, max, min, readonly, required, step

使用例

step属性は選択できる秒の間隔を指定します。初期値は60です。サンプルでは600を指定しているので10分（600秒）単位で選択することができます。また、max属性で「2020-11-30T12:00」を指定しているので、ユーザーは2020年11月30日12時00分までの時間を選択することができます。

HTML

```
<form method="post" action="">
  <div>
    <label for="reservation_time">予約希望時間</label>
    <input type="datetime-local" max="2020-11-30T12:00" step="600" name="reservation_time" id="reservation_time">
  </div>
  <input type="submit" value="送信する">
</form>
```

▲実行結果（左：iPhone Safari、右：パソコン版Chrome）
ブラウザによって入力のしやすいインターフェースが表示され、ユーザビリティが向上します。

HTML ▶ 08 ▶ 15_input_number

input要素：type属性「number」

数値の入力欄を作成する

`<input type="number">`

カテゴリー	input要素（P.138）と同様
コンテンツモデル	—

<input>のtype属性に「number」を指定すると、数値の入力欄を作成します。対応したブラウザでは数値でないデータが送信されようとした際にエラーが返されます。

使用できる属性

各属性の詳細はinput要素の解説（P.138）を参照してください。

name, value, autofocus, disabled, autocomplete, dirname, form, list, max, pattern, placeholder, readonly, required, min

使用例

min属性に1を、max属性に10を指定。1～10までの数値だけを選択できるようにしています。

HTML

```
<form method="post" action="">
  <div>
    <label for="quantity">数量</label>
    <input type="number" min="1" max="10" name="quantity" id="quantity">
  </div>
  <input type="submit" value="送信する">
</form>
```

min属性とmax属性の数値間以外の文字列は入力できません。

▲実行結果

input要素：type属性「range」

大まかな数値の入力欄を作成する

```
<input type="range">
```

カテゴリー	input要素(P.138)と同様
コンテンツモデル	-

<input>のtype属性に「range」を指定すると、大まかな数値（レンジ）の入力欄を作成します。対応したブラウザではスライダー形式のインターフェースが表示されます。ユーザーは正確な数値ではなく、感覚的に数値を指定することができます。

使用できる属性

各属性の詳細はinput要素の解説（P.138）を参照してください。

```
name, value, autofocus, disabled, autocomplete, form, list, max, min, step
```

使用例

min属性に0を、max属性に100を指定。0 ～ 100%までを想定しています。

HTML

```html
<form method="post" action="">
  <div>
    <input type="range" min="0" max="100" name="percent" id="percent"> %
  </div>
  <input type="submit" value="送信する">
</form>
```

スライダー形式のインターフェースが表示されます。

▲実行結果

input要素：type属性「color」

RGBカラーの入力欄を作成する

```
<input type="color">
```

カテゴリー	input要素（P.138）と同様
コンテンツモデル	−

<input>のtype属性に「color」を指定すると、RGBカラーの入力欄を作成します。対応するブラウザではカラーピッカーのような色が選択しやすいインターフェースが表示されます。送信されるデータは「#ff9900」形式のRGB値を16進数に変換した値です。

使用できる属性

各属性の詳細はinput要素の解説（P.138）を参照してください。

```
name, value, autofocus, disabled, autocomplete, form, list
```

使用例

カラーピッカーが表示されます。インターフェースはOSやブラウザによって異なります。

HTML

```
<form method="post" action="">
  <div>
    <label for="color">色の選択</label>
    <input type="color" name="color" id="color">
  </div>
  <input type="submit" value="送信する">
</form>
```

色の選択ボタンが表示され、クリックするとカラーピッカーが表示されます。

▲実行結果

HTML ▶ 08 ▶ 18_input_checkbox

input要素：type属性「checkbox」

チェックボックスを作成する

`<input type="checkbox">`

カテゴリー	input要素（P.138）と同様
コンテンツモデル	–

`<input>`のtype属性に「checkbox」を指定すると、チェックボックスを作成します。チェックボックスでは複数の項目が選択できます。各チェックボックスの見出しはlabel要素を使って表すことができます。

使用できる属性

各属性の詳細はinput要素の解説（P.138）を参照してください。

name, value, checked, disabled, form, required

使用例

checked属性を指定すると初期値でチェックした状態になります。`<label>`で項目名と`<input>`を囲むことで、項目名をクリックしたときもチェックできるようになります。

HTML

```html
<form method="get" action="">
  <fieldset>
    <legend>使用ブラウザ</legend>
    <div><label><input type="checkbox" name="browser" value="Edge"
checked> Edge</label></div>
    <div><label><input type="checkbox" name="browser" value="Chrome">
Chrome</label></div>
    <div><label><input type="checkbox" name="browser"
value="FireFox"> FireFox</label></div>
  </fieldset>
  <input type="submit" value="送信する">
</form>
```

使用ブラウザ
☑ Edge ◀—— checked属性のものはチェック状態になります。
☐ Chrome
☐ FireFox

送信する

▲実行結果

159

HTML ▶ 08 ▶ 19_input_radio

input要素：type属性「radio」

ラジオボタンを作成する

```
<input type="radio">
```

カテゴリー	input要素（P.138）と同様
コンテンツモデル	―

<input>のtype属性に「radio」を指定するとラジオボタンを作成します。ラジオボタンではname属性値が一致する複数の項目から1つだけが選択できます。各ラジオボタンの見出しは<label>を使って表すことができます。

使用できる属性

各属性の詳細はinput要素の解説（P.138）を参照してください。

```
name, value, checked, disabled, form, required
```

使用例

checked属性を指定すると初期値でチェックした状態になります。<label>で項目名と<input>を囲むことで、項目名をクリックしたときもチェックできるようになります。

HTML

```html
<form method="get" action="">
  <fieldset>
    <legend>性別</legend>
    <div><label><input type="radio" name="gender" value="男性" checked> 男性</label></div>
    <div><label><input type="radio" name="gender" value="女性"> 女性</label></div>
  </fieldset>
  <input type="submit" value="送信する">
</form>
```

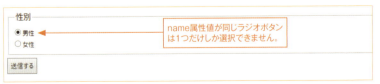

▲実行結果

input要素：type属性「file」

送信するファイルの選択欄を作成する

`<input type="file">`

カテゴリー	input要素（P.138）と同様
コンテンツモデル	ー

`<input>`のtype属性に「file」を指定すると、サーバに送信するファイルの選択欄を作成します。このときの`<form>`タグにはenctype属性に「multipart/form-data」を指定するようにしてください。

使用できる属性

各属性の詳細はinput要素の解説（P.138）を参照してください。

name, value, multiple, disabled, accept, autofocus, form, required

使用例

multiple属性を指定すると複数のファイルを選択できるようになります。accept属性で選択できるファイルの種類を制限しています。`<form>`のenctype属性に「multipart/form-data」を指定する必要があります。

HTML

```
<form method="post" action="" enctype="multipart/form-data">
  <div><input type="file" name="files" accept=".png,.jpg,.gif,image/png,image/jpg,image/gif" multiple></div>
  <input type="submit" value="送信する">
</form>
```

▲実行結果

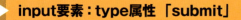

input要素：type属性「submit」

送信ボタンを作成する

```
<input type="submit">
```

カテゴリー	input要素（P.138）と同様
コンテンツモデル	−

<input>のtype属性に「submit」を指定すると、フォームの送信ボタンを作成します。

使用できる属性

各属性の詳細はinput要素の解説（P.138）を参照してください。

```
name, value, autofocus, disabled, form, formaction, formenctype, formmethod, formnovalidate, formtarget
```

使用例

value属性のテキストは、ボタンに表示されます。クリックするとフォームに入力されたデータが送信されます。

HTML

```
<form method="post" action="">
  <div>
    <label for="fullname">お名前</label>
    <input type="text" name="fullname" placeholder="山田太郎" id="fullname">
  </div>
  <input type="submit" value="送信する">
</form>
```

▲実行結果

HTML ▶ 08 ▶ 22_input_image

input要素：type属性「image」

画像の送信ボタンを作成する

<input type="image">

カテゴリー	input要素（P.138）と同様
コンテンツモデル	－

<input>のtype属性に「image」を指定すると、画像を使った送信ボタンを作成します。srcとalt属性は必須です。画像の表示サイズはwidthとheightで指定します。

使用できる属性

▶ src（必須）
画像ファイルのURLを指定します。

▶ alt（必須）
画像の代替テキストを指定。

その他に使用できる各属性の詳細はinput要素の解説（P.138）を参照してください。

name, value, width, height, autofocus, disabled, form, formaction, formenctype, formmethod, formnovalidate, formtarget

使用例

src属性で画像ファイルのURLを指定します。<img>と同じようにalt属性も必要です。

HTML
```
<form method="post" action="">
  <div>
    <label for="fullname">お名前</label>
    <input type="text" name="fullname" placeholder="山田太郎" id="fullname">
  </div>
  <input type="image" src="./btn.png" width="120" height="30" alt="送信します">
</form>
```

送信ボタンを画像にすることができます。

▲実行結果

HTML ▶ 08 ▶ 23_input_reset

input要素：type属性「reset」

入力内容のリセットボタンを作成する

<input type="reset">

カテゴリー	input要素（P.138）と同様
コンテンツモデル	－

<input>のtype属性に「reset」を指定すると、関連するフォーム内の入力コントロール内容のリセットボタンを作成します。

使用できる属性

各属性の詳細はinput要素の解説（P.138）を参照してください。

name, value, autofocus, disabled, form

使用例

リセットボタンを押すと、フォームに入力されたデータがすべてリセットされます。

```
HTML
<form method="post" action="">
  <div>
    <label for="fullname">お名前</label>
    <input type="text" name="fullname" placeholder="山田太郎" id="fullname">
  </div>
  <div>
    <label for="phone">電話番号</label>
    <input type="tel" name="phone" id="phone">
  </div>
  <input type="reset" value="リセット">
</form>
```

▲実行結果

ボタンを押すと入力されたデータがリセットされます。

HTML ▶ 08 ▶ 24_input_button

input要素:type属性「button」

汎用的なボタンを作成する

```
<input type="button">
```

カテゴリー	input要素(P.138)と同様
コンテンツモデル	–

<input>のtype属性に「button」を指定すると、機能を持っていない汎用的なボタンを作成します。ボタンを押下しても動作しないので、JavaScriptと組み合わせて利用することが多いです。

使用できる属性

各属性の詳細はinput要素の解説(P.138)を参照してください。

name, value, disabled, form, autofocus

使用例

汎用的なボタンは押下しても何も起こりません。次のサンプルはJavaScriptでブラウザをリロードする例です(jQueryを使用した場合の記述例です)。

HTML

```html
<p>ボタンを押すと画面を更新します。</p>
<input type="button" value="更新する" class="js-reload">

<script src="https://code.jquery.com/jquery-2.2.4.min.js"></script>
<script>
jQuery(function($){
  $('.js-reload').on('click', function(){
    location.reload(true) ;
  });
});
</script>
```

ボタンを押すと画面を更新します。

[更新する]

▲実行結果

HTML ▶ 08 ▶ 25_button

button要素

ボタンを作成する

<button 属性="属性値"> ～ </button>

カテゴリー	インタラクティブコンテンツ、パルパブルコンテンツ、フローコンテンツ、フレージングコンテンツ、フォーム関連要素（サブミット可能、ラベル付け可能、リスト可能なもの）
コンテンツモデル	フレージングコンテンツ。インタラクティブコンテンツを子孫要素に持つことはできない

<button>は、ボタンを作成する際に使用します。<button>でマークアップすることで、テキストや画像をボタンとして使うことができます。type属性によりフォームの送信ボタン、リセットボタンなどを指定することが可能です。

使用できる属性

▶ type

属性値に次のキーワード指定することでボタン押下時の動作を変えることができます。

値	説明
submit（初期値）	フォームの入力内容を送信するボタン
reset	フォームの入力内容をリセットするボタン
button	何もしない汎用的なボタン

▶ グローバル属性（P.27）
▶ その他に使用できる属性

その他に使用できる属性の詳細はinput要素の解説（P.138）を参照してください。

```
name, value, autofocus, disabled, form, formaction, formenctype, formmethod, formnovalidate, formtarget
```

使用例

button要素のtype属性の初期値はsubmitですので、次の例ではボタンを押下するとフォームデータが送信されます。動作としては<input type="submit">と同じです。

```html
<form method="post" action="">
  <div>
    <label for="fullname">お名前</label>
    <input type="text" name="fullname" id="fullname">
  </div>
  <button>送信する</button>
</form>
```

▲実行結果

HTML ▶ 08 ▶ 26_textarea

textarea要素

複数行のテキスト入力欄を作成する

<textarea 属性="属性値"> ~ </textarea>

カテゴリー	インタラクティブコンテンツ、パルパブルコンテンツ、フローコンテンツ、フレージングコンテンツ、フォーム関連要素（サブミット可能、リセット可能、ラベル付け可能、リスト可能なもの）
コンテンツモデル	テキスト

<textarea>は、複数行のテキスト入力欄を作成します。<textarea>内のテキストは初期値となります。

使用できる属性

▶ cols
テキスト入力欄の幅を文字数で指定します。初期値は20です。

▶ rows
テキスト入力欄の高さを文字数で指定します。初期値は2です。

▶ wrap
入力されたデータの送信時の折り返しを指定します。

値	説明
soft（初期値）	テキスト入力欄の幅に合わせて折り返して表示されるが、送信時のデータでは折り返さない
hard	テキスト入力欄の幅に合わせて折り返して表示され、送信時も折り返したデータを送信する

▶ **グローバル属性**（P.27）
▶ **その他に使用できる属性**

その他に使用できる属性の詳細はinput要素の解説（P.138）を参照してください。

```
name, autofocus, disabled, form, dirname, maxlength, placeholder, readonly, required
```

使用例

▶ **サンプル①　複数行のテキストエリアを表示する**

複数行のテキストエリアを設置しています。テキストエリアの幅と高さはcols属性とrows属性を指定していますが、CSSのwidthとheightプロパティで幅と高さを指定することも可能です。

HTML
```html
<form method="post" action="">
  <div>
    <label for="detail">お問い合わせ内容</label>
    <textarea name="content" placeholder="お気軽にご相談ください。"
id="detail" cols="50" rows="5"></textarea>
  </div>
  <button>確認画面へ</button>
</form>
```

▲実行結果

▶ **サンプル②　初期値を表示する**

textarea要素のテキストは初期値になります。このとき、タブやスペースがあると初期値に含まれます。多くの場合ではタブやスペースを付けないようにように記述します。次の例は確認画面のイメージです。readonly属性で編集ができないようにしています。

```html
<form method="post" action="">
  <div>
    <label for="detail">お問い合わせ内容</label>
    <textarea name="content" id="detail" cols="50" rows="5" readonly>
      品切れ商品の入荷にいつになりますか？
    </textarea>
  </div>
  <button>送信する</button>
</form>
```

▲実行結果

多くの場合、タブやスペースを付けないように記述します。

```html
<form method="post" action="">
  <div>
    <label for="detail">お問い合わせ内容</label>
    <textarea name="content" id="detail" cols="50" rows="5" readonly>
品切れ商品の入荷にいつになりますか？
    </textarea>
  </div>
  <button>送信する</button>
</form>
```

▲実行結果

169

select要素

プルダウンメニューを作成する

<select 属性="属性値"> ~ </select>

カテゴリー	インタラクティブコンテンツ、パルパブルコンテンツ、フローコンテンツ、フレージングコンテンツ、フォーム関連要素（サブミット可能、リセット可能、ラベル付け可能、リスト可能なもの）
コンテンツモデル	option要素またはoptgroup要素

<select>はプルダウンメニューを作成します。子要素に<option>を持つことで、プルダウンメニューの選択肢として表示します。

使用できる属性

▶ グローバル属性（P.27）
▶ その他に使用できる属性
その他に使用できる各属性の詳細はinput要素の解説（P.138）を参照してください。

```
name, autofocus, disabled, multiple, required, size
```

使用例

<option>要素と組み合わせて、プルダウンメニューを表示しています。

```html
<form method="post" action="">
  <div>
    <label for="prefecture">四国の県を選択</label>
    <select name="shikoku" id="prefecture">
      <option value="愛媛県">愛媛県</option>
      <option value="香川県">香川県</option>
      <option value="徳島県">徳島県</option>
      <option value="高知県">高知県</option>
    </select>
  </div>
  <input type="submit" value="送信する">
</form>
```

▲実行結果

HTML ▶ 08 ▶ 28_option

option要素

select要素、datalist要素の選択肢を作成する

<option 属性="属性値"> ~ </option>

カテゴリー	－
コンテンツモデル	label属性とvalue属性を持つ場合は空。label属性を持つがvalue属性がない場合はテキスト。label属性を持たない場合は要素内はテキスト

<option>は、<select>または<datalist>を親要素に持つことで、各要素の選択肢を作成します。<optgroup>を使うことでグループ分けすることが可能です。
サンプルはselect要素（P.170）、datalist要素（P.173）、optgroup要素（P.172）の解説を確認してください。

使用できる属性

▶ グローバル属性（P.27）
▶ その他に使用できる属性
その他に使用できる各属性の詳細はinput要素の解説（P.138）を参照してください。

```
value, label, disabled, selected
```

HTML ▶ 08 ▶ 29_optgroup

optgroup要素

option要素のグループを作成する

`<optgroup 属性="属性値"> ~ </optgroup>`

カテゴリー	–
コンテンツモデル	option要素

`<optgroup>`は、`<select>`と`<option>`で作られたプルダウンメニューの選択肢を
グループ分けすることが可能です。

使用できる属性

▶ **グローバル属性**（P.27）
▶ **その他に使用できる属性**
その他に使用できる各属性の詳細はinput要素の解説（P.138）を参照してください。

```
label(必須), disabled
```

使用例

都道府県を選択するプルダウンメニューのサンプルです。地方ごとにグループに分ける
ことで、ユーザビリティを向上させています。

HTML
```html
<form method="post" action="">
  <div>
    <label for="prefecture">都道府県から選択</label>
    <select name="prefecture" id="prefecture">
      <optgroup label="北海道・東北">
        <option value="北海道">北海道</option>
        <option value="青森県">青森県</option>
        <option value="岩手県">岩手県</option>
        <option value="秋田県">秋田県</option>
        <option value="宮城県">宮城県</option>
        <option value="山形県">山形県</option>
        <option value="福島県">福島県</option>
      </optgroup>
      <optgroup label="関東">
        <option value="東京都">東京都</option>
（省略）
        <option value="沖縄県">沖縄県</option>
      </optgroup>
    </select>
  </div>
  <input type="submit" value="送信する">
</form>
```

▲実行結果

HTML ▶ 08 ▶ 30_datalist

datalist要素

入力候補を作成する

<datalist> ～ </datalist>

カテゴリー	フレージングコンテンツ、フローコンテンツ
コンテンツモデル	option要素またはフレージングコンテンツ

<datalist>はユーザーに入力候補を作成します。入力候補は<option>を子要素に持つことで提供します。<input>のlist属性の値と、<datalist>のid属性を一致させることで関連付け、<input>の入力候補を表示することができます。<datalist>はあくまで入力候補なので、ユーザーは<option>以外のテキストも入力することが可能です。

使用できる属性

▶ グローバル属性 (P.27)

使用例

都道府県を入力候補にしているサンプルです。<input>のlist属性値と<datalist>のid属性値を一致させる必要があります。

173

HTML

```
<form method="post" action="">
  <div>
    <input type="text" name="place" list="prefecture-list">
    <datalist id="prefecture-list">
      <option value="東京都">東京都</option>
      <option value="神奈川県">神奈川県</option>
      <option value="千葉県">千葉県</option>
(省略)
      <option value="沖縄県">沖縄県</option>
    </datalist>
  </div>
  <input type="submit" value="送信する">
</form>
```

▲実行結果

HTML ▶ 08 ▶ 31_label

label要素

入力コントロールの項目名を表す

<label 属性="属性値"> ～ </label>

カテゴリー	インタラクティブコンテンツ、フローコンテンツ、フレージングコンテンツ、パルパブルコンテンツ
コンテンツモデル	フレージングコンテンツ。label要素によってラベル付けされていないフォーム関連要素を子孫に持つことはできない

<label>は各フォーム関連要素の項目名を表します。項目名を表す方法は2通りあります。1つ目は<label>で項目名と対象の<input>を持つこと方法です。2つ目は<label>のfor属性値とフォーム要素のid属性値を一致させる方法です。

使用できる属性

▶ for
フォームの入力コントロールのid属性値を指定することで関連付けることができます。

▶ form
<form>のid属性を指定することで、このフォーム要素を関連付けることができます。

▶ グローバル属性（P.27）

使用例

次の例では、「性別」のラジオボタンでは<input>のid属性値と<label>のfor属性値を一致されています。「プライバシーポリシーに同意する」のほうでは、<label>内に<input>とテキストを持っています。

```html
<form method="post" action="">
  <fieldset>
    <legend>性別</legend>
    <input type="radio" name="gender" value="男性" id="gender-male">
    <label for="gender-male">男性</label>

    <input type="radio" name="gender" value="女性" id="gender-female">
    <label for="gender-female">女性</label>
  </fieldset>
  <div>
    <label><input type="checkbox" name="agree" value="1"> プライバシーポリシーに同意する</label>
  </div>
  <input type="submit" value="送信する">
</form>
```

が適切に設定されると、項目名をクリックしても各フォーム項目を選択することができます。

▲実行結果

HTML ▶ 08 ▶ 32_output

output要素

計算結果を表示する

<output 属性="属性値"> ～ </output>

カテゴリー	パルパブルコンテンツ、フローコンテンツ、フレージングコンテンツ、フォーム関連要素（リセット可能、ラベル付け可能、リスト可能なもの）
コンテンツモデル	フレージングコンテンツ

<output>はJavaScriptによる計算結果を表示します。

使用できる属性

▶ **for**
入力コントロールのid属性値を指定することで、関連付けることができます。

▶ **form**
<form>のid属性を指定することで、このフォーム要素を関連付けることができます。関連する<form>内に<output>を記述するときは必要ありません。

▶ **name**
この要素の名前を指定します。

▶ **グローバル属性**（P.27）

使用例

<form>のoninput属性を使いJavaScriptで計算をしています。計算結果は<output>に出力しています。<output>のfor属性で、関連の入力欄のid属性を記述しています。

HTML

```
<form method="post" action="" oninput="result.value = parseInt(price.value) * parseInt(quantity.value)">
  <div>
    <label for="price">値段</label>
    <input type="number" name="price" value="1200" id="price" readonly>円
  </div>
  <div>
    <label for="quantity">数量</label>
    <input type="number" name="quantity" value="3" min="1" max="10" id="quantity">
  </div>
  <div>
    合計: <output name="result" for="price quantity">3600</output>円
  </div>
  <input type="submit" value="送信する">
</form>
```

▲実行結果

📁 HTML ▶ 08 ▶ 33_progress

progress要素

プログレスバー（進行状況）を表示する

<progress 属性="属性値"> ～ </progress>

カテゴリー	パルパブルコンテンツ、フローコンテンツ、フレージングコンテンツ、フォーム関連要素（ラベル付け可能）
コンテンツモデル	フレージングコンテンツ。progress要素を子孫に持つことはできない

<progress>はプログレスバー（進行状況）を表します。たとえば、バックグランド処理の進行状況などです。value属性値でどれだけ完了したか、max属性値で完了したときの値を指定します。JavaScriptを使うことでリアルタイムで進行状況を表示することができます。

▶ 使用できる属性

▶ value
現時点でどれだけ完了したかを数値（浮動小数点数）で指定します。0以上かつ、max属性値以下にする必要があります。

▶ max
完了となる値を指定します。初期値は「1.0」です。

▶ **グローバル属性**（P.27）

▶ 使用例

次のサンプルは1秒ごとに10%ごと増えていく例です（jQueryを使用しています）。JavaScriptでvalue属性の値を増やすとプログレスバーが伸びていくのがわかりま

す。計算結果の値は<output>に表示しています。

HTML

```html
<p>データ処理状況</p>
<progress id="progress" value="0" max="100">Loading...</progress>
<output id="result" for="progress">0</output>%

<script src="https://code.jquery.com/jquery-2.2.4.min.js"></script>
<script>
jQuery(function($) {
  var intervalID = setInterval(function() {
      var current_value = $('#progress').val() + 10;
      $('#progress, #result').val(current_value);
      if (current_value >= 100) {
        clearInterval(intervalID);
      }
    }, 1000);
});
</script>
```

データ処理状況

30%　← <progress>のvalue属性値とmax属性値に合わせて、プログレスバーが伸びていきます。

▲実行結果

HTML ▶ 08 ▶ 34_meter

meter要素

特定範囲の測定値を表示する

<meter 属性="属性値"> ~ </meter>

カテゴリー	パルパブルコンテンツ、フローコンテンツ、フレージングコンテンツ、フォーム関連要素（ラベル付け可能）
コンテンツモデル	フレージングコンテンツ。meter要素を子孫に持つことはできない

<meter>は、下限や上限が決まっている特定範囲の測定値を表します。たとえば、ディスクの使用状況などです。<meter>では、進行状況を表すのには適していません。その際は<progress>を使用します。

low属性とhigh属性を使用することで、範囲を3つの領域（低い領域、中間領域、高い領域）に分けることができます。optimum属性が省略されたときはlow属性値とhigh属性値の中間値がoptimum属性値となります。

高い領域の範囲内に最適値が設定されている場合には、その領域が最適領域ということになります。

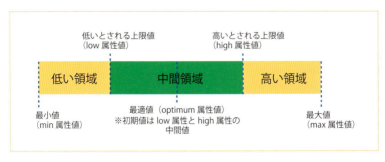

179

低いとされる上限値
（low 属性値）

高いとされる上限値
（high 属性値）

低い領域　　　中間領域　　　高い領域

最小値
（min 属性値）

最適値
（optimum 属性値）

最大値
（max 属性値）

使用できる属性

▶ value（必須）
現時点での数値を指定します。

▶ min
指定可能な値の最小値。

▶ max
指定可能な値の最大値。

▶ low
value属性で指定した値が「低い」と判断される上限値。

▶ high
value属性で指定した値が「高い」と判断される下限値。

▶ optimum
value属性で指定した値が「最適」と判断される値。省略するとlow属性値とhigh属性値の中間値になります。

▶ グローバル属性（P.27）

使用例

▶ サンプル①　optimum属性を使わなかった場合
optimum属性を省略しているのでlow属性値50とhigh属性値60の中間値である55が最適値となります。

```html
HTML

<table>
  <caption>インフルエンザ予防の適切な湿度</caption>
  <tr>
    <th>今日</th>
    <td>30% (低すぎます)</td>
    <td><meter min="0" max="100" low="50" high="60" value="30">30%</meter></td>
  </tr>
```

続く

```
    <tr>
      <th>昨日</th>
      <td>55%（適切です）</td>
      <td><meter min="0" max="100" low="50" high="60" value="55">55%</meter></td>
    </tr>
    <tr>
      <th>一昨日</th>
      <td>80%（高すぎます）</td>
      <td><meter min="0" max="100" low="50" high="60" value="80">80%</meter></td>
    </tr>
</table>
```

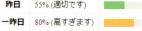

▲実行結果

▶ サンプル②　optimum属性を使った場合

テスト結果の例です。テストの最適な数値は100点なのでoptimum属性を100に指定しています。low属性値の30以下は低い領域、low属性値とhigh属性値の間は中間領域、high属性値の80以上は高い領域になります。

HTML

```
<table>
  <caption>中間テストの結果</caption>
  <tr>
    <th>山田太郎</th>
    <td>95点（優）</td>
    <td><meter min="0" max="100" optimum="100" low="30" high="80" value="95">95点</meter></td>
  </tr>
  <tr>
    <th>佐藤花子</th>
    <td>75点</td>
    <td><meter min="0" max="100" optimum="100" low="30" high="80" value="75">75点</meter></td>
  </tr>
  <tr>
    <th>田中二郎</th>
    <td>28点（赤点）</td>
    <td><meter min="0" max="100" optimum="100" low="30" high="80" value="28">28点</meter></td>
  </tr>
</table>
```

▲実行結果

HTML ▶ 08 ▶ 35_fieldset

fieldset要素

入力コントロールをグループ化する

<fieldset 属性="属性値"> ~ </fieldset>

カテゴリー	セクショニングルート、パルパブルコンテンツ、フローコンテンツ、リスト可能なフォーム関連要素
コンテンツモデル	フローコンテンツ、任意で1つのlegend要素

<fieldset>は<input>で作られたフォームの入力欄をグループ化できます。<fieldset>でまとめたグループは、<legend>によって見出しを指定することができます。

使用できる属性

▶ name

作成されたグループの名前を指定します。

▶ form

form要素のid属性を指定することで、このフォーム要素を関連付けることができます。

▶ disabled（論理属性）

この属性を持つフォーム要素を無効の状態にします。

▶ グローバル属性（P.27）

使用例

<fieldset>は、<legend>を見出しにしてボーダーで囲われるように表示されます。デザインはCSSで調整することができます。

```html
<form method="post" action="">
  <fieldset>
    <legend>カラー選択</legend>
    <label><input type="radio" name="color" value="Black"> Black</label>
    <label><input type="radio" name="color" value="White"> White</label>
  </fieldset>
  <input type="submit" value="送信する">
</form>
```

<legend>を見出しに、<fieldset>はボーダーで囲われます。

▲実行結果

HTML ▶ 08 ▶ 36_legend

legend要素

fieldset要素で作られたグループの見出しを作成する

<legend> ~ </legend>

カテゴリー	–
コンテンツモデル	フレージングコンテンツ

<legend>は、<fieldset>で作られた入力コントロールのグループ化の見出しを作成します。<fieldset>のはじめの子要素として、1つだけ使うことができます。サンプルは<fieldset>の解説を確認してください（P.182）。

使用できる属性

▶ グローバル属性（P.27）

CSS ▶ 08 ▶ 37_sample

実践サンプル③

問い合わせフォームを作る

form要素、label要素、input要素、select要素、option要素、textarea要素

次のHTMLは、複数の要素を使ったフォームのサンプルです。各インプットのラベルは、<label>のfor属性と<input>のid属性で紐付けられています。Eメール項目は<input>のtype属性にemailを指定しているので、メールアドレス以外の文字列が入力されたときはブラウザのチェックが作動します。このHTMLはインターフェースなので、送信ボタンを押してもメールは送られません。実際にメールを送信するには、バックエンドでPHPなどのプログラムを使います。

なお、レイアウトやボタンの色などにはCSSを使っています。これらについては、CSS3の解説（P.198）を参考にしてください。

HTML

```html
<form method="post" action="">
  <div class="form-row">
    <label for="fullname">お名前</label>
    <input type="text" name="fullname" placeholder="山田太郎"
 id="fullname">
  </div>
  <div class="form-row">
    <label for="email">Eメール</label>
    <input type="email" name="email" placeholder="sample@example.
com" id="email">
  </div>
  <div class="form-row">
    <label for="category">お問い合わせ種別</label>
    <select name="category" id="category">
      <option value="製品について">製品について</option>
      <option value="採用について">採用について</option>
      <option value="その他">その他</option>
    </select>
  </div>
  <div class="form-row">
    <label for="detail">お問い合わせ内容</label>
    <textarea name="content" id="detail" cols="50" rows="5"></
textarea>
  </div>
  <div class="form-btn">
    <input type="submit" value="送信" class="btn">
  </div>
</form>
```

184

CSS

```css
.form-row {
  display: flex;
  padding: 10px 0;
  border-bottom: 1px dotted #ccc;
}
.form-btn {
  padding: 10px 0;
  text-align: center;
}
.form-row label {
  width: 10%;
  font-size: 14px;
  font-weight: bold;
  padding: 10px;
}
.form-row *:not(label) {
  width: 90%;
  font-size: 14px;
  padding: 10px;
}
.btn {
  background-color: #00a5de;
  color: #fff;
  font-size: 14px;
  font-weight: bold;
  padding: 10px 30px;
  border: none;
  border-radius: 5px;
}
```

お名前	山田太郎
Eメール	sample@example.com
お問い合わせ種別	製品について
お問い合わせ内容	

送信

▲実行結果

HTML ▶ 09 ▶ 01_details

details要素

追加の詳細情報を示す

<details 属性="属性値"> ～ </details>

カテゴリー	インタラクティブコンテンツ、セクショニングルート、パルパブルコンテンツ、フローコンテンツ
コンテンツモデル	フローコンテンツ、最初の子要素にsummary要素が必要

<details>は、追加の詳細情報を示すことができます。対応しているブラウザではユーザーの押下に合わせて、<details>を開閉することが可能です。また、<details>を入れ子にすることも可能です。最初の子要素として<summary>を持つ必要があります。

使用できる属性

▶ open（論理属性）

メニューを開いた状態にします。

▶ グローバル属性（P.27）

使用例

<details>を入れ子で記述したサンプルです。<summary>部分をクリックすると開閉します。

```html
<details open="open">
  <summary>コンテンツメニュー</summary>
  <details>
    <summary>HTML</summary>
    <ul>
      <li><a href="/html5/tag.html">HTML5 タグリファレンス</a></li>
      <li><a href="/html5/info.html">HTML5 の基礎知識</a></li>
      <li><a href="/html5/link.html">HTML5 に関するリンク集</a></li>
    </ul>
  </details>
  <details>
    <summary>CSS</summary>
    <ul>
      <li><a href="/css/tag.html">CSS リファレンス</a></li>
      <li><a href="/css/info.html">CSS の基礎知識</a></li>
      <li><a href="/css/link.html">CSS に関するリンク集</a></li>
    </ul>
  </details>
</details>
```

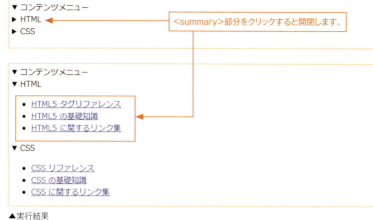

▲実行結果

HTML ▶ 09 ▶ 02_summary

summary要素

details要素の要約を示す

`<summary>` ~ `</summary>`

カテゴリー	–
コンテンツモデル	フレージングコンテンツ

`<summary>`は、`<details>`で作成された詳細情報の要約を示すます。`<summary>`は、`<details>`の最初の子要素として必須です。サンプルは`<details>`の解説（P.186）を確認してください。

使用できる属性

▶ グローバル属性（P.27）

HTML ▶ 09 ▶ 03_dialog

dialog要素

ダイアログを示す

`<dialog 属性="属性値">`

カテゴリー	セクショニングルート、フローコンテンツ
コンテンツモデル	フローコンテンツ

`<dialog>`は、ユーザーが操作可能なダイアログを示します。

使用できる属性

▶ open（論理属性）
この属性が指定されたダイアログは初期状態で表示されます。

▶ グローバル属性（P.27）

使用例

<dialog>は専用のJavaScript APIを持っています。表示するときはshow()メソッドを、非表示にするときはclose()メソッドを実行します。またはopen属性をコントロールすることでも、表示・非表示が操作できます。

HTML

```
<dialog id="dialog">
 <p>ダイアログです</p>
</dialog>

<button type="button" id="btnShow">ダイアログを表示</button>
<button type="button" id="btnClose">ダイアログを閉じる</button>

<script>
// ダイアログのオブジェクト
var dialog = document.querySelector('dialog');
// 表示ボタン
var btnShow = document.getElementById('btnShow');
btnShow.addEventListener('click', function() {
    dialog.show();
}, false);
// 閉じるボタン
var btnClose = document.getElementById('btnClose');
btnClose.addEventListener('click', function() {
    dialog.close();
}, false);
</script>
```

▲実行結果

HTML ▶ 10 ▶ 01_script

script要素

JavaScriptなどクライアントサイドスクリプトを埋め込む

<script 属性="属性値"> ～ </script>

カテゴリー	フレージングコンテンツ、フローコンテンツ、メタデータコンテンツ
コンテンツモデル	text/javascriptなどのクライアントサイドスクリプト

<script>は、JavaScriptなどクライアントサイドスクリプトのコードを埋め込み、実行します。外部ファイル（主にJavaScript）をsrc属性で読み込むことや、<script>内に直接ソースコードを記述することも可能です。

使用できる属性

▶ **src**
外部のスクリプトを読み込む際に、ファイルのURLを指定します。

▶ **async（論理属性）**
この属性を指定すると、可能であれば非同期に実行すべきことを示します。src属性が指定されている必要があります。

▶ **defer（論理属性）**
この属性が指定すると、文書の読み込みが完了した時点で、そのスクリプトを実行します。src属性が指定されている必要があります。

▶ **type**
スクリプトのMIMEタイプを指定します。src属性が指定されている必要があります。

▶ **charset**
読み込まれるスクリプトの文字コードを指定します。

▶ **crossorigin**
CORS（Cross-Origin Resource Sharing／クロスドメイン通信）の設定をします。CORSが有効な場合はcanvas要素で利用できるようにします。属性値が空、または次の値以外の際はanonymousが指定されたと同様になります。

属性値	説明
anonymous（初期値）	Cookieやクライアントサイドの SSL 証明書、HTTP認証などのユーザー認証情報は不要
use-credentials	ユーザー認証情報を求める

▶ **グローバル属性**（P.27）

使用例

▶ サンプル① ＜script＞にJavaScriptを記述する

次のサンプルは、ボタンをクリックするとアラートを表示します。＜script＞に記述した
JavaScriptを実行します。

HTML

```
<button type="button" id="btnAlert">アラートを表示</button>
<script>
document.getElementById('btnAlert').addEventListener('click',
function() {
    alert('これがアラートです。');
}, false);
</script>
```

▶ サンプル② 外部のJavaScriptファイルを読み込む

＜script＞のsrc属性で、外部のJavaScriptファイルを読み込むことができます。そ
のときのJavaScriptの記述は同じです。

HTML

```
HTML
<button type="button" id="btnAlert">アラートを表示</button>
<script src="./javascript.js"></script>
```

JavaScript

```
document.getElementById('btnAlert').addEventListener('click',
function() {
    alert('これがアラートです。');
}, false);
```

アラートを表示 ◀──────

ボタンをクリックするとJavaScriptが実行されます。

▲実行結果

HTML ▶ 10 ▶ 02_noscript

noscript要素

スクリプトが動作しない環境の内容を表す

<noscript> ~ </noscript>

カテゴリー	フレージングコンテンツ、フローコンテンツ、メタデータコンテンツ
コンテンツモデル	head要素内にある場合は、0個以上のlink要素、0個以上のstyle要素、0個以上のmeta要素。head要素外にある場合はトランスペアレント。ただし、noscript要素を子孫要素に持つことはできない

<noscript>は、JavaScriptなどクライアントサイドスクリプトが動作しない環境、またはブザウザーの設定でスクリプトを無効にしている場合に表示するセクションを表します。

使用できる属性

▶ グローバル属性（P.27）

使用例

ブラウザの設定でJavaScriptが有効でない場合、<noscript>が表示されます。

HTML

```
<noscript>JavaScriptを有効にしてください。</noscript>
```

JavaScriptを有効にしてください。

▲実行結果

HTML ▶ I0 ▶ 03_template

template要素

スクリプトが利用するHTMLのパーツを表す

`<template>` ~ `</template>`

カテゴリー	フレージングコンテンツ、フローコンテンツ、メタデータコンテンツ、スクリプトサポート要素
コンテンツモデル	メタデータコンテンツ、フローコンテンツ 次の要素内で許可されているコンテンツ: ol、dl、ul、figure、ruby、object、video、audio、table、colgroup、thead、tbody、tfoot、tr、fieldset、select、details

`<template>`は、スクリプトによって挿入・複製が可能なHTMLのパーツを表します。ページ読み込み時には表示されません。

使用できる属性

▶ グローバル属性 （P.27）

使用例

ボタンをクリックすると、テキストフィールドに入力されたテキストと時間が表示されます。このとき、`<template>`の内容を元に`<ul>`内に`<li>`を追加しています。

HTML

```html
<input type="text" id="title">
<button id="btnAdd">追加する</button>
<ul id="todo"></ul>

<template id="template">
  <li>
    <time>h時m分s秒</time>
    <span>ここに入力されたtitleが入ります</span>
  </li>
</template>
<script>
// 要素を取得var template = document.getElementById('template');
var title = document.getElementById('title');
var todo = document.getElementById('todo');
// ボタンを押したときの処理
document.getElementById('btnAdd').addEventListener('click', function
() {
    // templateから要素を複製する
    var clone = document.importNode(template.content, true);
    // フォームに入力されたテキストを<span>に入れる
```

続く

193

```
    clone.querySelector('span').textContent = title.value;
    // 現在時間を<time>に入れる
    var now = new Date();
    clone.querySelector('time').textContent = now.getHours() + "時" +
now.getMinutes() + "分" + now.getSeconds() + "秒";
    // 複製した要素をリストに追加する
    todo.insertBefore(clone, todo.firstChild);
    // titleの値を空にする
    title.value = '';
});
</script>
```

```
┌──────────┐ ┌──────────┐
│          │ │  追加する  │ ◀─────────────┐
└──────────┘ └──────────┘                │
 ・14時28分56秒 ペットのエサを買う          ┌─────────────────────────┐
 ・14時28分47秒 テレビ番組を録画予約する    │ ボタンをクリックすると、<template> │
                                          │ の記述をもとに<li>を追加します。  │
                                          └─────────────────────────┘
```

▲実行結果

HTML ▶ 10 ▶ 04_canvas

canvas要素

グラフィックやアニメーションの描写領域を表す

<canvas 属性="属性値"> 〜 </canvas>

カテゴリー	エンベッディッドコンテンツ、パルパブルコンテンツ、フレージングコンテンツ、フローコンテンツ
コンテンツモデル	トランスペアレントコンテンツ

<canvas>は、スクリプトによってグラフィック描画やアニメーションの可能な領域を表します。たとえば、ビジュアルイメージやグラフなどを描写することができます。
<canvas>は描写領域を表すだけであり、実際の描写はJavaScriptによって行います。JavaScriptが無効の環境では使用することができないので、ブロック内で代替コンテンツを提供することが可能です。

使用できる属性

▶ width
表示する画像の幅の数値を指定。width="120"のように単位は付けません。
▶ height
表示する画像の高さ数値を指定。height="85"のように単位は付けません。
▶ グローバル属性（P.27）

使用例

<canvas>で幅と高さを指定し、JavaScriptで図形を描画しています。

```
<canvas width="500" height="300" id="main" style="border:1px solid #008fde"></canvas>

<script>
var canvas = document.getElementById('main');
if (canvas.getContext) {
    var context = canvas.getContext('2d');
    //全体の透明度
    context.globalAlpha = 0.8;
    //円1
    context.beginPath();
    context.fillStyle = '#00a5de';
    //左から150、上から150の位置に半径80の円を描く
    context.arc(150, 150, 80, 0, Math.PI * 2.0, true);
    context.fill();
```

続く

```
    //円2
    context.beginPath();
    context.fillStyle = '#f5ac0f';
    //左から280、上から150の位置に半径80の円を描く
    context.arc(280, 150, 80, 0, Math.PI * 2.0, true);
    context.fill();
}
</script>
```

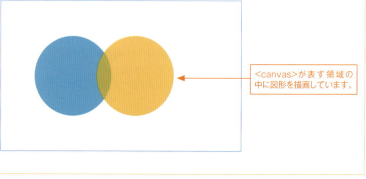

▲実行結果

Cascading Style Sheets

CSS編

CSS基礎	198
セレクタ	207
文字	252
境界・余白	298
背景	321
ボックス	342
テーブル	370
表示	377
段組み	396
変形	410
アニメーション	422
フレキシブルボックス	440
グリッドレイアウト	460

CSSの書式

CSSは**Cascading Style Sheets**の略です。HTMLは、HTML文書の内容に意味付けを行いますが、CSSではHTML文書のデザインやレイアウトといったスタイルを整えます。つまり、HTMLとCSSで内容とデザインを分離しているということです。

基本書式

CSSでは**セレクタ**と呼ばれる指定で、対象の要素を選択します。続けて波括弧（{}）の中で**プロパティ**と値を指定し、スタイルを整えます。基本的なCSSの書式は次のようになります。

$$\underline{\text{h1.title}}_{1} \; \{ \; \underline{\text{color}}_{2} \text{:} \; \underline{\text{blue}}_{3} \text{;} \; \underline{\text{font-size}} \text{:} \; \underline{\text{18px}}_{3} \text{;} \; \}_{2}$$

▶ 1 セレクタ

対象の要素をセレクタを使って指定します。上図の指定は「h1要素でclass属性がtitleのものを指定」という意味です。詳しくはセレクタのページ（P.207）を確認してください。

▶ 2 波括弧

セレクタに続けて波括弧（{}）を記述します。この波括弧の中に、CSSのプロパティを記述していきます。

▶ 3 プロパティと値

プロパティと値は、コロン（:）で区切って記述します。最後にセミコロン（;）を記述することでプロパティの終わりを指定します。上図のように、プロパティは複数指定することが可能です。多くの場合は改行を付けながら記述します。また、最後のプロパティの指定はセミコロンを省略することもできます。

以下は、CSSとHTMLの簡単なサンプルです。このCSSをHTMLに対して適用すると、文字のサイズと色が変わるのがわかります。

CSS

```css
h1.title {
  color: blue;
  font-size: 18px;
}
```

HTML

```html
<h1 class="title">CSSの書式</h1>
```

● CSSの指定がないとき

CSSの書式

● CSSを指定したとき

CSSの書式

セレクタのグループ化

複数の要素に同じスタイルを適用したいときは、セレクタをカンマ（,）で区切って指定します。たとえば、ul要素とol要素に同じスタイルを適用するときは、次のようになります。

```css
ul,
ol {
  font-size: 14px;
}
```

コメントアウト

CSSでは、「/* ～ */」の形式で**コメントアウト**が利用できます。コメントアウトした箇所はCSSとして処理されないのでメモや説明文などを記述することが可能です。コメントアウトは改行することもできます。

```css
/*
 Webサイトの共通ヘッダー
 */
.site-header {
    background-color: #00a5de; /* 水色 */
}
```

CSSの組み込み方

CSSをHTML文書に組み込む方法はいくつかあります。それぞれメリットや、スタイルが適用されるときの優先順位が変わります。

スタイルシートファイルを読み込む

CSSの記述をスタイルシートファイルとして別のファイルに記述します。スタイルシートファイルの拡張子は.cssになります。HTMLでは、link要素でファイルを指定することでHTML文書にCSSが組み込まれます。

このとき、HTMLファイルとスタイルシートファイルの文字エンコーディングを揃えなければいけません。文字エンコーディングが違う場合は、文字化けを起こす恐れがあります。また、スタイルシートファイルには、先頭に@charset規則を記述して文字エンコーディングを指定することが望ましいです。

以下は、cssディレクトリの中にあるstyles.cssファイルを読み込むときのサンプルです。この記述以外に、印刷時だけスタイルシートファイルを読み込むといったことも可能です。詳しくはHTML5のlink要素のページ（P.41）を確認してください。

HTML

```
<link href="./css/styles.css" rel="stylesheet" >
```

CSS styles.css

```
@charset "UTF-8";
h1.title {
  color: blue;
  font-size: 18px;
}
```

style要素でCSSを組み込む

HTML文書のhead要素の中でstyle属性を使うと、HTML文書にCSSを直接記述できます。記述するCSSは、スタイルシートファイルのときと同様です。

次の例では、<style>の中にCSSを記述しています。HTML5以前では「<style type="text/css">」のように記述していましたが、HTML5では、CSSならば「<style>」だけで問題ありません。詳しくはHTML5のstyle要素のページ（P.44）を確認してください。

HTML

```
<head>
<style>
h1.title {
  color: blue;
  font-size: 18px;
}
</style>
</head>
```

style属性でCSSを記述する

要素に対し、グローバル属性であるstyle属性を使って直接記述することも可能です。
次の例では、<h1>に直接CSSを記述しています。

HTML

```
<body>
  <h1 style="color: blue; font-size: 18px;">サイトのタイトル</h1>
</body>
```

ボックスモデル

HTMLのすべての要素は、**ボックスモデル**に準じた領域を持っています。CSSでレイアウトをする際には、ボックスモデルを理解する必要があります。

ボックスモデルとは

ボックスモデルでは、次の図のように4つの領域で構成されています。なお、図の領域はCSSのデフォルト時のものです。box-sizingプロパティを使うと領域の計算方法を変えることが可能です。詳しくは、box-sizingプロパティページを確認してください。

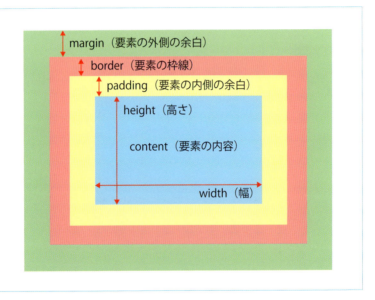

▶ content（要素の内容）
要素の内容が表示される領域です。このサイズはwidthとheightプロパティで指定できます。

▶ padding（パディング）
要素の内側の余白を取るための領域です。このサイズはpaddingプロパティで指定できます。

▶ border（ボーダー）
要素の枠線です。このサイズはborder-widthプロパティで指定できます。

▶ margin（マージン）
外側の余白の領域です。このサイズはmarginプロパティで指定できます。

スタイル適用の優先順位

CSSによるスタイルの適用には優先順位があります。1つの要素に複数のスタイルが指定されていた場合、どの指定が適用されるかルールを確認しましょう。

スタイル優先の得点計算

CSSを要素に適用するには、「セレクタで指定する」「style属性を使う」といった方法があります。利用する方法に従ってそれぞれ得点が計算され、一番得点の高い指定が適用されます。得点については、次の表を元に算出されます。

指定方法	例	点数
style属性	style=""	1000点
id属性のセレクタ指定	#sample{ }	100点
class属性のセレクタ指定	.sample{ }	10点
擬似クラスのセレクタ指定	input[name="text"]{ }	10点
要素名のセレクタ指定	h1{ }	1点
擬似要素のセレクタ指定	li:first-child{ }	1点
全称セレクタでの指定	*{ }	0点

では、例を挙げてみましょう。次のようなHTMLがあります。

> **HTML**
> ```
> <h1 class="title">スタイル適用の優先順位</h1>
> ```

ここで次の3つのスタイル指定があった場合、最後の指定の得点が一番高くなります。

指定	計算式
h1{ color: red; }	1点(要素名のセレクタ) = 合計1点
.title{ color: blue; }	10点(class属性のセレクタ) = 合計10点
h1.title{ color: green; }	1点(要素名のセレクタ)+10点(class属性のセレクタ) = 合計11点

スタイル適用の優先順位

> 得点が一番高いスタイルが適用され、緑になりました。

記述順の優先

同じ得点の指定があったときは、あとの記述が優先されます。たとえば、h2要素に対し、次の2つの指定があった場合、後者のスタイルが優先されます。

CSS
```
h2{ color: orange; }
h2{ color: blue; }
```

!important宣言

プロパティ値のあとに半角スペースを空けて「!important」を記述すると、その指定が最優先になります。たとえば、次のようなHTMLがあります。

HTML
```
<h3 style="color: blue;">!important宣言</h3>
```

style属性で指定しているので、1000点の優先順位です。しかし、次のように!important宣言を記述すると、こちらの指定が優先されます。

CSS
```
h3{ color: orange !important; }
```

プロパティの優先

優先順位が低くても、プロパティが重複しないときはそのスタイルは適用されます。次のHTMLがあります。

HTML

```
<h4>プロパティの優先</h4>
```

あとに記述しているCSSが優先されるので、2つ目のcolorプロパティが適用されます。しかし、font-styleプロパティは1つ目のセレクタにしかないので、このスタイルも適用されます。

CSS

```
h4{ color: blue; font-style: italic; }
h4{ color: purple; }
```

プロパティの優先

1つ目のセレクタで指定したfont-styleプロパティの斜体、2つ目のセレクタで指定した紫のスタイルが適用されました。

組み込み方法の優先

CSSは、組み込み方法によっても優先順位が違います。スタイルシートファイルを読み込んだときよりも、head要素内にstyle要素で記述したときのほうが優先されます。style属性で要素に記述した場合は、さらに優先されます。

ベンダープレフィックス

CSS3には正式勧告される前の機能があります。ブラウザによっては、正式勧告前の機能を先行して実装しているものもあります。また、ブラウザ独自の機能を実装しているケースもあります。これらのような機能を使用するときに、明示的に付ける接頭辞をベンダープレフィックスといいます。

たとえば、Internet Explorer 10以上でグリッドレイアウト（P.460）を使用するときは、Internet Explorerのベンダープレフィックスである「-ms-」を使用し、「display: -ms-grid」のように記述します。

ベンダープレフィックスの種類

ベンダープレフィックス	ブラウザ
-webkit-	Chrome、Safari、Opera ※Operaは元は「-o-」でしたが、現在では「-webkit-」になっている
-moz-	Firefox
-ms-	Internet Explorer、Microsoft Edge

使用できるブラウザ

ブラウザは常にバージョンアップを繰り返しているのでの、ベンダープレフィックスを外しても動作するようになる機能もあります。使用するときには、対象のブラウザがベンダープレフィックスが必要かどうかを確認してください。

「Can I use...」（https://caniuse.com/）では、ブラウザがどのプロパティに対応しているかを調べることができます。

▲「Can I use...」のCSS Grid Layoutのページ

CSS ▶ 02 ▶ 01_universal

全称セレクタ

すべての要素を指定する

`* { ～ }`

全称セレクタは、*（アスタリスク）を記述することですべての要素を指定するセレクタです。対象にはhtml要素とbody要素も含まれます。全称セレクタは、ユニバーサルセレクタとも呼ばれます。

▶ 使用例

*ですべての要素を指定し、文字色を変えています。指定にはbody要素も含まれているので、マークアップされていない最後のテキストも色が変わっているのがわかります。

CSS

```css
*{
    color: blue;
}
```

HTML

```html
<body>
    <h1>吾輩は猫である。</h1>
    <h2>夏目漱石</h2>
    <p>吾輩は猫である。名前はまだ無い。</p>
    どこで生れたかとんと見当がつかぬ。何でも薄暗いじめじめした所でニャーニャー泣いて
いた事だけは記憶している。
</body>
```

吾輩は猫である。

夏目漱石

吾輩は猫である。名前はまだ無い。

どこで生れたかとんと見当がつかぬ。何でも薄暗いじめじめした所でニャーニャー泣いていた事だけは記憶している。

> body要素にも指定されているので、p要素などに囲まれていないテキストにもスタイルが適用されています。

▲実行結果

基礎
セレクタ
文字
境界・余白
背景
ボックス
テーブル
表示
段組み
変形
アニメーション
フレキシブルボックス
グリッドレイアウト

207

要素型セレクタ

特定の要素を指定する

要素名 { ～ }

要素型セレクタは、「h1」や「p」のような要素名でスタイルを適用するための要素を指定するセレクタです。HTML文書内のすべての指定した要素が対象となります。要素型セレクタは、タイプセレクタとも呼ばれます。

使用例

h1要素とp要素にスタイルを指定し、文字色を変えています。p要素は2つありますが、両方の要素とも色が変わっています。

```css
h1{
    color: red;
}
p{
    color: blue;
}
```

```html
<body>
    <h1>吾輩は猫である。</h1>
    <p>吾輩は猫である。名前はまだ無い。</p>
    <p>どこで生れたかとんと見当がつかぬ。何でも薄暗いじめじめした所でニャーニャー泣いていた事だけは記憶している。</p>
</body>
```

吾輩は猫である。

吾輩は猫である。名前はまだ無い。

どこで生れたかとんと見当がつかぬ。何でも薄暗いじめじめした所でニャーニャー泣いていた事だけは記憶している。

▲実行結果

CSS ▶ 02 ▶ 03_descendant

子孫セレクタ

子孫要素を指定する

要素名A 要素名B { ~ }
要素名A 要素名B 要素名C { ~ }

子孫セレクタは、指定の要素内の子・孫の要素を指定するセレクタです。親と子孫の要素名を半角スペースで区切って記述します。複数の要素名を半角スペースで繋げることで、さらに子・孫の要素を絞り込むことが可能です。

▶ 使用例

要素型セレクタでh1要素の文字サイズを指定した後に、子孫セレクタ header h1{ ~ } で、header要素内のh1要素だけ文字の色を指定しています。p要素も同様に子孫セレクタでフォントの太さ、スタイルを指定しています。

CSS

```css
h1{
    font-size: 24px;
}
header h1{
    color: blue;
}
p{
    font-size: 12px;
}
header p{
    font-weight: bold;
}
article section p{
    font-style: italic;
}
```

HTML

```html
<article>
  <header>
    <h1>こころ</h1>
    <p>夏目漱石の著書</p>
  </header>
  <section>
    <h1>上　先生と私</h1>
    <p>私はその人を常に先生と呼んでいた。だからここでもただ先生と書くだけで本名は打ち明けない。</p>
  </section>
</article>
```

▲実行結果

CSS ▶ 02 ▶ 04_child

子セレクタ

子要素を指定する

要素名A > 要素名B { ～ }

子セレクタは、指定した要素内の子の要素を指定するセレクタです。親と子の要素名を半角の>（大なり）で結合します。

使用例

子セレクタを使い、article要素の子要素であるp要素の文字色を指定しています。header要素内のp要素はarticle要素の孫要素になるため、指定されません。

```css
article > p{
    color: blue;
}
```

```html
<article>
  <header>
    <h1>吾輩は猫である</h1>
    <p>夏目漱石の著書</p>
  </header>
  <p>吾輩は猫である。名前はまだ無い。どこで生れたかとんと見当がつかぬ。</p>
</article>
```

吾輩は猫である

夏目漱石の著書

吾輩は猫である。名前はまだ無い。どこで生れたかとんと見当がつかぬ。

> 子セレクタにより、このp要素だけに青色のスタイルが適用されています。

▲実行結果

CSS ▶ 02 ▶ 05_adjacentsibling

隣接兄弟セレクタ

直後の兄弟要素を指定する

要素名A + 要素名B { ～ }

隣接兄弟セレクタは、指定要素の直後の要素を指定するセレクタです。各要素名を半角の+（プラス）で結合します。隣接兄弟セレクタは、隣接セレクタとも呼ばれます。

使用例

h1要素の直後にある、1つ目のp要素のみ文字色を指定しています。

CSS
```css
h1 + p{
    color: blue;
}
```

HTML
```html
<h1>吾輩は猫である</h1>
<p>夏目漱石の著書</p>
<p>吾輩は猫である。名前はまだ無い。どこで生れたかとんと見当がつかぬ。</p>
```

吾輩は猫である

夏目漱石の著書 ◀ h1要素に隣接しているp要素だけに、青色のスタイルが適用されています。

吾輩は猫である。名前はまだ無い。どこで生れたかとんと見当がつかぬ。

▲実行結果

CSS ▶ 02 ▶ 06_generalsibling

一般兄弟セレクタ

弟要素を指定する

要素名A ~ 要素名B { ~ }

一般兄弟セレクタは、指定要素以降の要素を指定するセレクタです。各要素名を半角の~（チルダ）で結合します。一般兄弟セレクタは、間接セレクタとも呼ばれます。

使用例

h2要素以降のp要素のみ、文字色を指定しています。1つ目のp要素は、h2要素より先に記述されているので対象になりません。

CSS
```
h2 ~ p{
    color: red;
}
```

HTML
```
<h1>こころ</h1>
<p>『心』は大正三年四月から八月にわたつて東京大阪両朝日へ同時に掲載された小説である。</p>

<h2>上　先生と私</h2>
<p>私はその人を常に先生と呼んでいた。だからここでもただ先生と書くだけで本名は打ち明けない。...</p>

<h2>中　両親と私</h2>
<p>宅へ帰って案外に思ったのは、父の元気がこの前見た時と大して変っていない事であった。...</p>
```

こころ

『心』は大正三年四月から八月にわたつて東京大阪両朝日へ同時に掲載された小説である。

上　先生と私

h2要素に続くp要素だけに、赤色のスタイルが適用されています。

私はその人を常に先生と呼んでいた。だからここでもただ先生と書くだけで本名は打ち明けない。...

中　両親と私

宅へ帰って案外に思ったのは、父の元気がこの前見た時と大して変っていない事であった。...

▲実行結果

CSS ▶ 02 ▶ 07_class

クラスセレクタ

クラス名を持つ要素を指定する

.クラス名 { 〜 }
要素名.クラス名 { 〜 }

クラスセレクタは、要素のclass属性のクラス名により要素を指定するセレクタです。要素名に続けてクラス名を記述することで、特定の要素に対象を絞ることができます。たとえば、h1.titleと記述すると、クラス名にtitleを持つh1要素のみを指定できます。

使用例

クラスセレクタを使ってclass名を指定し、文字色を変更しています。「p.text」のように要素名も含めた場合は、class="text"のp要素のみ文字色が青色になります。

CSS
```
.title{
    color: red;
}
.subtitle{
    color: green;
}
p.text{
    color: blue;
}
```

HTML
```
<h1 class="title">坊っちゃん</h1>
<h2 class="subtitle">夏目漱石</h2>
<p class="text">親譲りの無鉄砲で小供の時から損ばかりしている。</p>
<p class="text">小学校に居る時分学校の二階から飛び降りて一週間ほど腰を抜かした事がある。</p>
<p>なぜそんな無闇をしたと聞く人があるかも知れぬ。</p>
```

坊っちゃん

夏目漱石

親譲りの無鉄砲で小供の時から損ばかりしている。

小学校に居る時分学校の二階から飛び降りて一週間ほど腰を抜かした事がある。

なぜそんな無闇をしたと聞く人があるかも知れぬ。

クラス名が指定されている要素だけに、スタイルが適用されています。

▲実行結果

CSS ▶ 02 ▶ 08_id

IDセレクタ

ID名を持つ要素を指定する

#クラス名 { ～ }
要素名#クラス名 { ～ }

IDセレクタは、要素のid属性のid名により要素を指定するセレクタです。要素名に続けてID名を記述することで、特定の要素に対象を絞ることができます。たとえば、section#mainと記述すると、クラス名にmainを持つsection要素のみを指定できます。

使用例

「#main」と指定したsection要素のみborderのスタイルを適用しています。

```css
#main{
    border: 1px solid black;
}
```

```html
<h1>坊っちゃん</h1>
<section>
  <h1>第一章</h1>
  <p>親譲りの無鉄砲で小供の時から損ばかりしている。...</p>
</section>
<section id="main">
  <h1>第二章</h1>
  <p>ぶうと云って汽船がとまると、艀が岸を離れて、漕ぎ寄せて来た。...</p>
</section>
```

坊っちゃん

第一章

親譲りの無鉄砲で小供の時から損ばかりしている。...

id属性がmainのsection要素のみスタイルが適用されています。

第二章

ぶうと云って汽船がとまると、艀が岸を離れて、漕ぎ寄せて来た。...

▲実行結果

CSS ▶ 02 ▶ 09_attribute01

属性セレクタ① 属性を指定する

特定の属性を持つ要素を指定する

要素名[属性] { ~ }

属性セレクタは、特定の属性名を持つ要素を指定するセレクタです。要素名に続けてブラケット（[ ]）を記述することで対象を絞ることができます。たとえば、a[title]と記述すると、属性名にtitleを持つa要素を指定できます。

使用例

title属性を持つa要素のみ、borderのスタイルを適用します。

CSS
```
a[title]{
    border: 1px solid green;
    color: green;
}
```

HTML
```
<section>
  <h1>走れメロス</h1>
  <p><a href="http://hoge.com" title="太宰 治について">太宰 治について</a></p>
  <p>メロスは激怒した。必ず、かの<a href="http://hoge.com">邪智暴虐の王</a>を除かなければならぬと決意した。</p>
</section>
```

走れメロス

太宰 治について ← title属性を持つa要素にスタイルが適用されています。

メロスは激怒した。必ず、かの邪智暴虐の王を除かなければならぬと決意した。

▲実行結果

属性セレクタ②　属性と属性値を指定する

特定の属性と属性値を持つ要素を指定する

要素名[属性名="属性値"]{ ～ }

要素名[属性名="属性値"]形式の属性セレクタは、特定の属性と属性値を持つ要素を指定するセレクタです。たとえば「input[type="text"]」と記述すると、input type="name" の要素を指定できます。

使用例

target属性に「_blank」を持つa要素のみスタイルを適用しています。

CSS
```
a[target="_blank"]{
    border: 1px solid green;
    padding: 5px;
    color: green;
}
```

HTML
```
<p><a href="/">内部リンク</a></p>
<p><a href="http://hoge.com" target="_blank">外部リンク</a></p>
```

▲実行結果

target属性に「_blank」を持つa要素のみスタイルが適用されています。

CSS ▶ 02 ▶ 11_attribute03

属性セレクタ③　特定の属性値を含む

特定の属性値を含む要素を指定する

要素名[属性名~="属性値"]{ ～ }

要素名[属性名~="属性値"]形式の属性セレクタは、特定の属性値を持つ要素を指定するセレクタです。たとえば、class属性にスペースで区切って複数の属性値を指定した際、その内の1つが含まれていた場合にその要素を指定できます。

使用例

class属性に「bold」を持つp要素のみスタイルを適用しています。

```css
p.green{
    color: green;
}
p[class~="bold"]{
    font-weight: bold;
}
```

```html
<p class="green">走れメロス</p>
<p class="green bold">火の鳥</p>
```

走れメロス

火の鳥 ◀

▲実行結果

class属性に「bold」を持つp要素のみ太字のスタイルが適用されています。

CSS ▶ 02 ▶ l2_attribute04

属性セレクタ④　属性値が指定の文字列ではじまる

属性値が指定の文字列ではじまる要素を指定する

要素名[属性名^="属性値"]{ 〜 }

要素名[属性名^="属性値"]形式の属性セレクタは、属性値が指定の文字列ではじまる（前方一致）の要素を指定するセレクタです。

使用例

class属性が「info」ではじまる、「info」と「information」を持つp要素のみスタイルを適用しています。

```css
p[class^="info"]{
    font-weight: bold;
}
```

```html
<p class="info">2020/01/25 [.info]インフォメーション</p>
<p class="news-info">2020/02/18 [.news-info]インフォメーション</p>
<p class="information">2020/03/15 [.information]インフォメーション</p>
```

2020/01/25 [.info]インフォメーション

2020/02/18 [.news-info]インフォメーション ◀

2020/03/15 [.information]インフォメーション

▲実行結果

class属性が「info」からはじまっていないので、スタイルが適用されていません。

218

CSS ▶ 02 ▶ l3_attribute05

属性セレクタ⑤　属性値が指定の文字列で終わる

属性値が指定の文字列で終わる要素を指定する

要素名[属性名$="属性値"]{ ～ }

要素名[属性名$="属性値"]形式の属性セレクタは、属性値が指定の文字列で終わる
（後方一致）の要素を指定するセレクタです。

使用例

class属性が「info」で終わる、「info」と「news-info」を持つp要素のみスタイ
ルを適用しています。

```css
CSS

p[class$="info"]{
    font-weight: bold;
}
```

```html
HTML

<p class="info">2020/01/25 [.info]インフォメーション</p>
<p class="news-info">2020/02/18 [.news-info]インフォメーション</p>
<p class="information">2020/03/15 [.information]インフォメーション</p>
```

2020/01/25 [.info]インフォメーション

2020/02/18 [.news-info]インフォメーション

2020/03/15 [.information]インフォメーション ◀

▲実行結果

> class属性が「info」で終わっていない
> ので、スタイルが適用されていません。

CSS ▶ 02 ▶ I4_attribute06

属性セレクタ⑥　属性値が指定の文字列を含む

属性値が指定の文字列を含む要素を指定する

要素名[属性名*="属性値"]{ 〜 }

要素名[属性名*="属性値"]形式の属性セレクタは、属性値が指定の文字列を含む（部分一致）の要素を指定するセレクタです。

使用例

class属性に「info」を含むp要素のみスタイルを適用しています。

```CSS
p[class*="info"]{
    font-weight: bold;
}
```

```HTML
<p class="info">2020/01/25 [.info]インフォメーション</p>
<p class="news-info">2020/02/18 [.news-info]インフォメーション</p>
<p class="information">2020/03/15 [.information]インフォメーション</p>
<p class="news-info-home">2020/03/15 [.news-info-home]インフォメーション
</p>
```

2020/01/25 [.info]インフォメーション

2020/02/18 [.news-info]インフォメーション

2020/03/15 [.information]インフォメーション

2020/03/15 [.news-info-home]インフォメーション

▲実行結果

> すべての要素のclass属性に「info」が含まれているので、スタイルが適用されています。

CSS ▶ 02 ▶ l5_attribute07

属性セレクタ⑦　属性値が指定の文字列でハイフン区切りで始まる

属性値が指定の文字列でハイフン区切りで始まる要素を指定する

要素名[属性名|="属性値"]{ ～ }

要素名[属性名|="属性値"]形式の属性セレクタは、属性値がハイフン（-）区切りになっており、指定の文字列で始まる要素を指定するセレクタです。たとえば、属性[class|="info"]とした場合、class属性が「info」「info-news」「info-home」といった属性値の要素を指定できます。

使用例

class属性がハイフン区切りで、「info」で始まるp要素のみスタイルを適用しています。

```CSS
p[class|="info"]{
    font-weight: bold;
}
```

```HTML
<p class="info">2020/01/25 [.info]インフォメーション</p>
<p class="info-news">2020/02/18 [.info-news]インフォメーション</p>
<p class="info-home">2020/02/19 [.info-home]インフォメーション</p>
<p class="information">2020/03/15 [.information]インフォメーション</p>
```

2020/01/25 [.info]インフォメーション

2020/02/18 [.info-news]インフォメーション

2020/02/19 [.info-home]インフォメーション

2020/03/15 [.information]インフォメーション　◀

▲実行結果

> class属性に、ハイフン区切りの「info」が含まれていないので、スタイルが適用されていません。

CSS ▶ 02 ▶ 16_root

構造疑似クラス　:root

HTMLドキュメントのルートを指定する

:root{ ～ }

:root疑似クラスは、HTMLドキュメントのルートを指定できます。これは「html{ ～ }」のようにhtml属性セレクタを指定した時と同じです。しかし、:root疑似クラスのほうが優先度が高くなっています。

使用例

:root疑似クラスとhtml属性セレクタでborderのスタイルを指定しています。:root疑似クラスで指定した赤色が優先されているのがわかります。

CSS

```
:root{
    border: 1px solid red;
}
html{
    background-color: yellow;
    border: 1px solid blue;
}
```

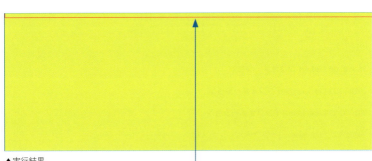

▲実行結果

:root擬似クラスで指定した、赤色のボーダーが表示されています。

CSS ▶ 02 ▶ 17_nth-child

構造疑似クラス　:nth-child(n)

n番目の子要素を指定する

要素名:nth-child(n){ ～ }

:nth-child(n)疑似クラスは、子要素の数をカウントして、n番目の要素を指定します。最初の子要素を指定する場合は、nに1を指定します。また、「odd」「even」で奇数・偶数を指定したり、「n+2」と数式で指定したりすることも可能です。主な指定方法は下記の通りです。

幅	
数値	数値でn番目の子要素を指定する
odd	奇数番目の子要素を指定する（2n+1と同じ）
even	偶数番目の子要素を指定する（2nと同じ）
数式	たとえば3nとすると「3,6,9…番目」、3n+2とすると「2,5,8…番目」の子要素を指定できる

▶ 使用例

CSS　※装飾のスタイルは記載していません。詳しくはサンプルを確認してください。

```
/* 1番目をオレンジ、3番目をピンク */
.sample1 li:nth-child(1){
    background-color: #f5ac0f; /* オレンジ */
}
.sample1 li:nth-child(3){
    background-color: #ff6b83; /* ピンク */
}
/* 奇数番目を緑色、偶数番目を水色 */
.sample2 li:nth-child(odd){
    background-color: #068b71; /* 緑色 */
}
.sample2 li:nth-child(even){
    background-color: #00a5de; /* 水色 */
}
/* 3の倍数を赤色、2つ目から数えて3の倍数を茶色 */
.sample3 li:nth-child(3n){
    background-color: #d8212e; /* 赤色 */
}
.sample3 li:nth-child(3n+2){
    background-color: #a78358; /* 茶色 */
}
```

HTML

```
<section>
  <h1>Sample1</h1>
  <ul class="sample1">
```

続く

223

```html
    <li>1番目のli要素</li>
    <li>2番目のli要素</li>
    <li>3番目のli要素</li>
    <li>4番目のli要素</li>
  </ul>
</section>

<section>
  <h1>Sample2</h1>
  <ul class="sample2">
    <li>1番目のli要素</li>
    <li>2番目のli要素</li>
    <li>3番目のli要素</li>
    <li>4番目のli要素</li>
  </ul>
</section>

<section>
  <h1>Sample3</h1>
  <ul class="sample3">
    <li>1番目のli要素</li>
    <li>2番目のli要素</li>
    <li>3番目のli要素</li>
    <li>4番目のli要素</li>
    <li>5番目のli要素</li>
    <li>6番目のli要素</li>
    <li>7番目のli要素</li>
    <li>8番目のli要素</li>
    <li>9番目のli要素</li>
  </ul>
</section>
```

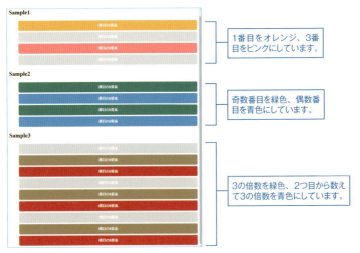

1番目をオレンジ、3番目をピンクにしています。

奇数番目を緑色、偶数番目を青色にしています。

3の倍数を緑色、2つ目から数えて3の倍数を青色にしています。

▲実行結果

CSS ▶ 02 ▶ 18_nth-last-child

構造疑似クラス :nth-last-child(n)

うしろから数えてn番目の子要素を指定する

要素名:nth-last-child(n){ ～ }

:nth-last-child(n)疑似クラスは、うしろから子要素の数をカウントし、n番目の要素を指定します。:nth-child(n)疑似クラスと数え方が逆になるだけで、指定方法は同様です（以下を参照）。

幅	
数値	うしろからn番目の子要素を指定する
odd	うしろ奇数番目の子要素を指定する(2n+1と同じ)
even	うしろから偶数番目の子要素を指定する(2nと同じ)
数式	たとえば「3n」とするとうしろから「3,6,9…番目」、「3n+2」とするとうしろから「2,5,8…番目」を指定できる

使用例

CSS ※装飾のスタイルは記載していません。詳しくはサンプルを確認してください。

```css
/* うしろから数えて、1番目をオレンジ、3番目をピンク */
.sample1 li:nth-last-child(1){
    background-color: #f5ac0f; /* オレンジ */
}
.sample1 li:nth-last-child(3){
    background-color: #ff6b83; /* ピンク */
}
/* うしろから数えて、奇数番目を緑色、偶数番目を水色 */
.sample2 li:nth-last-child(odd){
    background-color: #068b71; /* 緑色 */
}
.sample2 li:nth-last-child(even){
    background-color: #00a5de; /* 水色 */
}
```

HTML

```html
<section>
  <h1>Sample1</h1>
  <ul class="sample1">
    <li>1番目のli要素</li>
    <li>2番目のli要素</li>
    <li>3番目のli要素</li>
    <li>4番目のli要素</li>
  </ul>
```

続く

```
    </section>
    <section>
      <h1>Sample2</h1>
      <ul class="sample2">
        <li>1番目のli要素</li>
        <li>2番目のli要素</li>
        <li>3番目のli要素</li>
        <li>4番目のli要素</li>
      </ul>
    </section>
```

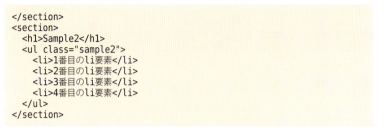

うしろから数えて、1番目をオレンジ、3番目をピンクにしています。

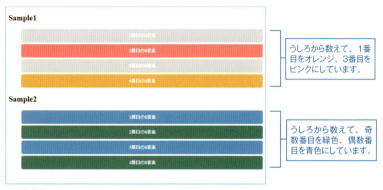

うしろから数えて、奇数番目を緑色、偶数番目を青色にしています。

▲実行結果

CSS ▶ 02 ▶ 19_nth-of-type

構造疑似クラス :nth-of-type(n)

同じ要素のみをカウントして、n番目の子要素を指定する

要素名:nth-of-type(n){ 〜 }

:nth-of-type(n)疑似クラスは、同じ要素のみをカウントして、n番目の要素を指定します。:nth-child(n)疑似クラスと似ていますが、以下のサンプルを確認して違いを把握してください。主な指定方法は以下の通りです。

幅	
数値	同じ要素のみの子要素を、数値でn番目と指定する
odd	同じ要素のみの子要素を、奇数番目で指定する(2n+1と同じ)
even	同じ要素のみの子要素を、偶数番目で指定する(2nと同じ)
数式	たとえば「3n」とすると「3,6,9…番目」、「3n+2」とすると「2,5,8…番目」のように、同じ要素のみの子要素を指定できる

使用例

「p:nth-of-type(4)」と記述した場合、h2要素とh3要素はカウントされず、section要素内のp要素だけをカウントして指定することができます。

CSS ※装飾のスタイルは記載していません。詳しくはサンプルを確認してください。

```css
.section1 p:nth-of-type(4){
    background-color: #00a5de; /* 水色 */
}
```

HTML

```html
<section class="section1">
  <h2>:nth-of-type(n)の場合</h2>
  <p>1番目のp要素</p>
  <p>2番目のp要素</p>
  <h3>小見出し</h3>
  <p>3番目のp要素</p>
  <p>4番目のp要素</p>
</section>
```

:nth-of-type(n)の場合

▲実行結果

もし :nth-child疑似クラスを使い、p:nth-child(4)と記述して赤色に指定しようとしてもできません。これは、section要素の4番目の要素はh3であり、p要素ではないからです。

CSS　※装飾のスタイルは記載していません。詳しくはサンプルを確認してください。

```
.section2 p:nth-child(4){
    background-color: #00a5de; /* 水色 */
}
```

HTML

```
<section class="section2">
  <h2>:nth-child(n)の場合</h2>
  <p>1番目のp要素</p>
  <p>2番目のp要素</p>
  <h3>小見出し</h3>
  <p>3番目のp要素</p>
  <p>4番目のp要素</p>
</section>
```

:nth-of-type(n)の場合

小見出し

▲実行結果

CSS ▶ 02 ▶ 20_first-child

構造疑似クラス　:first-child

最初の子要素を指定する

要素名:first-child{ ～ }

:first-child疑似クラスは、最初に現れる子要素にスタイルが適用されます。

▶ 使用例

次のCSSのように:first-childを組み合わせることで、さまざまな指定をすることができます。

CSS ※装飾のスタイルは記載していません。詳しくはサンプルを確認してください。

```css
/* 最初のul要素のみを指定 */
ul:first-child{
    border:1px solid red;
}
/* 最初のul要素のli要素を指定 */
ul:first-child li{
    background-color: #00a5de; /* 水色 */
}
/* 各ul要素の中の最初のli要素のみを指定 */
ul li:first-child{
    font-size: 24px;
}
```

HTML

```html
<ul>
    <li>最初のul要素の1番目のli要素</li>
    <li>最初のul要素の2番目のli要素</li>
    <li>最初のul要素の3番目のli要素</li>
</ul>
<ul>
    <li>2つ目のul要素の1番目のli要素</li>
    <li>2つ目のul要素の2番目のli要素</li>
    <li>2つ目のul要素の3番目のli要素</li>
</ul>
```

▲実行結果

229

CSS ▶ 02 ▶ 21_last-child

構造疑似クラス :last-child

最後の子要素を指定する

要素名:last-child{ 〜 }

:last-child疑似クラスは、:first-child疑似クラスとは逆に最後に現れる子要素を指定します。

使用例

ul要素の中の最後のli要素のみを指定しています。

CSS ※装飾のスタイルは記載していません。詳しくはサンプルを確認してください。

```css
ul li:last-child{
    background-color: #00a5de; /* 水色 */
}
```

HTML

```html
<ul>
  <li>1番目のli要素</li>
  <li>2番目のli要素</li>
  <li>3番目のli要素</li>
</ul>
```

▲実行結果

CSS ▶ 02 ▶ 22_first-of-type

構造疑似クラス :first-of-type

同じ要素のみをカウントして、最初の子要素を指定する

要素名:first-of-type{ ~ }

:first-of-type疑似クラスは、同じ要素のみをカウントして最初に現れる子要素を指定します。:first-child疑似クラスと似ていますが、以下のサンプルを確認して違いを把握してください。

使用例

:first-of-type疑似クラスではh2要素はカウントされず、section要素内のp要素だけをカウントして指定できます。

CSS ※装飾のスタイルは記載していません。詳しくはサンプルを確認してください。

```
.section1 p:first-of-type{
    background-color: #00a5de; /* 水色 */
}
```

HTML

```
<section class="section1">
  <h2>:first-of-typeの場合</h2>
  <p>1番目のp要素</p>
  <p>2番目のp要素</p>
</section>
```

:first-of-typeの場合

1番目のp要素

▲実行結果

section要素の中の1つ目のp要素に対し、:first-child疑似クラスを使って太字のスタイルを指定しようとしてもできません。section要素の最初の要素はh2だからです。

CSS ※装飾のスタイルは記載していません。詳しくはサンプルを確認してください。

```
.section2 p:first-child{
    background-color: #00a5de; /* 水色 */
}
```

231

HTML

```html
<section class="section2">
  <h2>:first-childの場合</h2>
  <p>1番目のp要素</p>
  <p>2番目のp要素</p>
</section>
```

:first-childの場合

▲実行結果

CSS ▶ 02 ▶ 23_last-of-type

構造疑似クラス :last-of-type

同じ要素のみをカウントして、最後の子要素を指定する

要素名:last-of-type{ ～ }

:last-of-type疑似クラスは、同じ要素のみをカウントして最後に現れる子要素を指定します。:first-of-type疑似クラスが最初の要素だったのに対して、:last-of-type疑似クラスは最後の要素を指定します。

使用例

:last-of-type疑似クラスではsmall要素はカウントされず、section要素内のp要素だけをカウントして指定できます。

CSS ※装飾のスタイルは記載していません。詳しくはサンプルを確認してください。

```css
.section1 p:last-of-type{
    background-color: #00a5de; /* 水色 */
}
```

```
HTML
<section class="section1">
  <h2>:last-of-typeの場合</h2>
  <p>1番目のp要素</p>
  <p>2番目のp要素</p>
  <small>Copyrights All Reserved.</small>
</section>
```

:last-of-typeの場合

2番目のp要素

Copyrights All Reserved.

▲実行結果

section要素の中の最後のp要素に対し、:last-child疑似クラスで太字のスタイル指定しようとしてもできません。section要素の最後の要素はsmallだからです。

```
CSS      ※装飾のスタイルは記載していません。詳しくはサンプルを確認してください。
.section2 p:last-child{
    background-color: #00a5de; /* 水色 */
}
```

```
HTML
<section class="section2">
  <h2>:last-childの場合</h2>
  <p>1番目のp要素</p>
  <p>2番目のp要素</p>
  <small>Copyrights All Reserved.</small>
</section>
```

:last-childの場合

Copyrights All Reserved.

▲実行結果

CSS ▶ 02 ▶ 24_only-child

構造疑似クラス　:only-child

子要素が1つだけの時に指定する

要素名:only-child{ ～ }

:only-child疑似クラスは、セレクタで指定した子要素が1つだけの時にスタイルが適用されます。

使用例

1つ目のp要素の中には、strong要素が1つだけなので文字色が緑のスタイルが適用されます。2つ目のp要素にはstrong要素が2つあるので適用されません。

CSS
```
p strong:only-child{
    color: green;
}
```

HTML
```
<p><strong>所謂社会主義</strong>の世の中になるのは、それは当り前の事と思わなければならぬ。</p>
<p><strong>民主々義</strong>とは云っても、それは<strong>社会民主々義</strong>の事であって、昔の思想と違っている事を知らなければならぬ。</p>
```

所謂社会主義の世の中になるのは、それは当り前の事と思わなければならぬ。

民主々義とは云っても、それは**社会民主々義**の事であって、昔の思想と違っている事を知らなければならぬ。

▲実行結果

CSS ▶ 02 ▶ 25_only-of-type

構造疑似クラス :only-of-type

要素の種類に関係なく、指定した子要素が1つだけの時に指定する

要素名:only-of-type{ ～ }

:only-of-type疑似クラスは、セレクタで指定した子要素が、要素の種類に関係なく1つだけの時にスタイルが適用されます。:only-child疑似クラスと似ていますが、以下のサンプルを確認して違いを把握してください。

使用例

:only-of-type疑似クラスでh2要素を指定します。section要素の中には、h2は1つだけなのでスタイルが適用されます。

CSS

```
.section1 h2:only-of-type {
    background-color: #00a5de; /* 水色 */
    color: #fff;
}
```

HTML

```
<section class="section1">
  <h1>:only-of-typeの場合 (h1要素)</h1>
  <h2>h2要素のテキスト</h2>
  <p>ここがp要素のテキストです。</p>
</section>
```

:only-of-typeの場合 (h1要素)

h2要素のテキスト

ここがp要素のテキストです。

▲実行結果

:only-child疑似クラスを使い、h2要素に赤字のスタイルを適用しようとしてもできません。section要素の中に他の子要素もあるためです。

基礎
セレクタ
文字
境界・余白
背景
ボックス
テーブル
表示
段組み
変形
アニメーション
フレキシブルボックス
グリッドレイアウト

CSS

```css
.section2 h2:only-child {
    background-color: #00a5de; /* 水色 */
    color: #fff;
}
```

HTML

```html
<section class="section2">
  <h1>:only-childの場合 (h1要素)</h1>
  <h2>h2要素のテキスト</h2>
  <p>ここがp要素のテキストです。</p>
</section>
```

:only-childの場合 (h1要素)

h2要素のテキスト

ここがp要素のテキストです。

▲実行結果

📁 CSS ▶ 02 ▶ 26_empty

構造疑似クラス　:empty

空の要素を指定する

要素名:empty{ 〜 }

:empty疑似クラスは、指定した要素が空の時にスタイルが適用されます。

使用例

table要素で作られた表で、空のtd要素だけ背景色を付けています。

CSS

```css
td{
    border: 1px solid black;
}
td:empty{
    background-color: gray;
}
```

```html
<table>
  <tr>
    <td>30</td>
    <td>40</td>
    <td>50</td>
  </tr>
  <tr>
    <td>30</td>
    <td></td>
    <td></td>
  </tr>
  <tr>
    <td>30</td>
    <td>40</td>
    <td>50</td>
  </tr>
</table>
```

▲実行結果

リンク疑似クラス　:link

リンク先が未訪問の時にスタイルを適用する

a:link{ ~ }

:linkリンク疑似クラスはa要素で使います。リンク先が未訪問だった時にスタイルが適用されます。

使用例

未訪問の1つ目のa要素のリンクのみ、スタイルが適用されて赤字になっています。2つ目のGoogleへのリンクは訪問済みです。

```css
a:link{
    color: red;
}
```

```html
<p><a href="http://hoge.co.jp">HOGE</a></p>
<p><a href="http://google.co.jp">Google</a></p>
```

HOGE ← 1つ目のリンク先のURLは未訪問なので、スタイルが適用されます。

Google

▲実行結果

CSS ▶ 02 ▶ 28_visited

リンク疑似クラス　:visited

リンク先が訪問済みの時にスタイルを適用する

`a:visited{ ~ }`

:visitedリンク疑似クラスはa要素で使います。リンク先が訪問済みだった時にスタイルが適用されます。

使用例

訪問済みの2つ目のa要素のリンクのみ、スタイルが適用されて文字がグレー赤字になっています。1つ目のリンクは未訪問です。

```css
a:visited{
    color: gray;
}
```

```html
<p><a href="http://hoge.co.jp">HOGE</a></p>
<p><a href="http://google.co.jp">Google</a></p>
```

HOGE

Google ← 2つ目のリンクのURLは訪問済みなので、スタイルが適用されます。

▲実行結果

CSS ▶ 02 ▶ 29_hover

ユーザーアクション疑似クラス　:hover

カーソルが乗っている要素にスタイルを適用する

:hover{ ～ }

:hoverユーザーアクション疑似クラスは、カーソルが指定した要素の上に乗った時にスタイルが適用されます。a要素以外の要素でも指定することが可能です。

使用例

a要素に:hoverユーザーアクション疑似クラスを指定しているので、マウスが上に乗った時にスタイルが適用されています。

CSS
```css
a:hover{
    color: white;
    background-color: blue;
}
```

HTML
```html
<h1>ヴィヨンの妻</h1>
<h2><a href="http://example.com">太宰治</a>の著書</h2>
<p>あわただしく、玄関をあける音が聞えて、私はその音で、眼をさましましたが...</p>
```

ヴィヨンの妻

太宰治の著書

あわただしく、玄関をあける音が聞えて、私はその音で、眼をさましましたが...

カーソルをa要素の上に載せると、スタイルが適用されます。

▲実行結果

CSS ▶ 02 ▶ 30_active

ユーザーアクション疑似クラス　:active

要素がアクティブになった時にスタイルを適用する

:active{ ~ }

:activeユーザーアクション疑似クラスは、指定した要素がアクティブになった時にスタイルが適用されます。アクティブの状態とは、たとえばマウスを使用する場合ではボタンを押し下げた状態です。

使用例

a要素に:activeユーザーアクション疑似クラスを指定しているので、クリックされた時にスタイルが適用されています。

CSS
```css
a:active{
    color: white;
    background-color: yellow;
}
```

HTML
```html
<h1>ヴィヨンの妻</h1>
<h2><a href="http://example.com">太宰治</a>の著書</h2>
<p>あわただしく、玄関をあける音が聞えて、私はその音で、眼をさましましたが...</p>
```

クリックしている間、スタイルが適用されます。

▲実行結果

CSS ▶ 02 ▶ 31_focus

ユーザーアクション疑似クラス :focus

要素がフォーカスされている時にスタイルを適用する

:focus{ ～ }

:focusユーザーアクション疑似クラスは、指定した要素がフォーカスになった時にスタイルが適用されます。フォーカスとは、たとえばフォームで入力中の状態です。

使用例

CSS

```css
input:focus{
    background-color: yellow;
}
```

HTML

```html
<form>
    <p>お名前: <input type="text" name="name"></p>
    <p><input type="submit" value="送信"></p>
</form>
```

● フォーカスしていない状態

お名前:

送信

▲実行結果

● フォーカス時

お名前:

送信

▲実行結果

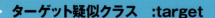

CSS ▶ 02 ▶ 32_target

ターゲット疑似クラス　:target

アンカーリンクのターゲット先の要素にスタイルを適用する

:target{ ～ }

:targetユーザーアクション疑似クラスは、アンカーリンクのターゲット先の要素にスタイルが適用されます。たとえば、a要素のhref属性が「#news」のようにアンカーリンクになっていた時、クリックをするとURLが「http://example.com/#news」のようになります。この時、id属性が「news」となっている要素にスタイルが適用されます。

使用例

CSS
```
section:target{
    border: 1px solid red;
}
```

HTML
```
<p><a href="#news">NEWSへのリンク</a></p>

<section id="news">
    <h1>ニュース</h1>
    <ul>
        <li>ニュースのテキスト</li>
        <li>ニュースのテキスト</li>
        <li>ニュースのテキスト</li>
    </ul>
</section>
```

「NEWSへのリンク」をクリックする前（左）。この時のURLは「http://example.com」となっています。「NEWSへのリンク」をクリックして、URLは「http://example.com/#news」となると、section要素に:targetユーザーアクション疑似クラスが適用されます（右）。

▲実行結果

CSS ▶ 02 ▶ 33_lang

言語情報疑似クラス :lang

特定の言語が指定された要素にスタイルを適用する

要素名:lang(言語コード){ ～ }

:lang言語情報疑似クラスは、特定の言語が指定された要素にスタイルが適用されます。要素に言語を指定するには、lang属性に日本語なら「ja」、英語なら「en」のように言語コードを属性値として指定します。

使用例

CSS
```css
p:lang(en){
  font-weight: bold;
}
```

HTML
```html
<p lang="ja">こんにちは</p>
<p lang="en">Hello</p>
```

こんにちは

Hello

▲実行結果

言語コードが一致しているので、太字のスタイルが適用されています。

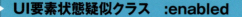

CSS ▶ 02 ▶ 34_enabled

UI要素状態疑似クラス　:enabled

有効になっている要素にスタイルを適用する

要素名:enabled{ ～ }

:enabled UI要素状態疑似クラスは、フォーム関連で有効状態になっている要素にスタイルが適用されます。有効、無効を明示的に示すにはenabled、disabled属性で指定します

使用例

disabled属性で無効になっていない要素に青色ボーダーのスタイルが適用されます。

CSS
```css
input:enabled{
    border: 1px solid blue;
}
```

HTML
```html
<form>
    <p>お名前: <input type="text" name="name"></p>
    <p>Eメール: <input type="email" name="email" disabled></p>
    <p><input type="submit" value="送信"></p>
</form>
```

▲実行結果

enabledのinput要素に青色ボーダーのスタイルが適用されています。

CSS ▶ 02 ▶ 35_disabled

UI要素状態疑似クラス　:disabled

無効になっている要素にスタイルを適用する

要素名:disabled{ ～ }

:disabled UI要素状態疑似クラスは、フォーム関連で無効状態になっている要素にスタイルが適用されます。有効、無効を明示的に示すにはenabled、disabled属性で指定します

使用例

disabled属性で無効になっている要素にスタイルが適用されます。

CSS
```css
input:disabled{
  border: 1px solid red;
  background-color: gray;
}
```

HTML
```html
<form>
    <p>お名前: <input type="text" name="name"></p>
    <p>Eメール: <input type="email" name="email" disabled></p>
    <p><input type="submit" value="送信"></p>
</form>
```

▲実行結果

disabledのinput要素にスタイルが適用されています。

CSS ▶ 02 ▶ 36_checked

UI要素状態疑似クラス　:checked

チェックされている要素にスタイルを適用する

要素名:checked{ 〜 }

:checked UI要素状態疑似クラスは、input要素のtype属性が「checkbox」「radio」で、チェックされている時にスタイルが適用されます。

使用例

チェックボックスとラジオボタンのinput要素でチェックされるとスタイルが適用されます。

```css
input[type="radio"]:checked {
  outline: 3px solid red;
}
input[type="checkbox"]:checked {
  outline: 3px solid blue;
}
```

```html
<ul>
  <li>
    <label>100円: <input type="radio" name="price" value="100"></label>
  </li>
  <li>
    <label>200円: <input type="radio" name="price" value="200"></label>
  </li>
</ul>
<ul>
  <li>
    <label>片面: <input type="checkbox" name="option" value="片面"></label>
  </li>
  <li>
    <label>両面: <input type="checkbox" name="option" value="両面"></label>
  </li>
</ul>
```

- 100円: ◉ ◀
- 200円: ○

- 片面: ☑ ◀
- 両面: ☐

選択をするとスタイルが適用されます。

▲実行結果

246

CSS ▶ 02 ▶ 37_first-line

疑似要素　::first-line

要素の1行目にスタイルを適用する

要素名::first-line{ ～ }

::first-line疑似要素は、指定した要素の1行目のみにスタイルが適用されます。ブロックボックスに分類される要素のみに有効です。疑似要素ではコロン (:) を「::first-line」のように2つ記述しますが、1つでも適用されます。

使用例

CSS

```css
p::first-line{
  font-weight: bold;
}
```

HTML

```html
<p>
    吾輩は猫である。名前はまだ無い。<br>
    どこで生れたかとんと見当がつかぬ。<br>
    何でも薄暗いじめじめした所でニャーニャー泣いていた事だけは記憶している。
</p>
```

吾輩は猫である。名前はまだ無い。
どこで生れたかとんと見当がつかぬ。
何でも薄暗いじめじめした所でニャーニャー泣いていた事だけは記憶している。

▲実行結果

1行目のみ太字のスタイルが適用されています。

基礎

セレクタ

文字

境界・余白

背景

ボックス

テーブル

表示

段組み

変形

アニメーション

フレキシブルボックス

グリッドレイアウト

247

CSS ▶ 02 ▶ 38_first-letter

疑似要素　::first-letter

要素の1文字目にスタイルを適用する

要素名::first-letter{ ～ }

::first-letter疑似要素は、指定した要素の1文字目のみにスタイルが適用されます。ブロックボックスに分類される要素のみに有効です。疑似要素ではコロン（:）を「::first-letter」のように2つ記述しますが、1つでも適用されます。

使用例

CSS

```css
p::first-letter{
  background-color: blue;
  color: white;
  font-size: 24px;
}
```

HTML

```html
<p>
    吾輩は猫である。名前はまだ無い。<br>
    どこで生れたかとんと見当がつかぬ。<br>
    何でも薄暗いじめじめした所でニャーニャー泣いていた事だけは記憶している。
</p>
```

吾輩は猫である。名前はまだ無い。

どこで生れたかとんと見当がつかぬ。

何でも薄暗いじめじめした所でニャーニャー泣いていた事だけは記憶している。

▲実行結果

1文字目にスタイルが
適用されています。

CSS ▶ 02 ▶ 39_before-after

疑似要素　::before／::after

要素の前後にコンテンツを挿入する

```
要素名::before{ ～ }
要素名::after{ ～ }
```

::beforeと::after疑似要素は、指定した要素の前後にコンテンツを挿入することができます。挿入するコンテンツは、contentプロパティで指定します。疑似要素ではコロン（:）を「::before」のように2つ記述しますが、1つでも適用されます。

使用例

::beforeと::after疑似要素を使い、p要素の前後に『』を挿入しています。

```css
CSS
p::before{
  content: '『';
}
p::after{
  content: '』';
}
```

```html
HTML
<p>吾輩は猫である。名前はまだ無い。</p>
```

『吾輩は猫である。名前はまだ無い。』

▲実行結果

要素の前後にコンテンツが挿入されています。

249

CSS ▶ 02 ▶ 40_not

否定疑似クラス　:not

指定条件に当てはまらない要素にスタイルを適用する

要素名:not(指定条件){ ～ }

:not疑似クラスは、条件を指定し、当てはまらない要素にスタイルを適用します。指定する条件は「:not(セレクタ)」の形です。

使用例

▶ サンプル①

li要素に青字のスタイルを適用し、class属性が.menu2のもの以外は太字にしています。

```css
li{
  color: blue;
}
li:not(.menu2){
  font-weight: bold;
}
```

```html
<ul>
    <li class="menu1">メニュー1</li>
    <li class="menu2">メニュー2</li>
    <li class="menu3">メニュー3</li>
</ul>
```

- **メニュー1** ◀
- メニュー2
- **メニュー3** ◀

▲実行結果

class="menu2"以外の要素に
スタイルが適用されています。

250

▶ サンプル②

type属性がemailではないinput要素にスタイルを適用しています。

```
CSS
input:not([type="email"]){
    background-color: yellow;
}
```

```
HTML
<p>
    <input type="text" value="お名前">
</p>
<p>
    <input type="email" value="Eメール">
</p>
```

お名前 ◀

Eメール

▲実行結果

type="email"以外の要素に
スタイルが適用されています。

CSS ▶ 03 ▶ 01_color

colorプロパティ

テキストの色を指定する

{ color: 色; }

colorプロパティはテキストの色を指定します。

指定できる値

色	
カラー	キーワード、またはカラーコードを指定

使用例

CSS

```
span.green{
    color: #068b71;
}
```

HTML

```
<p>子供の時の愛読書は「<span class="green">西遊記</span>」が第一である。</p>
```

子供の時の愛読書は「西遊記」が第一である。

▲実行結果

colorプロパティで指定したテキストの色が変わっています。

CSS ▶ 03 ▶ 02_font-style

font-styleプロパティ

フォントのスタイルを指定する

{ font-style: スタイル; }

font-styleプロパティは、フォントのスタイルを指定することができます。スタイルには、標準・イタリック・斜体の3種類があります。指定したフォントにスタイルが用意されてない場合には、フォントが傾いて表示されます。oblique指定は、多くの日本語フォントには用意されていないので、主に海外フォントで使用します。

指定できる値

スタイル	
normal	標準のフォントにする
italic	イタリック(続け書き書体)のフォントにする
oblique	斜体のフォントにする

使用例

CSS

```css
.italic{
    font-style: italic;
}
.normal{
    font-style: normal;
}
```

HTML

```html
<p class="italic">イタリックのフォントにします。</p>
<p><i class="normal">&lt;i&gt;タグはデフォルトでは斜体なのでnormalにしています。</i></p>
```

イタリックのフォントにします。

<i>タグはデフォルトでは斜体なのでnormalにしています。 ◀

▲実行結果

i要素の斜体を標準のスタイルにしています。

253

font-variantプロパティ

フォントをスモールキャップスに指定する

{ font-variant: スモールキャップス; }

font-variantプロパティは、フォントのスモールキャップスを指定することができます。スモールキャップスとは、小文字のアルファベットを、大文字を縮小したような形にするものです。日本語フォントには効果がありません。

指定できる値

スモールキャップス	
normal (初期値)	標準の形で表示する
small-caps	スモールキャップスで表示する

使用例

CSS
```
.small-caps{
    font-variant: small-caps;
}
```

HTML
```
<h1 class="small-caps">Html5 & Css3</h1>
```

▲実行結果

小文字がスモールキャップスで表示されます。

CSS ▶ 03 ▶ 04_font-weight

font-weightプロパティ

フォントの太さを指定する

{ font-weight: 太さ; }

font-weightプロパティは、フォントの太さを指定することができます。指定できる値にはキーワードと数値の2通りがあります。

指定できる値

太さ	
数値	100、200、300、400、500、600、700、800、900の9段階で指定。数値が大きくなるほど太くなる
normal（初期値）	標準の太さ。数値で400を指定したときと同じ
bold	太字に指定。数値で700を指定したときと同じ
lighter	現在より1段階（数値で100）だけ細くする
bolder	現在より1段階（数値で100）だけ太くする

使用例

CSS
```
.bold{
    font-weight: bold;
}
```

HTML
```
<p>宮沢 賢治の「<span class="bold">春と修羅</span>」は生前刊行された唯一の詩集です。</p>
```

宮沢 賢治の「**春と修羅**」は生前刊行された唯一の詩集です。

太字で表示されます。

▲実行結果

255

CSS ▶ 03 ▶ 05_font-size

font-sizeプロパティ

フォントのサイズを指定する

{ font-size: サイズ; }

font-sizeプロパティは、フォントのサイズを指定することができます。サイズには「絶対サイズ」「相対サイズ」「数値と単位」「パーセント」の指定方法があります。

指定できる値

絶対サイズ	
xx-small	mediumより3段階小さいサイズで表示する
x-small	mediumより2段階小さいサイズで表示する
small	mediumより1段階小さいサイズで表示する
medium	ブラウザの標準フォントサイズで表示する
large	mediumより1段階大きいサイズで表示する
x-large	mediumより2段階大きいサイズで表示する
xx-large	mediumより3段階大きいサイズで表示する

相対サイズ	
smaller	親要素より1段階小さいサイズで表示する
larger	親要素より1段階大きいサイズで表示する

数値と単位	
px	「14px」のように指定
em	「1.2em」のように指定（現在使用中の標準フォントの高さを1とする単位）
ex	「1.2ex」のように指定（現在使用中の標準フォントの、小文字の「x」の高さを1とする単位）
rem	「1.2rem」のように指定。html（ルート）要素で使用するフォントサイズに対する相対的なサイズ
vw	ビューポートの幅（ブラウザの横幅）に対する割合で指定。ブラウザの横幅全体は100vwなので、1/10のサイズなら10vw
vh	ビューポートの高さ（ブラウザの縦幅）に対する割合で指定。ブラウザの縦幅全体は100vhなので、1/10のサイズなら10vh
vmin	ビューポートの幅と高さのうち、値が小さいほうに対する割合を指定
vmax	ビューポートの幅と高さのうち、値が大きいほうに対する割合を指定

256

パーセント	
%	親要素のフォントサイズに対してパーセントで指定する

使用例

CSS

```css
p{
    font-size: 18px;
}
p span{
    font-size: 200%;
}
```

HTML

```html
<p>
  雨ニモマケズ<br>
  <span>風ニモマケズ</span>
</p>
```

雨ニモマケズ

風ニモマケズ ←

▲実行結果

p要素はフォントサイズを18pxにしています。子要素であるspan要素は200%に指定しているので、18px×200%＝36pxのサイズになっています。

CSS ▶ 03 ▶ 06_line-height

line-heightプロパティ

行の高さを指定する

{ line-height: 高さ; }

line-heightプロパティは、行の高さを指定します。

指定できる値

高さ	
normal（初期値）	フォントサイズによって決まる標準の高さ
数値	数値のみを指定した場合は、フォントサイズとその数値を掛けた値になる。「2」と書いた場合は、「200%」や「2em」と同じ表示
px	「14px」のように指定
em	「1.2em」のように指定（現在使用中の標準フォントの高さを1とする単位）
ex	「1.2ex」のように指定（現在使用中の標準フォントの、小文字の「x」の高さを1とする単位）
%	フォントサイズを基準にパーセントで指定

使用例

CSS

```
p.line-height2{
    line-height: 2;
}
```

HTML

```
<p>
    雨ニモマケズ<br>
    風ニモマケズ<br>
    雪ニモ夏ノ暑サニモマケヌ<br>
</p>
<p class="line-height2">
    丈夫ナカラダヲモチ<br>
    慾ハナク<br>
    決シテ瞋ラズ<br>
    イツモシヅカニワラッテヰル
</p>
```

雨ニモマケズ
風ニモマケズ
雪ニモ夏ノ暑サニモマケヌ

丈夫ナカラダヲモチ
慾ハナク
決シテ瞋ラズ
イツモシヅカニワラッテヰル

> line-heightを数値で指定しています。行の高さが大きくなっています。

▲実行結果

CSS ▶ 03 ▶ 07_font-family

font-familyプロパティ

フォントの種類を指定する

{ font-family: フォント名, 標準フォント; }

font-familyプロパティは、フォントの種類を指定することができます。指定したフォントがユーザーの環境にない場合は標準のフォントが表示されます。もしくは、@font-face規則を使うことにより、フォントをユーザーにダウンロードさせることも可能です。詳しくは「@font-face規則」を参照してください（P.266）。

指定できる値

フォント名	
フォント名	表示するフォント名。複数のフォントを指定する場合はカンマ(,)区切りで指定する。複数指定した場合、ユーザーの環境にある最初のフォントが表示される。フォント名に空白が含まれる場合は、"MS ゴシック"のように「"」や「'」で括る

標準フォント	
sans-serif	Helvetica, Arialなどのひげ飾りが付かないフォント。日本語ではゴシック系フォント
serif	Times, Centuryなどのひげ飾りが付いたフォント。日本語では明朝系フォント
cursive	筆記体・草書体のフォント
fantasy	装飾的、表現的なフォント
monospace	等幅のフォント

259

使用例

CSS

```css
.serif{
    font-family: Georgia, 游明朝, "Yu Mincho", YuMincho, "Hiragino
Mincho ProN", HGS明朝E, メイリオ, Meiryo, serif;
}
```

HTML

```html
<p>
    雨ニモマケズ<br>
    風ニモマケズ<br>
    雪ニモ夏ノ暑サニモマケヌ<br>
</p>
<p class="serif">
    丈夫ナカラダヲモチ<br>
    慾ハナク<br>
    決シテ瞋ラズ<br>
    イツモシヅカニワラッテヰル
</p>
```

雨ニモマケズ
風ニモマケズ
雪ニモ夏ノ暑サニモマケヌ

丈夫ナカラダヲモチ

慾ハナク

決シテ瞋ラズ

イツモシヅカニワラッテヰル

指定したフォントの種類からユーザーの環境にあるフォントを表示しています。ここでは、セリフ体のフォントを指定しています。

▲実行結果

CSS ▶ 03 ▶ 08_font

fontプロパティ

フォント関連のプロパティをまとめて指定する

{ font: -style -variant -weight -size -line-height -family; }

fontプロパティは、font-style、font-variant、font-weight、font-size、line-height、font-familyのプロパティをまとめて設定するためのプロパティです。指定できる値は各プロパティと共通です。それぞれの値はスペースで区切って指定し、次のルールを守る必要があります。

- font-size、font-family
  fontプロパティを使うときは、この2つのプロパティは必須です。font-familyプロパティ値は必ず最後に指定します。

- font-style、font-variant、font-weight
  この3つのプロパティ値は、font-sizeより前に指定します。

- line-height
  line-heightプロパティは、font-sizeの後に続けてスラッシュ（/）のあとに指定します。

使用例

次の.font1と.font2に指定しているプロパティは同じ値になります。

CSS

```
.font1 {
  font: italic normal bold 24px/1.5 serif;
}

.font2{
  font-style: italic;
  font-variant: normal;
  font-weight: bold;
  font-size: 24px;
  line-height: 1.5;
  font-family: serif;
}
```

HTML

```
<p class="font1">雨ニモマケズ（.font1）</p>
<p class="font2">雨ニモマケズ（.font2）</p>
```

▲実行結果

CSS ▶ 03 ▶ 09_font-stretch

font-stretchプロパティ

フォント幅の拡大・縮小を指定する

{ font-stretch: 拡大・縮小; }

font-stretchプロパティは、フォント幅の拡大・縮小を指定することができます。指定できるキーワードには9段階がありますが、フォントによっては9種類も幅が用意されていないことがあります。その際には他の幅に置き換えられます。

指定できる値

拡大・縮小	
ultra-condensed	フォント幅を最も縮小
extra-condensed	フォント幅をcondensedよりさらに縮小
condensed	フォント幅を縮小
semi-condensed	フォント幅をやや縮小
normal(初期値)	標準のフォント幅を拡大
semi-expanded	フォント幅をやや拡大
expanded	フォント幅を拡大
extra-expanded	フォント幅をexpandedよりさらに拡大
ultra-expanded	フォント幅を最も拡大

使用例

CSS

```css
.ultra-condensed {
    font-stretch: ultra-condensed;
    font-size: 24px;
    font-family: Arial, sans-serif;
}
.ultra-expanded{
    font-stretch: ultra-expanded;
    font-size: 24px;
    font-family: Arial, sans-serif;
}
```

HTML

```html
<p class="ultra-condensed">ultra-condensed ultra-condensed ultra-
condensed ultra-condensed ultra-condensed</p>
<p class="ultra-expanded">ultra-expanded ultra-expanded ultra-
expanded ultra-expanded ultra-expanded</p>
```

ultra-condensed ultra-condensed ultra-condensed ultra-condensed ultra-condensed

ultra-expanded ultra-expanded ultra-expanded ultra-expanded ultra-expanded

font-stretchに異なる値を指定しています。

▲実行結果

CSS ▶ 03 ▶ I0_font-size-adjust

font-size-adjustプロパティ

フォントのサイズを調整する

{ font-size-adjust: サイズ; }

font-size-adjustプロパティは、フォントのサイズを調整するときに使用します。たとえば、font-familyプロパティにより異なるフォントを指定した際に、フォントの種類によってはフォントのサイズに違いがあります。こういった場合を想定して、font-size-adjustプロパティを指定することで違いを吸収することができます。

指定できる値

サイズ	
none（初期値）	フォントサイズを調整しない
数値	「小文字xの高さ÷フォントの高さ」の数値を指定

使用例

1と2の行でフォントの種類が違うため文字サイズが違います。3の行では、font-size-adjustの値を調整して同じ大きさになるように調整しています。

```
CSS
p.font-verdana {
  font-family: Verdana;
}
p.font-times {
  font-family: Times;
}
p.font-adjust-times {
  font-family: Times;
  font-size-adjust: 0.58;
}
```

```
HTML
<p class="font-verdana">1. font-family:Verdana;</p>
<p class="font-times">2. font-family:Times;</p>
<p class="font-adjust-times">3. font-family:Times; font-size-
adjust:0.58;</p>
```

---

1. font-family:Verdana;

2. font-family:Times;

3. font-family:Times; font-size-adjust:0.58;

▲実行結果

CSS ▶ 03 ▶ 11_font-feature-settings

font-feature-settingsプロパティ

OpenTypeフォントの機能を制御する

{ font-feature-settings: 機能タグ; }

font-feature-settingsプロパティは、OpenTypeフォントの機能を制御します。OpenTypeフォントの主要なものには「ヒラギノ角ゴシック体」や「ヒラギノ明朝体」「游ゴシック体」「游明朝体」「Noto Sans CJK JP」などがあります。OpenTypeフォントの指定には機能タグを使います。指定できる機能タグについては次のページで確認できます。

https://docs.microsoft.com/ja-jp/typography/opentype/spec/featurelist

指定できる値

機能タグ	
normal（初期値）	標準の形で表示
機能タグ	OpenTypeフォントの機能タグを引用符（"）で括って指定する。機能タグは常に4文字のASCII文字で、複数指定する場合はカンマ（,）で区切る。機能タグの後に半角スペースを空け、有効にする場合は「1」を、無効にする場合には「0」を指定する（省略時は1）

使用例

CSS

```
p.normal{
    font-size: 24px;
}
p.kerning {
    font-feature-settings: 'palt';
    font-size: 24px;
}
```

HTML

```
<p class="normal">HTMLで日本語の文字詰めができます。</p>
<p class="kerning">HTMLで日本語の文字詰めができます。</p>
```

HTMLで日本語の文字詰めができます。

HTMLで日本語の文字詰めができます。◀ font-feature-settingsを指定したテキストは文字詰めされます。

▲実行結果

265

CSS ▶ 03 ▶ l2_font-face

@font-face規則

Webフォントを利用する

@font-face{ font-family:フォント名; src:フォントのURL フォントの形式; オプション; }

@font-face規則は、Webフォントを利用するときに使います。通常、ユーザーの利用環境にないフォントはブラウザに表示できず、デザイナーの意図とは違うフォントが表示されることがあります。インターネット上のWebフォントを指定することで、ユーザーに同じフォントを表示することができます。
srcプロパティはカンマ区切りで複数指定できます。その際には指定順序を優先に、ユーザーの環境で利用できるフォントを表示します。

指定できる値

フォント名	
フォント名	利用するフォント名

フォントのURL	
url()	「url(フォントのURL)」の形で指定
local()	「local(フォントファミリー名)」の形で、閲覧環境にインストールされているフォントファイルを指定

フォントの形式	
format("woff")	Web Open Font Format(WOFF)フォントを指定
format("woff2")	WOFFより新しいWOFF2のフォントを指定
format("truetype")	TrueTypeフォントを指定
format("opentype")	OpenTypeフォントを指定
format("svg")	SVGフォントを指定
format("embedded-opentype")	Embedded-OpenTypeフォントを指定

オプション	
font-style	フォントのスタイル
font-weight	フォントの太さ
font-stretch	フォントの幅
font-variant	フォントのスモールキャップ
font-feature-settings	OpenTypeフォントの使用
unicode-range	Webフォントの適用範囲

使用例

@font-face規則のfont-familyプロパティでフォント名を指定しています。srcプロパティでは、local()でユーザー環境に指定フォントがあるか調べ、なければurl()でWebフォントを表示します。

CSS

```css
@font-face {
  font-family: 'Noto Sans JP';
  src: local('NotoSansJP'),
       url('https://fonts.gstatic.com/ea/notosansjp/v5/NotoSansJP-
Thin.woff') format('woff');
  font-style: normal;
  font-weight: 100;
}
h1.NotoSansJP{
    font-family: 'Noto Sans JP';
}
```

HTML

```html
<h1>吾輩は猫である。名前はまだ無い。どこで生れたかとんと見当がつかぬ。</h1>
<h1 class="NotoSansJP">吾輩は猫である。名前はまだ無い。どこで生れたかとんと見
当がつかぬ。</h1>
```

**吾輩は猫である。名前はまだ無い。どこで生れたかとんと見当がつか
ぬ。**

吾輩は猫である。名前はまだ無い。どこで生れたかとんと見当がつか
ぬ。

▲実行結果

@font-face規則を指定したほう
はWebフォントが表示されます。

CSS ▶ 03 ▶ l3_font-transform

text-transformプロパティ

テキストを大文字や小文字表示に指定する

{ text-transform: 表示方法; }

text-transformプロパティは、テキストを大文字や小文字表示に指定します。各単語の1文字目を大文字で表示したり、すべてを大文字や小文字で表示することができます。

指定できる値

表示方法	
none（初期値）	表示方法を指定しない
capitalize	単語の1文字目を大文字で表示
uppercase	すべて大文字で表示
lowercase	すべて小文字で表示
full-width	すべて全角で表示

使用例

CSS

```css
.capitalize {
  text-transform: capitalize;
}
.uppercase {
  text-transform: uppercase;
}
```

HTML

```html
<h1 class="capitalize">sherlock holmes</h1>
<h1 class="uppercase">sherlock holmes</h1>
```

Sherlock Holmes

SHERLOCK HOLMES

▲実行結果

CSS ▶ 03 ▶ 14_text-align

text-alignプロパティ

テキストの行揃えの位置を指定する

{ text-align: 行揃え; }

text-alignプロパティは、行揃えの位置を指定します。

指定できる値

行揃え	
start（初期値）	行の開始端に揃える
end	行の終了端に揃える
left	左揃え
right	右揃え
center	中央揃え
justify	最終行を除いて均等割り付け
justify-all	最終行も含めて均等割り付け
match-parent	親要素の値を継承

使用例

```css
p{
    border: 1px solid green;
    font-size: 18px;
}
.center{
    text-align: center;
}
.justify{
    text-align: justify;
}
```

```html
<h1>text-alignの設定なし</h1>
<p class="center">こんなのです。...省略...</p>

<h1>text-align: justify</h1>
<p class="center">こんなのです。...省略...</p>

<h1>text-align: center</h1>
<p class="center">かねた一郎さま　九月十九日...省略...</p>
```

269

text-alignの設定なし

こんなのです。字はまるでへたで、墨もがさがさして指につくくらいでした。けれども一郎はうれしくてうれしくてたまりませんでした。はがきをそっと学校のかばんにしまって、うちじゅうとんだりはねたりしました。

text-align: justify

こんなのです。字はまるでへたで、墨もがさがさして指につくくらいでした。けれども一郎はうれしくてうれしくてたまりませんでした。はがきをそっと学校のかばんにしまって、うちじゅうとんだりはねたりしました。

text-align: justifyは均等割り付けになっています。

text-align: center

かねた一郎さま　九月十九日
あなたは、ごきげんよろしいほで、けっこです。
あした、めんどなさいばんしますから、おいでんなさい。とびどぐもたないでくなさい。
山ねこ　拝

text-align: center は中央揃えになります。

▲実行結果

CSS ▶ 03 ▶ 15_text-align-last

text-align-lastプロパティ

テキストの最終行の揃え位置を指定する

{ text-align-last: 行揃え; }

text-align-lastプロパティは、テキストの最終行の揃え位置を指定します。

指定できる値

行揃え	
auto	text-alignプロパティの値に従う
start	行の開始端に揃える
end	行の終了端に揃える
left	左揃え
right	右揃え
center	中央揃え
justify	均等割り付け

使用例

CSS

```
.justify{
    text-align-last: justify;
}
```

HTML

```
<h1>text-align-last: justify</h1>
<p class="justify">こんなのです。(省略) </p>
```

text-align-last: justify

こんなのです。字はまるでへたで、墨もがさがさして指につくくらいでした。けれども一郎はうれしくてうれしくてたまりませんでした。はがきをそっと学校のかばんにしまって、うちじゅうとんだりはねたりしました。

▲実行結果

text-align-last: justifyの指定は最終行が均等割り付けになります。

CSS ▶ 03 ▶ 16_justify

text-justifyプロパティ

text-align: justifyの形式を指定する

{ text-justify: 形式; }

text-justifyプロパティは、text-alignプロパティの値にjustifyを指定した際の、均等割り付けの形式を指定します。

指定できる値

形式	
auto（初期値）	自動的に適切な値にする
none	調整しない
inter-word	単語の区切り位置（スペース）で間隔を調整。英語などが適する
distribute	単語の区切り位置（スペース）と文字と文字の間で均等に間隔を調整。日本語が適する
inter-ideograph	単語の区切り位置と、ブロックスクリプトの文字と文字の間で間隔を調整。中国語、日本語、韓国語など
inter-cluster	単語の区切り位置と、クラスタスクリプトの文字と文字の間で間隔を調整。タイ語、ラオ語、クメール語、ミャンマー語など
kashida	アラビア語などのスクリプトを引き伸ばして調整。アラビヤ語のカシダや他の筆記体

使用例

CSS

```
p{
    border: 1px solid green;
}
.distribute{
    text-align: justify;
    text-justify: distribute;
}
```

HTML

```
<h1>text-justify: justify</h1>
<p class="distribute">こんなのです。...省略...</p>

<h1>text-justify指定なし</h1>
<p>こんなのです。...省略...</p>
```

text-justify: justify

こんなのです。字はまるでへたで、墨もがさがさして指につくくらいでした。けれども一郎はうれしくてうれしくてたまりませんでした。はがきをそっと学校のかばんにしまって、うちじゅうとんだりはねたりしました。

text-justify指定なし

日本語に適した均等割り付けを指定しています。

こんなのです。字はまるでへたで、墨もがさがさして指につくくらいでした。けれども一郎はうれしくてうれしくてたまりませんでした。はがきをそっと学校のかばんにしまって、うちじゅうとんだりはねたりしました。

▲実行結果

CSS ▶ 03 ▶ 17_text-overflow

text-overflowプロパティ

テキストが表示領域をはみ出したときの表示を指定する

{ text-overflow: 表示方法; }

text-overflowプロパティは、テキストが表示領域をはみ出したときの表示を指定します。テキストを切り取ったり、「…」のような省略記号を表示できます。overflowプロパティ値がhiddenのときに使用します。

指定できる値

表示方法	
clip	表示領域からはみ出たテキストを切り取る
ellipsis	表示領域からはみ出たテキストを切り取り、省略記号を表示する（省略記号は特殊文字の「…」）
文字	任意の文字を省略記号として表示する。文字は引用符("")で括る。この値が有効かどうかはブラウザの対応状況による

使用例

CSS

```
.text-overflow{
    text-overflow: ellipsis;
    overflow: hidden;
    width: 30em;
    white-space: nowrap;
}
```

HTML

```
<p class="text-overflow">こんなのです。字はまるでへたで、墨もがさがさして指に
つくくらいでした。けれども一郎はうれしくてうれしくてたまりませんでした。はがきをそ
っと学校のかばんにしまって、うちじゅうとんだりはねたりしました。</p>
```

こんなのです。字はまるでへたで、墨もがさがさして指につくく...

widthに30emを指定しているので、30文字の長さで省略記号が表示されています。

▲実行結果

CSS ▶ 03 ▶ 18_text-indent

text-indentプロパティ

テキストの1行目の字下げ幅を指定する

{ text-indent: 字下げ幅; }

text-indentプロパティは、テキストの1行目の字下げ幅を指定します。値にはマイナス値を指定することも可能です。

指定できる値

字下げ幅	
数値と単位	字下げ幅を「14px」のように数値と単位を使って指定する
%	行の幅に対する割合を%で指定する
hanging	1行目を除いてそれ以外の行がインデントされる
each-line	1行目だけではなく、強制改行後の次の行はすべて字下げされる。自動改行の場合は字下げされない

使用例

▶ サンプル①　1emを指定

プロパティ値に「1em」を指定すると1文字の扱いになります。

CSS

```css
.indent {
  text-indent: 1em;
}
```

HTML

```html
<p class="indent">わたくしといふ現象は假定された有機交流電燈のひとつの...省略
...</p>
```

> わたくしといふ現象は假定された有機交流電燈のひとつの
> 青い照明です（あらゆる透明な幽霊の複合体）風景やみんな
> といっしょにせはしくせはしく明滅しながらいかにもたしか
> にともりつづける因果交流電燈のひとつの青い照明です（ひ
> かりはたもち、その電燈は失はれ）

最初の1文字が字下げされます

▲実行結果

▶ サンプル②　paddingとの組み合わせ

paddingプロパティと組み合わせることで、注意書きのような最初の※だけを外に出すことができます。

CSS

```css
.notes{
  text-indent: -1em;
  padding-left: 1em;
}
```

HTML

```html
<p class="notes">※注意書きのような表現もpaddingプロパティと組み合わせること
で可能です。</p>
```

> ※注意書きのような表現もpaddingプロパティと組み合わせる
> ことで可能です。

最初の※だけを外に
出すことができます。

▲実行結果

CSS ▶ 03 ▶ 19_letter-spacing

letter-spacingプロパティ

文字の間隔を指定する

{ letter-spacing: 間隔; }

letter-spacingプロパティは文字の間隔を指定します。

指定できる値

間隔	
normal（初期値）	標準の文字の間隔
数値と単位	「14px」のように数値にpxやemやexなどの単位を付けて指定。現在の間隔に、指定した値を新たに追加する。マイナスの値も指定可能

使用例

CSS

```
.title {
  letter-spacing: 0.5em;
}
```

HTML

```
<h1 class="title">春と修羅</h1>
<h1>春と修羅</h1>
```

春 と 修 羅 ◀

春と修羅

▲実行結果

letter-spacing の指定で文字間を広くすることができます。

CSS ▶ 03 ▶ 20_word-spacing

word-spacingプロパティ

単語の間隔を指定する

{ word-spacing: 間隔; }

word-spacingプロパティは、単語と単語の間隔を指定します。単語の判定には半角スペースが目安になります。間隔にはマイナスの値を指定することもできます。

指定できる値

間隔	
normal（初期値）	標準の間隔
数値と単位	「1em」のように数値と単位で間隔を指定

使用例

CSS

```
.word-spacing {
    word-spacing: 1em;
}
```

HTML

```
<p class="word-spacing">Cascading Style Sheets (CSS) is a style sheet
language used for describing the presentation of a document written
in a markup language.</p>
```

word-spacing指定あり

Cascading   Style   Sheets   (CSS)   is   a   style   sheet   language   used   for   describing   the   presenta
written   in   a   markup   language.

word-spacingを指定したほうは単語間が広くなっています。

指定なし

Cascading Style Sheets (CSS) is a style sheet language used for describing the presentation of a document written in a

▲実行結果

CSS ▶ 03 ▶ 21_tab-size

tab-sizeプロパティ

タブ文字の表示幅を指定する

{ tab-size: 表示幅; }

tab-sizeプロパティは、タブ文字の表示幅を指定します。このプロパティは<pre>要素、またはwhite-spaceプロパティの値が「pre」または「pre-wrap」が指定されている場合に使用できます。

指定できる値

表示幅	
数値	「4」のように数値で表示幅を指定

使用例

CSS

```
pre{
    tab-size: 4;
}
```

HTML

```
<pre>
// ウィンドウのスクロールが100pxを超えたらボタン表示する
$(window).scroll(function() {
  if ($(this).scrollTop() > 100) {
    $('#btn').fadeIn();
  } else {
    $('#btn').fadeOut();
  }
});
</pre>
```

```
// ウィンドウのスクロールが100pxを超えたらボタン表示する
$(window).scroll(function() {
    if ($(this).scrollTop() > 100) {
        $('#btn').fadeIn();
    } else {
        $('#btn').fadeOut();
    }
});
```

pre要素内のタブの表示幅が4で表示されます。

▲実行結果

CSS ▶ 03 ▶ 22_white-space

white-spaceプロパティ

要素内のスペース・タブ・改行の表示を指定する

{ white-space: 表示; }

white-spaceプロパティは要素内のスペースなどをどのように表示するかを指定します。

指定できる値

表示	
normal（初期値）	標準の表示
nowrap	標準の表示だが行の折り返しは行わない
pre	半角スペース・タブ・改行をそのまま表示する。要素幅で自動改行されない
pre-wrap	半角スペース・タブ・改行をそのまま表示する。要素幅で自動改行されない
pre-line	改行は表示され半角スペース・タブは表示されない。要素幅で自動改行される

使用例

CSS

```css
.box{
    white-space: nowrap;
    width: 500px;
    border: 1px solid #f5ac0f;
    overflow: hidden;
}
```

HTML

```html
<div class="box">
  <p>ある日の事でございます。御釈迦様は極楽の蓮池のふちを、独りでぶらぶら御歩きに
...省略...</p>
</div>
```

ある日の事でございます。御釈迦様は極楽の蓮池のふちを、独りでぶ

▲実行結果　white-space: nowrapの場合

div要素に、widthとwhite-space: nowrap
が設定されているので折り返しません。
overflow: hiddenを指定しているので、div要
素からはみ出した部分は表示されていません。

基礎　セレクタ　文字　境界・余白　背景　ボックス　テーブル　表示　段組み　変形　アニメーション　フレキシブルボックス　グリッドレイアウト

279

CSS ▶ 01 ▶ 23_word-break

word-breakプロパティ

テキストの改行方法を指定する

{ word-break: 改行方法; }

word-breakプロパティは、テキストの改行方法を指定します。

指定できる値

改行方法	
normal(初期値)	指定しない
break-all	表示範囲に合わせて改行する。単語の途中でも改行する
keep-all	単語の途中では改行せず、単語の切れ目で改行する

使用例

CSS

```
.box{
    word-break: keep-all;
    width: 500px;
    border: 1px solid #f5ac0f;
}
```

HTML

```
<div class="box">
    <p>ある日の事でございます。御釈迦様は極楽の蓮池のふちを、独りでぶらぶら御歩きに
...省略...</p>
</div>
```

ある日の事でございます。御釈迦様は極楽の蓮池のふちを、
独りでぶらぶら御歩きになっていらっしゃいました。池の中に咲いている蓮の花は、
みんな玉のようにまっ白で、そのまん中にある金色の蕊からは、
何とも云えない好い匂が、
絶間なくあたりへ溢れて居ります。極楽は丁度朝なのでございましょう。

> word-break: keep-allが指定されると、単語の途中で改行しないように表示されます。

▲実行結果　word-break: keep-allの場合

ある日の事でございます。御釈迦様は極楽の蓮池のふちを、独りでぶらぶら御歩きになっていらっしゃいました。池の中に咲いている蓮の花は、みんな玉のようにまっ白で、そのまん中にある金色の蕊からは、何とも云えない好い匂が、絶間なくあたりへ溢れて居ります。極楽は丁度朝なのでございましょう。

▲実行結果　word-break: normalの場合

280

CSS ▶ 03 ▶ 24_line-break

line-breakプロパティ

改行の禁則処理を指定する

{ line-break: 禁則処理; }

line-breakプロパティは、改行の禁則処理を指定します。

指定できる値

禁則処理	
auto（初期値）	指定しない
loose	最低限の禁則処理を指定する
normal	標準の禁則処理を指定する。「…」「:」「;」「?」などは行頭に送られない
strict	厳格な禁則処理を指定する。normalの禁則処理に加え、「〜」「-」「ー」なども行頭に送られない。日本語では「ぁ」「ぃ」「ぅ」「ぇ」「ぉ」「っ」「ゃ」「ゅ」「ょ」なども対象

使用例

CSS

```
.box{
    line-break: strict;
    width: 22em;
    border: 1px solid #f5ac0f;
}
```

HTML

```
<div class="box">
    <p>ある日の事でございます。御釈迦様は極楽の蓮池のふちを独りでぶらぶら御歩きになっていらっしゃいました。</p>
</div>
```

line-break: strictの指定がある場合は、「ゃ」が行頭に送られないように改行します。

▲実行結果 line-break: strict指定あり

▲実行結果 line-break: strict指定なし（初期値）

281

overflow-wrapプロパティ

単語の途中での改行を指定する

{ overflow-wrap: 改行方法; }

overflow-wrapプロパティは、要素幅に合わせて単語の途中で改行をどうするかを指定します。CSS3より前ではword-wrapプロパティとして同様の機能がありました。ブラウザごとに対応が違うので、使用の際には両方のプロパティを記述するのが確実です。

指定できる値

改行方法	
normal（初期値）	改行ポイントでのみ改行する
break-word	改行ポイントがない場合は単語の途中でも改行する

使用例

URLのように連続する英数字は単語として扱われます。overflow-wrapプロパティ値がnormalの場合はウィンドウ幅の途中でも改行されません。break-wordを指定すると改行されて表示されます。

```css
.break {
  overflow-wrap: break-word;
  word-wrap: break-word;
}
```

```
技術評論社のウィキペディアのURL:
https://ja.wikipedia.org/wiki/%E6%8A%80%E8%A1%93%E8%A9%9
```

▲実行結果　overflow-wrapプロパティの指定なし（normalと同様）

```
技術評論社のウィキペディアのURL:
https://ja.wikipedia.org/wiki/%E6%8A%80%E8%A1%93%E8%A9
%95%E8%AB%96%E7%A4%BE
```

▲実行結果　overflow-wrap: break-word;を指定

CSS ▶ 03 ▶ 26_hypens

hyphensプロパティ

単語の途中での折り返す際のハイフン(-)を指定する

{ hyphens: 改行方法; }

hyphensプロパティは、単語の途中で折り返す際のハイフンを指定します。たとえば、Englishの途中で改行された際に、Eng-lishのように表示することで1つの単語であることを示します。

指定できる値

改行方法	
none	指定しない
manual（初期値）	単語内に「­」を記述することで改行可能位置を指定できる。改行された場合はハイフンが挿入される
auto	単語の途中で改行する位置が自動的に判断され、ハイフンが挿入される

使用例

URLのように連続する英数字は単語として扱われます。overflow-wrapプロパティ値がnormalの場合はウィンドウ幅の途中でも改行されません。break-wordを指定すると改行されて表示されます。

CSS

```
p{
    width: 500px;
    border: 1px solid #f5ac0f;
    hyphens: auto;
}
```

HTML

```
<p lang="en">Coming up with filler text on the fly is not easy, but it is becoming more and more of a requirement.</p>
```

Coming up with filler text on the fly is not easy, but it is be-
coming more and more of a requirement.

▲実行結果

> hyphens: autoを指定したことにより、単語の途中で改行されハイフンが挿入されています。p要素のlang属性で明確に英語を指定しています。

CSS ▶ 03 ▶ 27_direction

directionプロパティ

テキストを表示する方向を指定する

{ direction: 方向; }

directionプロパティは、テキストを表示する方向を指定します。日本語や英語は左から右に書く言語ですが、アラビア語などの右から左に書く言語を表示するときに使用します。

指定できる値

方向	
ltr（初期値）	テキストを左から右に表示する
rtl	テキストを右から左に表示する

CSS ▶ 03 ▶ 28_unicode-bidi

unicode-bidiプロパティ

文字表記の方向設定の上書き方法を指定する

{ unicode-bidi: 方向設定; }

unicode-bidiプロパティは、Unicodeの文字表記の、方向設定の上書き方法を指定します。
日本語や英語は左から右に書く言語ですが、アラビア語などの右から左に書く言語を表示するときに使用します。

指定できる値

方向設定	
normal（初期値）	文字表記の方向設定を上書きしない
embed	要素がインラインの場合、directionプロパティの指定に従い、方向設定を上書きする
bidi-override	要素がインラインの場合、directionプロパティの指定に従い、方向設定を上書きする。ブロックコンテナ要素の場合は、子要素のインラインを上書きする

284

writing-modeプロパティ

縦書き、横書きを指定する

{ writing-mode: 方向設定; }

writing-modeプロパティは、テキストとブロックの縦書き、横書きを指定します。

指定できる値

方向設定	
horizontal-tb（初期値）	横書きで上から下へブロックが流れる
vertical-rl	縦書きで右から左へブロックが流れる
vertical-lr	縦書きで左から右へブロックが流れる

使用例

CSS

```
p{
    writing-mode: vertical-rl;
}
```

HTML

```
<p>
    雨ニモマケズ<br>
    風ニモマケズ<br>
    雪ニモ夏ノ暑サニモマケヌ<br>
    丈夫ナカラダヲモチ<br>
    ...省略...
</p>
```

▲実行結果

writing-mode: vertical-rlを指定。
<p>要素が縦書きで、右から左に表示されます。

CSS ▶ 03 ▶ 30_text-decoration-line

text-decoration-lineプロパティ

テキストに対する線の種類を指定する

{ text-decoration-line: 線の種類; }

text-decoration-lineプロパティは、テキストに対する線の種類を指定します。下線はテキストの下に、上線はテキストの上に、取り消し線はテキストの中央に配置されます。

▶ 指定できる値

線の種類	
none（初期値）	テキストに線を引かない
underline	テキストに下線を引く
overline	テキストに上線を引く
line-through	テキストに中央線を引く

▶ 使用例

CSS

```
p span{
    text-decoration-line: underline;
}
```

HTML

```
<p>
    ある日の暮方の事である。一人の下人が、<span>羅生門</span>の下で雨やみを待って
いた。
</p>
```

ある日の暮方の事である。一人の下人が、羅生門の下で雨やみを待っていた。

▲実行結果

text-decoration-line: underline
を指定。下線が表示されます。

286

CSS ▶ 03 ▶ 31_text-decoration-style

text-decoration-styleプロパティ

テキストに対する線のスタイルを指定する

{ text-decoration-style: 線のスタイル; }

text-decoration-styleプロパティは、テキストに引く線のスタイルを指定します。

指定できる値

線のスタイル	
solid（初期値）	1本の線を表示
double	2本の線を表示
dotted	点線を表示
dashed	破線を表示
wavy	波線を表示

使用例

CSS

```css
p span{
    text-decoration-line: underline;
    text-decoration-style: double;
}
```

HTML

```html
<p>
    ある日の暮方の事である。一人の下人が、<span>羅生門</span>の下で雨やみを待って
いた。
</p>
```

ある日の暮方の事である。一人の下人が、羅生門の下で雨やみを待っていた。

▲実行結果

text-decoration-style: doubleを指定。text-decoration-
line: underlineで表示される下線が2本になっています。

287

CSS ▶ 03 ▶ 32_text-decoration-color

text-decoration-colorプロパティ

テキストに対する線の色を指定する

{ text-decoration-color: 線の色; }

text-decoration-colorプロパティはテキストに引く線の色を指定します。

指定できる値

線の色	
カラー	キーワード、またはカラーコードを指定

使用例

CSS

```
p span{
    text-decoration-line: underline;
    text-decoration-style: double;
    text-decoration-color: #00a5de;
}
```

HTML

```
<p>
    ある日の暮方の事である。一人の下人が、<span>羅生門</span>の下で雨やみを待って
いた。
</p>
```

ある日の暮方の事である。一人の下人が、羅生門の下で雨やみを待っていた。

▲実行結果

text-decoration-colorに水色を指定。
text-decoration-lineで表示される下線の色が指定できます。

288

CSS ▶ 03 ▶ 33_text-decoration

text-decorationプロパティ

テキストに対する線をまとめて指定する

{ text-decoration: -line -style -color; }

text-decorationプロパティは、テキストに引く線をまとめて指定します。指定できる値は各プロパティと共通です。値は半角スペースで区切って指定します。

使用例

次の2つの指定方法は同じ値となります。

CSS

```
p span.text-decoration1{
    text-decoration: underline double #00a5de;
}
p span.text-decoration2{
    text-decoration-line: underline;
    text-decoration-style: double;
    text-decoration-color: #00a5de;
}
```

HTML

```
<p>
    ある日の暮方の事である。一人の下人が、<span class="text-decoration1">羅生
門</span>の下で<span class="text-decoration2">雨やみ</span>を待っていた。
</p>
```

ある日の暮方の事である。一人の下人が、羅生門の下で雨やみを待っていた。

▲実行結果

指定方法が違いますが、表示される下線は同じです。

289

CSS ▶ 03 ▶ 34_text-emphasis-style

text-emphasis-styleプロパティ

テキストに付ける圏点のスタイルを指定する

{ text-emphasis-style: 圏点のスタイル 形; }

text-emphasis-styleプロパティは、テキストに付ける圏点のスタイルを指定します。圏点とは文字の強調を行うときに、脇または上下に付加する点のことです。「filled」「open」を指定したときは、半角スペースに続いて形を指定することが可能です。

指定できる値

圏点のスタイル	
none（初期値）	圏点を表示しない
filled	塗りつぶしの圏点を表示する
open	白抜きの圏点を表示する
文字列	圏点として表示する文字を指定する
形（filledまたはopenのときに使用可能）	
dot	小さな丸（·、。）の圏点を表示する
circle	大きな丸（●、○）の圏点を表示する
double-circle	二重丸（◉、◎）の圏点を表示する
triangle	三角形（▲、△）の圏点を表示する
sesame	点（﹅、﹆）の圏点を表示する

使用例

現時点（2018年6月）ではベンダープレフィックスが必要なブラウザがあります。

CSS

```css
p span.style1{
    -webkit-text-emphasis: '~';
    text-emphasis: '~';
}
p span.style2{
    -webkit-text-emphasis-style: filled triangle;
    text-emphasis-style: filled triangle;
}
```

HTML

```html
<p>
  <span class="style1">兎に角、やたらに、お好み焼屋は殖えた。</span><br>
  腹にもたれるから、僕はあんまり愛用はしないが、<span class="style2">冬は、何しろ火が近くに在るから、暖かくていい。</span>
</p>
```

290

兎に角、やたらに、お好み焼屋は殖えた。

腹にもたれるから、僕はあんまり愛用はしないが、冬は、何しろ火が近くに在るから、暖かくていい。

▲実行結果

1つ目は文字列、2つ目はキーワードで指定して圏点を表示しています

CSS ▶ 03 ▶ 35_text-emphasis-color

text-emphasis-colorプロパティ

テキストに付ける圏点の色を指定する

{ text-emphasis-color: 圏点の色; }

text-emphasis-colorプロパティは、テキストに付ける圏点の色を指定します。

指定できる値

圏点の色	
カラー	キーワード、またはカラーコードを指定

使用例

現時点（2018年6月）ではベンダープレフィックスが必要なブラウザがあります。

```css
p span.style1{
    -webkit-text-emphasis: '~';
    text-emphasis: '~';
    -webkit-text-emphasis-color: #00a5de;
    text-emphasis-color: #00a5de;
}
p span.style2{
    -webkit-text-emphasis-style: filled triangle;
    text-emphasis-style: filled triangle;
    -webkit-text-emphasis-color: #f5ac0f;
    text-emphasis-color: #f5ac0f;
}
```

291

HTML

```
<p>
  <span class="style1">兎に角、やたらに、お好み焼屋は殖えた。</span><br>
   腹にもたれるから、僕はあんまり愛用はしないが、<span class="style2">冬は、何しろ火が近くに在るから、暖かくていい。</span>
</p>
```

▲実行結果

text-emphasis-styleで表示される圏点の色が指定できます。

CSS ▶ 03 ▶ 36_text-emphasis

text-emphasisプロパティ

テキストに付ける圏点をまとめて指定する

{ text-emphasis: -style -color; }

text-emphasisプロパティは、テキストに付ける圏点をまとめて指定します。指定できる値は各プロパティと共通です。値は半角スペースで区切って指定します。text-emphasis-positionプロパティは指定できません。

使用例

text-emphasis-styleとtext-emphasis-colorプロパティの値をまとめて指定しています。現時点（2018年6月）ではベンダープレフィックスが必要なブラウザがあります。

CSS

```
p span.style1{
    -webkit-text-emphasis: '~' #00a5de;
    text-emphasis: '~' #00a5de;
}
p span.style2{
    -webkit-text-emphasis: filled triangle #f5ac0f;
    text-emphasis: filled triangle #f5ac0f;
}
```

HTML

```
<p>
  <span class="style1">兎に角、やたらに、お好み焼屋は殖えた。</span><br>
   腹にもたれるから、僕はあんまり愛用はしないが、<span class="style2">冬は、何
しろ火が近くに在るから、暖かくていい。</span>
</p>
```

兎に角、やたらに、お好み焼屋は殖えた。

腹にもたれるから、僕はあんまり愛用はしないが、冬は、何しろ火が近くに在るから、暖かくていい。

▲実行結果

text-emphasis-styleで表示される圏点の色が指定できます。

CSS ▶ 03
▶ 37_text-emphasis-position

text-emphasis-positionプロパティ

テキストに付ける圏点の位置を指定する

{ text-emphasis-position: 圏点の位置; }

text-emphasis-positionプロパティは、テキストに付ける圏点の位置を指定します。

指定できる値

圏点の位置	
over(初期値)	圏点を上側に表示する
under	圏点を下側に表示する
right(初期値)	圏点を右側に表示する
left	圏点を左側に表示する

使用例

現時点（2018年6月）ではベンダープレフィックスが必要なブラウザがあります。

CSS

```
p span.style1{
    -webkit-text-emphasis: '~' #00a5de;
    text-emphasis: '~' #00a5de;
    -webkit-text-emphasis-position: under;
    text-emphasis-position: under;
}
p span.style2{
    -webkit-text-emphasis: filled triangle #f5ac0f;
    text-emphasis: filled triangle #f5ac0f;
    -webkit-text-emphasis-position: under;
    text-emphasis-position: under;
}
```

HTML

```
<p>
  <span class="style1">兎に角、やたらに、お好み焼屋は殖えた。</span><br>
  腹にもたれるから、僕はあんまり愛用はしないが、<span class="style2">冬は、何しろ火が近くに在るから、暖かくていい。</span>
</p>
```

兎に角、やたらに、お好み焼屋は殖えた。

腹にもたれるから、僕はあんまり愛用はしないが、冬は、何しろ火が近くに在るから、暖かくていい。

▲実行結果

圏点の位置が下になります。

CSS ▶ 03 ▶ 38_text-shadow

text-shadowプロパティ

テキストに影を追加する

{ text-shadow: 長さ ぼかす半径 色; }

text-shadowプロパティは、テキストに影を追加します。影はカンマ（,）で区切ることで複数指定できます。複数の影は手前から奥に配置され、最初に指定した影が上にきます。

指定できる値

長さ

none	影を追加しない
数値と単位	「2px」のように影の長さと単位を指定する。「2px 3px」のように半角スペースで区切ることで、「水平方向 垂直方向」に対して指定できる

ぼかす半径

数値と単位	「5px」のように影のぼかしを数値と単位で指定する

色

カラー	キーワード、またはカラーコードを指定する

使用例

CSS

```
header h1{
    text-shadow: 0px 0px 10px #000, 0px 0px 30px #f9c03c;
}
header p{
    text-shadow: 0px 0px 3px #000;
}
header{
    background: url(./pic.png);
    padding: 30px;
    text-align: center;
    color: #fff;
}
```

HTML

```
<header>
  <h1>Thailand</h1>
  <p>クラビ島</p>
</header>
```

▲実行結果

h1要素はカンマで区切ることで、黒と黄色の2つの影を指定しています。p要素は黒の影を付け、視認性を高めています。

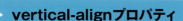

CSS ▶ 03 ▶ 39_vertical-align

vertical-alignプロパティ

縦方向の揃え位置を指定する

{ vertical-align: 揃え位置; }

vertical-alignプロパティは、行やテーブルセル内の縦方向の揃え位置を指定します。インライン行とテーブルセルで使用できるプロパティ値が違います。

指定できる値

揃え位置	
auto	ブラウザによって自動的に調整される
use-script	親要素のベースラインを参照して自動的に調整される
baseline	親要素のベースラインの位置になる
sub	親要素の上付き文字の位置に揃える(テーブルセルへの指定不可)
super	親要素の下付き文字の位置に揃える(テーブルセルへの指定不可)
text-top	テキストを上端に揃える(テーブルセルへの指定不可)
text-bottom	テキストを下端に揃える(テーブルセルへの指定不可)
top	親要素の上端の位置に揃える
middle	半角英字の「x」の中央の位置に揃える
bottom	親要素の下端の位置に揃える
central	親要素の中央の位置に揃える
数値と単位	ベースラインから移動する距離を指定する。マイナスの値なら下に移動する
%	要素の行の高さに対する割合をパーセントで指定する

使用例

▶ サンプル①　テキストと画像を中央に揃える

CSS

```css
img.middle{
    vertical-align: middle;
}
```

HTML

```html
<h1>&lt;img&gt;にmiddleを指定</h1>
<p>縦方向の揃え位置<img src="./green-circle.png" alt=""
class="middle"></p>

<h1>指定なし</h1>
<p>縦方向の揃え位置<img src="./green-circle.png" alt=""></p>
```

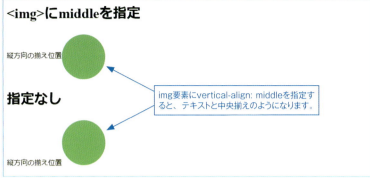

▲実行結果

▶ サンプル② テーブルのセル内の縦方向の位置を指定する

```css
.top{
    vertical-align: top;
}
.middle{
    vertical-align: middle;
}
.bottom{
    vertical-align: bottom;
}
```

```html
<table>
  <tr>
    <td class="top">上端の位置</td>
    <td class="middle">中央の位置</td>
    <td class="bottom">下端の位置</td>
  </tr>
</table>
```

▲実行結果

marginプロパティ

ボックスの外側の余白を指定する

```
{ margin: 幅; }
{ margin-top: 幅; }
{ margin-right: 幅; }
{ margin-bottom: 幅; }
{ margin-left: 幅; }
```

marginプロパティは、ボックスの外側の余白を指定します。「-top」「-right」「-bottom」「-left」の付いたmargin系のプロパティは、それぞれ上、右、下、左の余白を指定することができます。

marginプロパティは、上右下左の4方向をまとめて指定できます。この時、指定する値の数で上右下左の適用される方向が次のように変わります。

- 値を1つ指定: 上右下左の4方向が同じ値が適用される
- 値を2つ指定: 1つ目の値が上下、2つ目の値が左右に適用される
- 値を3つ指定: 1つ目の値が上、2つ目の値が左右、3つ目の値が下に適用される
- 値を4つ指定: 上右下左の順序で値が適用される

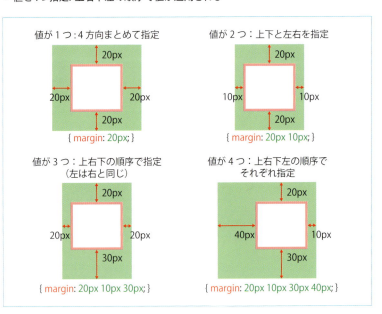

指定できる値

幅	
auto	自動的に適切な余白を設定する
数値と単位	25pxのように数値と単位で余白を指定する。マイナスの値も可能
%	親要素のブロックに対する割合を%で指定する

使用例

CSS

```css
.box1 {
    margin: 100px 0 0 50px;
    background-color: #00a5de;
    width: 100px;
    height:100px;
}
.box2 {
    margin-top: 50px;
    margin-left: auto;
    margin-right: auto;
    background-color: #00a5de;
    width: 100px;
    height:100px;
}
.outer{
    border: 1px solid #f5ac0f;
    width: 300px;
    height: 300px;
}
```

HTML

```html
<div class="outer">
  <div class="box1"></div>
</div>
<div class="outer">
  <div class="box2"></div>
</div>
```

● margin: 100px 0 0 50px を指定

　<div class="box1"></div> は親要素に対して上に100px、左に50pxの余白
があります。

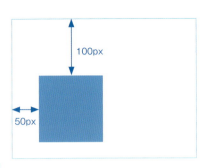

● margin-top: 50px; margin-left: auto; margin-right: auto; を指定
左右に「auto」が指定されている時は、親要素の中心によります。

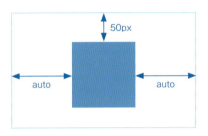

CSS ▶ 04 ▶ 02_padding

paddingプロパティ

ボックスの内側の余白を指定する

{ padding: 幅; }
{ padding-top: 幅; }
{ padding-right: 幅; }
{ padding-bottom: 幅; }
{ padding-left: 幅; }

paddingプロパティは、ボックスの内側の余白を指定します。「-top」「-right」「-bottom」「-left」の付いたpadding系のプロパティは、それぞれ上、右、下、左の余白をまとめて指定することができます。paddingプロパティは、上右下左の4方向をまとめて指定できます。この時、指定する値の数で上右下左の適用される方向が次のように変わります。

- 値を1つ指定: 上右下左の4方向に同じ値が適用される
- 値を2つ指定: 1つ目の値が上下、2つ目の値が左右に適用される
- 値を3つ指定: 1つ目の値が上、2つ目の値が左右、3つ目の値が下に適用される
- 値を4つ指定: 上右下左の順序で値が適用される

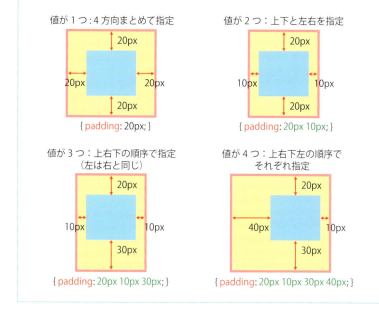

301

指定できる値

幅	
auto	自動的に適切な余白を設定する
数値と単位	25pxのように数値と単位で余白を指定する。マイナスの値も可能
%	親要素のブロックに対する割合を%で指定する

使用例

CSS

```css
.box1 {
    padding: 20px 30px;
    border: 1px solid #00a5de;
}
.title{
    padding-left: 30px;
    background: url('./arrow.png') no-repeat 10px center;
    border: 1px solid #00a5de;
}
```

HTML

```html
<div class="box1">
  <p>paddingのテキストです。</p>
</div>

<h1 class="title">見出しのサンプル</h1>
```

- padding: 20px 30pxを指定

  上下に20px、左右に30pxの余白が内側にあります。

- padding-left: 30pxを指定

  背景画像を表示しているので、文字が被らないように左に余白を指定しています。

› 見出しのサンプル

CSS ▶ 04 ▶ 03_border-style

border-styleプロパティ

ボーダーのスタイルを指定する

```
{ border-style: スタイル; }
{ border-top-style: スタイル; }
{ border-right-style: スタイル; }
{ border-bottom-style: スタイル; }
{ border-left-style: スタイル; }
```

border-styleプロパティは、ボーダーのスタイルを指定します。「-top」「-right」「-bottom」「-left」の付いたborder-style系のプロパティは、それぞれ上、右、下、左に対応しています。border-styleプロパティは、上右下左の4方向をまとめて指定します。この時、指定する値の数で上右下左の適用される方向が次のように変わります。

- 値を1つ指定: 上右下左の4方向に同じ値が適用される
- 値を2つ指定: 1つ目の値が上下、2つ目の値が左右に適用される
- 値を3つ指定: 1つ目の値が上、2つ目の値が左右、3つ目の値が下に適用される
- 値を4つ指定: 上右下左の順序で値が適用される

指定できる値

スタイル	
none	ボーダーを表示しない。他のボーダーと重なる時は、他の値が優先される
hidden	ボーダーを表示しない。他のボーダーと重なる時は、この値が優先される
dotted	点線のボーダーを表示する
dashed	破線のボーダーを表示する
solid	直線のボーダーを表示する

続く

303

double	2本の直線のボーダーを表示する
groove	彫り込んだ線のボーダーを表示する
ridge	浮き出るような線のボーダーを表示する
inset	立体的に埋め込まれているように見える線のボーダーを表示する
outset	立体的に浮き出るような線のボーダーを表示する

使用例

CSS

```css
.border1{
    border-style:solid;
}
.border2{
    border-style:solid dotted;
}
.border3{
    border-style:solid dotted dashed;
}
.border4{
    border-style:solid dotted dashed groove;
```

続く

```
}
.border {
  width: 100px;
  height:100px;
  margin-bottom: 50px;
}
```

HTML

```
<div class="border border1"></div>
<div class="border border2"></div>
<div class="border border3"></div>
<div class="border border4"></div>
```

● border-style:solid を指定
上右下左の4方向が同じ値が適用されます。

● border-style:solid dotted を指定
1つ目の値が上下、2つ目の値が右左に適用されます。

● border-style:solid dotted dashed を指定
1つ目の値が上、2つ目の値が右左、3つ目の値が下に適用されます。

● border-style:solid dotted dashed groove を指定
上右下左の順序で値が適用されます。

CSS ▶ 04 ▶ 04_border-width

border-widthプロパティ

ボーダーの幅を指定する

```
{ border-width: 幅; }
{ border-top-width: 幅; }
{ border-right-width: 幅; }
{ border-bottom-width: 幅; }
{ border-left-width: 幅; }
```

border-widthプロパティは、ボーダーの幅を指定します。「-top」「-right」「-bottom」「-left」の付いたborder-width系のプロパティは、それぞれ上、右、下、左に対応しています。border-widthプロパティは、上右下左の4方向をまとめて指定します。この時、指定する値の数で上右下左の適用される方向が次のように変わります。

- 値を1つ指定: 上右下左の4方向に同じ値が適用される
- 値を2つ指定: 1つ目の値が上下、2つ目の値が左右に適用される
- 値を3つ指定: 1つ目の値が上、2つ目の値が左右、3つ目の値が下に適用される
- 値を4つ指定: 上右下左の順序で値が適用される

指定できる値

幅	
thin	細いボーダーを指定する
medium（初期値）	普通のボーダーを指定する
thick	太いボーダーを指定する
数値+単位	3pxのようにボーダーの幅を数値と単位で指定する

使用例

CSS

```
.title{
    border-left-width:5px;
    border-left-style:solid;
    padding-left: 10px;
}
.border1{
    border-style:solid;
    border-width: thin;
}
.border2{
    border-style:solid;
    border-width: 9px 3px 6px 1px;
```

続く

306

```
}
.border {
  width: 100px;
  height:100px;
  margin-bottom: 50px;
}
```

HTML

```
<h1 class="title">ボーダー付きの見出し</h1>
<div class="border border1"></div>
<div class="border border2"></div>
```

▲実行結果

CSS ▶ 04 ▶ 05_border-color

border-colorプロパティ

ボーダーの色を指定する

```
{ border-color: 色; }
{ border-top-color: 色; }
{ border-right-color: 色; }
{ border-bottom-color: 色; }
{ border-left-color: 色; }
```

border-colorプロパティは、ボーダーの色を指定します。「-top」「-right」「-bottom」「-left」の付いたborder-color系のプロパティは、それぞれ上、右、下、左に対応しています。border-colorプロパティは、上右下左の4方向をまとめて指定します。この時、指定する値の数で上右下左の適用される方向が次のように変わります。

- 値を1つ指定: 上右下左の4方向が同じ値が適用される
- 値を2つ指定: 1つ目の値が上下、2つ目の値が左右に適用される
- 値を3つ指定: 1つ目の値が上、2つ目の値が左右、3つ目の値が下に適用される
- 値を4つ指定: 上右下左の順序で値が適用される

▶ 指定できる値

色	
色	色のキーワード、またはカラーコードを指定

▶ 使用例

CSS

```
.title{
    border-left-color: #00a5de;
    border-left-width:5px;
    border-left-style:solid;
    padding-left: 10px;
}
.border1{
    border-color: #00a5de #f5ac0f #068b71 #ff6b83;
    border-style: solid;
    border-width: 10px;
}
.border {
  width: 100px;
  height:100px;
}
```

HTML

```
<h1 class="title">ボーダー付きの見出し</h1>
<div class="border border1"></div>
```

見出しのデザインに使うこともできます。

border-colorプロパティで4辺の色をそれぞれ指定しています。

▲実行結果

CSS ▶ 04 ▶ 06_border

borderプロパティ

ボーダーのプロパティをまとめて指定する

{ border: -width -style -color; }
{ border-top: -width -style -color; }
{ border-right: -width -style -color; }
{ border-bottom: -width -style -color; }
{ border-left: -width -style -color; }

borderプロパティは、ボーダーのプロパティをまとめて指定します。「-top」「-right」「-bottom」「-left」の付いたborder系のプロパティは、それぞれ上、右、下、左に対応しています。指定できる値は各プロパティと同様です。borderプロパティは、ボーダーの幅、スタイル、色をまとめて指定することができます。ただし、上右下左の4方向に対して異なる値を指定することはできません。各方向に異なる値を指定したい場合は、「-top」「-right」「-bottom」「-left」を使う必要があります。

使用例

CSS

```css
.title{
    border-left: 5px solid #00a5de;
    padding-left: 10px;
}
.box{
    border: 1px dotted #ccc;
    padding: 10px;
}
```

HTML

```html
<h1 class="title">ボーダー付きの見出し</h1>
<div class="box">
  <p>点線のボックスです。</p>
</div>
```

ボーダー付きの見出し

点線のボックスです。

▲実行結果

CSS ▶ 04 ▶ 07_border-radius

border-radiusプロパティ

ボーダーの角丸を指定する

{ border-radius: 角丸の半径; }
{ border-top-left-radius: 角丸の半径; }
{ border-top-right-radius: 角丸の半径; }
{ border-bottom-right-radius: 角丸の半径; }
{ border-bottom-left-radius: 角丸の半径; }

border-radiusプロパティは、ボーダーの角丸を指定します。「-top-left」「-top-right」「-bottom-right」「-bottom-left」の付いたborder-radius系のプロパティは、それぞれ左上、右上、右下、左下の角に対応しています。値を1つ指定した時は水平・垂直の両方向、半角スペースで区切り2つの値を指定した時は水平、垂直の順で適用されます。

border-radiusプロパティは角丸をまとめて指定します。この時、指定する値の数で適用される角丸が次のように変わります。

- 値を1つ指定: すべて角に同じ値が適用される
- 値を2つ指定: 1つ目の値が左上と右下、2つ目の値が右上と左下に適用される
- 値を3つ指定: 1つ目の値が左上、2つ目の値が右上と左下、3つ目の値が右下に適用される
- 値を4つ指定: 左上、右上、右下、左下の順序で値が適用される

▶ 指定できる値

角丸の半径	
数値+単位	5pxのようにボーダーの角丸の半径を数値と単位で指定する
%	ボーダーの角丸の半径を%で指定する

▶ 使用例

CSS

```
.box{
    border-radius: 5px 20px 30px 50px;
    background-color: #ff6b83;
    width: 100px;
    height: 100px;
}
.circle{
    border-radius: 50%;
```

続く

基礎
セレクタ
文字
境界・余白
背景
ボックス
テーブル
表示
段組み
変形
アニメーション
フレキシブルボックス
グリッドレイアウト

311

```
    background-color: #00a5de;
    width: 100px;
    height: 100px;
}
```

HTML

```
<div class="box"></div>
<div class="circle"></div>
```

左上、右上、右下、左下の順で角丸が適用されているのがわかります。

角丸に50%を指定することで、円を表示しています。

▲実行結果

border-image-sourceプロパティ

ボーダーに画像を指定する

{ border-image-source: 画像; }

border-image-sourceプロパティはボーダーに画像を指定します。使用の際にはborder-styleプロパティも記述する必要があります。指定した要素の角に画像が表示されます。

指定できる値

画像	
none(初期値)	ボーダーに画像を指定しない
url()	ボーダーに表示する画像のURLを指定する

CSS

```css
.box{
    border-image-source: url('./orange-circle.png');
    border-style: solid;
    border-width: 20px;
    background-color: #f8f8f8;
    width: 200px;
    height: 200px;
}
```

HTML

```html
<div class="box"></div>
```

▲実行結果

オレンジの丸い画像を指定しています。
ボーダー画像として、四隅に表示されます。

border-image-widthプロパティ

ボーダー画像の幅を指定する

{ border-image-width: 幅; }

border-image-widthプロパティはボーダー画像の幅を指定します。

指定できる値

幅	
auto	border-image-sliceプロパティと同じ値。border-image-sliceのほうが優先される
数値と単位	10pxのようにボーダー画像の幅を数値と単位で指定する
数値	border-widthプロパティの値に対する倍数を指定する
%	ボーダー画像の幅を%で指定する

使用例

CSS

```css
.box{
    border-image-width: 40px;
    border-image-source: url('./orange-circle.png');
    border-style: solid;
    border-width: 20px;
    background-color: #f8f8f8;
    width: 200px;
    height: 200px;
}
```

HTML

```html
<div class="box"></div>
```

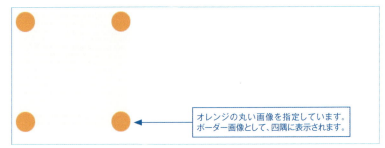

オレンジの丸い画像を指定しています。
ボーダー画像として、四隅に表示されます。

▲実行結果

border-image-sliceプロパティ

ボーダー画像の分割位置を指定する

{ border-image-slice: 分割位置; }

border-image-sliceプロパティは、border-image-sourceプロパティで指定されたボーダー画像を9の領域に分け、中央部分を除いた部分をボーダー画像として表示します。たとえば次のAような画像は、Bのように9分割の領域に分けて表示します。

▲図A　　　　　　　　　▲図B

border-image-sliceプロパティは、半角スペースで区切って、上右下左の4方向をまとめて指定できます。この時、指定する値の数で上右下左の適用される方向が次のように変わります。

- 値を1つ指定: 上右下左の4方向に同じ値が適用される
- 値を2つ指定: 1つ目の値が上下、2つ目の値が左右に適用される
- 値を3つ指定: 1つ目の値が上、2つ目の値が左右、3つ目の値が下に適用される
- 値を4つ指定: 上右下左の順序で値が適用される

指定できる値

分割位置	
数値	border-widthプロパティの値に対する倍数を指定する
%	ボーダー画像の幅を%で指定する
fill	中央の画像スライスを背景画像より上に表示する

使用例

ボーダー画像には 右の図 の画像を指定しています。この画像は縦横300px、均等に9分割の色に分かれています。

CSS

```css
.box{
    border-image-slice: 100;
    border-image-source: url('./sample.png');
    border-style: solid;
    border-width: 20px;
    width: 500px;
    height: 200px;
}
```

HTML

```html
<div class="box"></div>
```

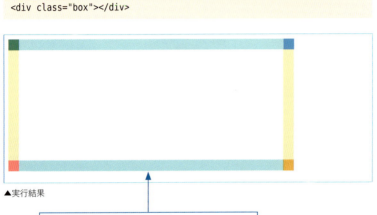

▲実行結果

border-image-slice: 100 を指定しているので、画像の中央を除いた箇所がボーダー画像として表示されています。

CSS ▶ 04
▶ 11_border-image-repeat

border-image-repeatプロパティ

ボーダー画像の繰り返しを指定する

{ border-image-repeat: 繰り返し; }

border-image-repeatプロパティは、border-image-sliceプロパティで分割したボーダー画像の繰り返しを指定します。

指定できる値

繰り返し	
stretch	領域を埋めるように画像を引き伸ばして表示する
repeat	領域を埋めるまで画像を繰り返して表示する
round	領域を埋めるまで画像を繰り返して表示する。整数回の繰り返しで埋まらない場合は、適切にサイズを調整する
space	領域を埋めるように画像を繰り返して並べる。整数回の繰り返しで領域が埋まらない場合は、並べた画像の間に空白を追加する

使用例

ボーダー画像には右の画像を指定しています。
この画像は縦横300px、均等に9分割に分かれています。

CSS

```
.box{
    border-image-repeat: round;
    border-image-slice: 100;
    border-image-source: url('./sample.png');
    border-style: solid;
    border-width: 20px;
    width: 500px;
    height: 200px;
}
```

HTML

```
<div class="box"></div>
```

317

▲実行結果

border-image-repeat: roundを指定。9分割された上下左右辺の画像部分が繰り返され、ドット線のように表示されています。

CSS ▶ 04 ▶ 12_border-image-outset

border-image-outsetプロパティ

ボーダー画像の領域を広げるサイズを指定する

{ border-image-outset: サイズ; }

border-image-outsetプロパティは、要素のボーダーボックスを超えて領域を広げるサイズを指定します。border-image-outsetプロパティは、上右下左の4方向をまとめて指定できます。この時、指定する値の数で上右下左の適用される方向が次のように変わります。

- 値を1つ指定: 上右下左の4方向に同じ値が適用される
- 値を2つ指定: 1つ目の値が上下、2つ目の値が右左に適用される
- 値を3つ指定: 1つ目の値が上、2つ目の値が右左、3つ目の値が下に適用される
- 値を4つ指定: 上右下左の順序で値が適用される

指定できる値

サイズ	
数値と単位	領域を広げるサイズを「15px」のように数値と単位で指定する
数値	border-widthプロパティの値を基準に領域を広げるサイズの倍数を指定する

使用例

ボーダー画像には 右の画像を指定しています。この画像は縦横300px、均等に9分割に分かれています。

CSS
```
.box{
    border-image-outset: 25px;
    border-image-repeat: round;
    border-image-slice: 100;
    border-image-source: url('./sample.png');
    border-style: solid;
    border-width: 20px;
    background: #ccc;
    margin: 25px;
    width: 500px;
    height: 200px;
}
```

HTML
```
<div class="box"></div>
```

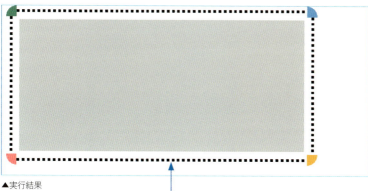

▲実行結果

backgroundプロパティで背景に灰色を指定しています。border-image-outset: 25pxを指定しているので、ボーダー画像が25px領域から広がり表示されています。

319

border-imageプロパティ

ボーダー画像のプロパティをまとめて指定する

{ border-image: -source -slice -width -outset -repeat; }

border-imageプロパティは、ボーダー画像のプロパティを一括で指定することが可能です。指定できる値はborder-image-から始まる各プロパティと同じです。それぞれの値はスペースで区切って指定します。

- border-image-width, border-image-outset
  順序は任意ですが、border-image-outsetプロパティは、border-image-widthプロパティの後にスラッシュ（/）で区切ります。

使用例

ボーダー画像はborder-image-repeatプロパティのサンプル（P.317）と同じものを指定しています。

CSS
```css
.box{
    border-image: url('./sample.png') 100 100 / 25px round;
    border-style: solid;
    margin: 25px;
    width: 500px;
    height: 200px;
}
```

HTML
```html
<div class="box"></div>
```

▲実行結果

colorプロパティで指定したテキストの色が変わっています。

CSS ▶ 05 ▶ 01_backgroupd-color

background-colorプロパティ

背景の色を指定する

{ background-color: 色の指定; }

background-colorプロパティは、指定した要素の背景の色を指定します。HTML要素が入れ子になっている時は、子要素の背景色が優先されます。

指定できる値

色の指定	
transparent（初期値）	背景を通過する透明を指定する
色の指定	カラー・プロパティの「#rrggbb」形式や、「white」のような色の名前で指定する

使用例

CSS

```css
.box {
  background-color: #eee; /* 薄い灰色 */
}
.box h1 {
  background-color: #f5ac0f; /* オレンジ */
}
.box h2 {
  background-color: #00a5de; /* 水色 */
}
```

HTML

```html
<div class="box">
  <h1>愛読書の印象</h1>
  <h2>芥川龍之介</h2>
  <p>子供の時の愛読書は「西遊記」が第一である。これ等は今日でも僕の愛読書である。
</p>
</div>
```

愛読書の印象

芥川龍之介

子供の時の愛読書は「西遊記」が第一である。これ等は今日でも僕の愛読書である。

▲実行結果

基礎　セレクタ　文字　境界・余白　**背景**　ボックス　テーブル　表示　段組み　変形　アニメーション　フレキシブルボックス　グリッドレイアウト

321

background-imageプロパティ

背景画像を指定する

{ background-image: 画像の指定; }

background-imageプロパティは、指定した要素の背景に画像を表示することができます。背景画像をカンマ（,）で区切ることで複数の画像を指定できます。その際は、最初に指定した画像が上に、次に指定した画像が下になります。
背景画像に通過PNGファイルを指定すると、下の画像が透けて表示されます。工夫次第で複雑な表現が可能です。

指定できる値

画像の指定	
none（初期値）	背景に画像を指定しない
url()	関数型の値。url(画像のURL) の形式で背景画像を指定する

使用例

CSS
```
body {
  background-image: url(sky-line.png);
}

.box {
  background-image: url(green-circle.png), url(orange-line.png);
  width: 500px;
  height: 300px;
}
```

HTML
```
<body>
  <div class="box"></div>
</body>
```

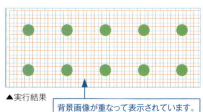

▲実行結果

背景画像が重なって表示されています。

● sky-line.png

● green-circle.png

● orange-line.png

CSS ▶ 05
▶ 03_backgroupd-attachment

background-attachmentプロパティ

スクロール時の背景画像の表示方法を指定する

{ background-attachment: 表示方法; }

background-attachmentプロパティは、ページをスクロールさせた時の背景画像の動きを指定します。

指定できる値

表示方法	
scroll（初期値）	スクロールに合わせて背景画像も動く
fixed	背景画像が固定されスクロールしない
local	指定された要素に固定される。その要素にスクロール機能があるかどうかで変わる

使用例

CSS

```
body {
  background-image: url(sky-slash.png);
  background-attachment: fixed;
  background-repeat: repeat-x;
}
```

● sky-slash.png

HTML

```
<h1>犬と笛</h1>
<p>昔、大和の国葛城山の麓に、髪長彦という若い木樵が住んでいました...</p>
...省略...
```

　髪長彦は、大そう笛が上手でしたから、山へ木を伐りに行く時でも、仕事の合い間合い間には、腰にさしている笛を出して、独りでその音を楽しんでいました。するとまた不思議なことには、どんな鳥獣や草木でも、笛の面白さはわかるのでしょう。髪長彦がそれを吹き出すと、華はなびき、木はそよぎ、鳥や獣はまわりへ来て、じっとしまいまで聞いていました。

　ところがある日のこと、髪長彦はいつもの通り、とある大木の根がたに腰を卸しながら、余念もなく笛を吹いていますと、たちまち自分の目の前へ、青い勾玉を沢山ぶらさげた、足の一本しかない大男が現れて、

「お前は仲々笛がうまいな。己はずっと昔から山奥の洞穴で、神代の夢ばかり見ていたが、お前が木を伐りに来始めてからは、その笛の音に誘われて、毎日面白い思をしていた。そこで今日はそのお礼に、ここまでわざわざ来たのだから、何でも好きなものを望むが好い。」と言いました。

　そこで木樵は、しばらく考えていましたが、

「私は犬が好きですから、どうか犬を一匹下さい。」と答えました。

▲実行結果

ページをスクロールしても、背景の水色斜線が固定されたまま移動しません。

323

CSS ▶ 05 ▶ 04_background-repeat

background-repeatプロパティ

背景画像の繰り返しを指定する

{ background-repeat: 表示方法; }

background-repeatプロパティは、背景画像の繰り返しを指定します。値は1つだけでなく、「background-repeat: 水平方向 垂直方向」のように2つ指定することも可能です。たとえば「background-repeat: repeat-x」は、「background-repeat: repeat no-repeat」と同じ表示になります。

指定できる値

表示方法	
repeat（初期値）	背景画像が繰り返し表示される。指定要素からはみ出る部分の画像は切り取られて表示される
repeat-x	背景画像が水平方向に繰り返し表示される
repeat-y	背景画像が垂直方向に繰り返し表示される
no-repeat	背景画像は繰り返されず、1つだけ表示される
space	背景画像が繰り返し表示される。repeatと違い、指定要素からはみ出ないように間隔が調整される
round	背景画像が繰り返し表示される。repeatと違い、指定要素からはみ出ないように画像サイズが調整される

使用例

CSS

```
.box-repeatX {
  background-image: url(orange-circle.png);
  background-repeat: repeat-x;
  height: 200px;
  border:1px solid #ccc;
}
.box-roundX-repeatY{
  background-image: url(orange-circle.png);
  background-repeat: space repeat; /* 水平方向 垂直方向 */
  height: 200px;
  border:1px solid #ccc;
}
```

HTML

```
<h2>background-repeat: repeat-x;</h2>
<div class="box-repeatX"></div>

<h2 style="margin-top:30px">background-repeat: space repeat;</h2>
<div class="box-roundX-repeatY"></div>
```

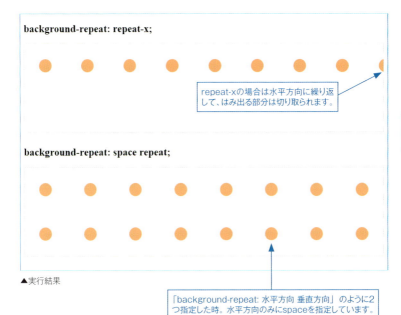

▲実行結果

> repeat-xの場合は水平方向に繰り返して、はみ出る部分は切り取られます。

> 「background-repeat: 水平方向 垂直方向」のように2つ指定した時。水平方向のみにspaceを指定しています。

background-positionプロパティ

背景画像を表示する位置を指定する

{ background-position: 表示位置; }

background-positionプロパティは、背景画像を表示する水平・垂直の位置を指定します。値が1つの場合は水平・垂直位置の両方の指定になります。値をスペースで区切ることで2つ指定することもできます。その際は、水平・垂直の順序で位置を指定することになります。

指定できる値

表示位置		
キーワード(水平)	left	水平0%の位置
	center	水平の中央(50%)の位置
	right	水平100%の位置
キーワード(垂直)	top	垂直0%の位置
	center	垂直の中央(50%)の位置
	bottom	垂直100%の位置
%値		指定要素のサイズに対しての割合で指定する
数値+単位		100pxや3emのように数値と単位で指定する

使用例

background-positionプロパティは、左上からのそれぞれ値を指定するので、CSS3より前まで右下からの指定はできませんでした。CSS3からは「background-position: right 100px bottom 150px」のように記述することで、右下から位置を指定できます（IEは11以降対応）。

▶ サンプル①　左上から指定する場合

CSS
```
.box-position {
  background-image: url(circle.png);
  background-repeat: no-repeat;
  background-position: 50px top;
  padding-left: 250px;
}
```

● circle.png

HTML

```
<div class="box-position">
  <h1>犬と笛</h1>
  <p>昔、大和の国葛城山の麓に、髪長彦という若い木樵が住んでいました...</p>
  ...省略...
</div>
```

▲実行結果

▶ サンプル② 右下から指定する場合

CSS

```
.box-position-right {
  background-image: url(circle.png);
  background-repeat: no-repeat;
  background-position: right 10% bottom 50px;
  height: 500px;
  border: 1px solid #ccc;
}
```

HTML

```
<div class="box-position-right">
  <h1>犬と笛</h1>
  <p>昔、大和の国葛城山の麓に、髪長彦という若い木樵が住んでいました...</p>
  （省略）
</div>
```

▲実行結果

CSS ▶ 05 ▶ 06_backgroud-clip

background-clipプロパティ

背景画像を表示する領域を指定する

{ **background-clip**: 表示される領域; }

background-clipプロパティは、背景画像を表示する領域を指定します。

指定できる値

表示される領域	
padding-box（初期値）	ボーダーを除いたパディング領域に表示する
border-box	ボーダーを含めたボーダー領域に表示する
content-box	指定要素の余白を含めない、コンテンツ領域に表示する

使用例

CSS

```css
.box {
  background-image: url(sky-line.png);
  border: 10px solid rgba(0, 0, 0, 0.1);
  padding: 20px;
}
.padding-box {
  background-clip: padding-box;
}
.border-box {
  background-clip: border-box;
}
.content-box {
  background-clip: content-box;
}
```

HTML

```html
<div class="box padding-box">
  background-clip: padding-box;
</div>

<div class="box border-box">
  background-clip: border-box;
</div>

<div class="box content-box">
  background-clip: content-box;
</div>
```

background-clip: padding-box;

背景画像はボーダーを除いて表示されます（パディング領域）。

background-clip: border-box;

背景画像はボーダーの上から表示されます（ボーダー領域）。

background-clip: content-box;

背景画像はパディングを除いて表示されます（コンテンツ領域）。

▲実行結果

background-sizeプロパティ

背景画像のサイズを指定する

{ background-size: 表示サイズ; }

background-sizeプロパティは背景画像の表示サイズを指定します。

指定できる値

表示サイズ	
auto（初期値）	背景画像の表示サイズは変更されない
contain	背景画像の縦横比を保ち、指定要素に収まるようサイズを調整する
cover	背景画像の縦横比を保ち、指定要素のすべてをカバーするようサイズを調整する
数値+単位、%値	背景画像のサイズを横、高さの順にスペースで区切って指定する

使用例

▶ サンプル① coverを指定した場合

ブラウザ幅が変わっても指定要素に適切に画像を表示できます。

CSS
```css
.box-cover {
  background-image: url(street.jpg);
  background-repeat: no-repeat;
  background-position: center;
  background-size: cover;
  border: 1px solid #ccc;
  height:300px;
}
```

HTML
```html
<div class="box-cover"></div>
```

▲実行結果

> 背景画像がdiv要素すべてをカバーするように表示されています。

▶ サンプル② 解像度の高いディスプレイ対策

Retinaディスプレイのような解像度の高い環境では通常の画像は少しボケたように見えてしまいます。画像サイズを元の2分の1以下に指定することで、画像が圧縮され、解像度の高いディスプレイでもきれいに表示することが可能です。

CSS
```css
.sun{
  background-image: url(sun.png);
  background-repeat: no-repeat;
  background-size: 50px 50px;
  width: 50px;
  height: 50px;
  display: inline-block;
}
```

HTML
```html
<div class="sun"></div>
<img src="sun.png" alt="">
```

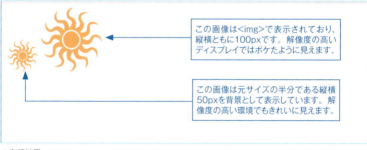

この画像は<img>で表示されており、縦横ともに100pxです。解像度の高いディスプレイではボケたように見えます。

この画像は元サイズの半分である縦横50pxを背景として表示しています。解像度の高い環境でもきれいに見えます。

▲実行結果

CSS ▶ 05 ▶ 08_background-origin

background-originプロパティ

背景画像を表示する基準位置を指定する

{ background-origin: 基準位置; }

background-originプロパティは、背景画像を表示する際の基準となる位置を指定します。

指定できる値

基準位置	
padding-box（初期値）	ボーダーを除いたパディング領域を基準位置にする
border-box	ボーダーを含めたボーダー領域を基準位置にする
content-box	指定要素の余白を含めない、コンテンツ領域を基準位置にする

使用例

CSS

```
.box {
  background-image: url(green-circle.png);
  background-repeat: no-repeat;
  border: 10px solid rgba(0, 0, 0, 0.1);
  padding: 20px;
}
.padding-box {
  background-origin: padding-box;
}
.border-box {
  background-origin: border-box;
}
.content-box {
  background-origin: content-box;
}
```

HTML

```
<div class="box padding-box">
  background-origin: padding-box;
</div>

<div class="box border-box">
  background-origin: border-box;
</div>

<div class="box content-box">
  background-origin: content-box;
</div>
```

▲実行結果

CSS ▶ 05 ▶ 09_background

backgroundプロパティ

背景のプロパティを一括指定する

{ background: -color -image -repeat -position -attachment -clip -size -origin; }

背景に関するプロパティは複数ありますが、backgroundプロパティを使うことで、これらを一括で指定することが可能です。指定できる値は、background-から始まる各プロパティと同じです。それぞれの値はスペースで区切って指定します。

- background-color, background-image
  background-colorとbackground-imageの両方の値を指定する時は、背景色を先に記述し、その後に背景画像を指定します。

- background-size
  background-sizeは、background-positionの後にスラッシュ（/）で区切ります。

- background-origin, background-clip
  background-originとbackground-clipの値は同じなので、値を1つだけ指定した時は両方のプロパティの値を指定したことになります。2つの値を指定した時は、1つ目が値がbackground-origin、2つ目の値がbackground-clipの指定になります。

使用例

次の.box1と.box2に指定している背景のプロパティは同じ値になります。

```css
.box1 {
  background: #f90 url(sky-line.png) left top / 80px fixed;
}

.box2{
  background-color: #f90;
  background-image: url(sky-line.png);
  background-position: left top;
  background-size: 80px 80px;
  background-attachment: fixed;
}
```

CSS ▶ 05 ▶ 10_linear-gradiant

linear-gradient関数

線形グラデーションを指定する

{ プロパティ: linear-gradient(方向, 開始色 開始位置, 途中色 途中位置, 終了色 終了位置); }

linear-gradient関数は、背景関連プロパティに線形グラデーションを表示できます。2つ目の引数はグラデーションの開始色と位置です。3つ目以降ではカンマ(,)で区切った分だけ途中色と位置を指定し、最後の引数の値が終了色と位置になります。開始と終了の2つは必ず色と位置を指定します。

指定できる値

方向	
数値と単位	degなどの単位を指定します。0degの場合は下から上へ、90degは左から右へ向かうグラデーション
to top	上に向かうグラデーション(0degと同じ)
to top right	右上に向かうグラデーション
to right	右に向かうグラデーション

続く

to bottom right	右下に向かうグラデーション
to bottom（初期値）	下に向かうグラデーション
to bottom left	左下に向かうグラデーション
to left	左に向かうグラデーション
to top left	左上に向かうグラデーション

色と位置

色の指定	カラー・プロパティの「#rrggbb」形式や、「white」のような色の名前で指定
数値と単位	各位置を数値と単位で指定する（マイナス値も可能）
%値	グラデーションの長さに対する割合を指定する（マイナス値も可能）

使用例

CSS

```
.linear-gradient1 {
    background: linear-gradient(90deg, #068b71, #00a5de);
    width: 500px;
    height: 300px;
}
.linear-gradient2 {
    background: linear-gradient(to bottom right, #068b71 0%, #fff 50%, #00a5de 100%);
    width: 500px;
    height: 300px;
}
```

HTML

```
<div class="linear-gradient1">.linear-gradient1</div>

<div class="linear-gradient2">.linear-gradient2</div>
```

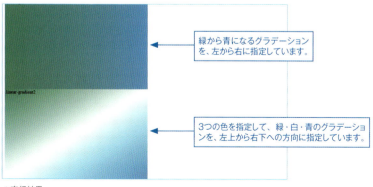

緑から青になるグラデーションを、左から右に指定しています。

3つの色を指定して、緑・白・青のグラデーションを、左上から右下への方向に指定しています。

▲実行結果

CSS ▶ 05 ▶ 11_radial-gradient

radial-gradient関数

円形グラデーションを指定する

{ プロパティ : radial-gradient(形状 サイズ 中心の位置, 開始色 開始位置, 途中色 途中位置, 終了色 終了位置); }

radial-gradient関数は、背景関連プロパティに円形グラデーションを表示します。4つ目の引数でグラデーションの開始色と位置を指定し、4つ目以降はカンマ (,) で区切った分だけ途中色と位置を指定します。最後の引数が終了色と位置になります。

指定できる値

形状	
ellipse（初期値）	楕円のグラデーション
circle	正円のグラデーション

サイズ	
closest-side	要素の大きさの一番近い辺に合わせる
closest-corner	要素の大きさの一番近い角に合わせる
farthest-side	要素の大きさの一番遠い辺に合わせる
farthest-corner	要素の大きさの一番遠い角に合わせる
数値と単位	水平と垂直方向の半径を半角スペースで区切り、単位とともに指定する
%	水平と垂直方向の半径を半角スペースで区切り、%で指定する

中心の位置	
at top	要素の上辺が中心
at top right	要素の右上角が中心
at right	要素の右辺が中心
at bottom right	要素の右下角が中心
at bottom	要素の下辺が中心
at bottom left	要素の左下角が中心
at left	要素の左辺が中心
at top left	要素の左上角が中心
at center	要素の中央が中心
at 数値と単位	要素の左上角から、中心の座標を数値と単位で指定する
at %	領域の幅と高さの割合を%で指定する

色	
カラー	キーワードまたはカラーコード

位置	
数値と単位	開始、途中、終了の各位置を数値と単位で指定する
%	開始、途中、終了の各位置を%で指定する

使用例

CSS

```css
.radial-gradient1 {
    background: radial-gradient(circle closest-side at 10% 30%,
#f5ac0f 0%, #ff6b83 100%);
    width: 500px;
    height: 300px;
}
.radial-gradient2 {
    background: radial-gradient(#00a5de, #068b71);
    width: 500px;
    height: 300px;
}
```

HTML

```html
<div class="radial-gradient1">.radial-gradient1</div>

<div class="radial-gradient2">.radial-gradient2</div>
```

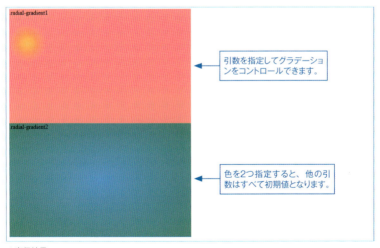

▲実行結果

CSS ▶ 05
▶ l2_repeating-linear-gradient

repeating-linear-gradient関数

繰り返しの線形グラデーションを指定する

{ プロパティ : repeating-linear-gradient(方向, 開始色 開始位置, 途中色 途中位置, 終了色 終了位置); }

repeating-linear-gradient関数は、背景関連プロパティに繰り返しの線形グラデーションを表示できます。

指定できる値

linear-gradient関数と指定方法は同じです（P.334）。

使用例

▶ サンプル①

CSS

```
.repeating-linear-gradient1 {
    background: repeating-linear-gradient(90deg, #068b71 25%, #fff 50%, #00a5de 75%);
    width: 500px;
    height: 300px;
}
```

HTML

```
<div class="repeating-linear-gradient1">.repeating-linear-gradient1</div>
```

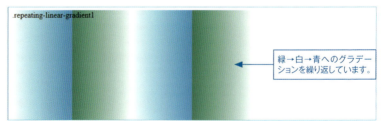

緑→白→青へのグラデーションを繰り返しています。

▲実行結果

▶ サンプル②

CSS

```css
.repeating-linear-gradient2 {
    background: repeating-linear-gradient(-45deg, #fff 0px, #fff
10px, #ccedf8 10px, #ccedf8 20px);
    width: 500px;
    height: 300px;
}
```

HTML

```html
<div class="repeating-linear-gradient2">.repeating-linear-gradient2</div>
```

.repeating-linear-gradient2

白→白→水色→水色と指定することでストライプ柄を実現しています。

▲実行結果

▶ サンプル③

CSS

```css
.border-dotted{
    background: repeating-linear-gradient(90deg, #fff 0px, #fff 10px,
gray 10px, gray 20px);
    width: 100%;
    height: 1px;
}
```

HTML

```html
<div class="border-dotted"></div>
```

ドット線のような表現も可能です。

▲実行結果

repeating-radial-gradient関数

繰り返しの円形グラデーションを指定する

{ プロパティ: repeating-radial-gradient(形状 サイズ 中心の位置, 開始色 開始位置, 途中色 途中位置, 終了色 終了位置); }

repeating-radial-gradient関数は、背景関連プロパティに繰り返しの円形グラデーションを表示できます。

指定できる値

radial-gradient関数と指定方法は同じです（P.336）。

使用例

▶ サンプル①

CSS

```
.repeating-radial-gradient1 {
    background: repeating-radial-gradient(circle closest-side at 10% 30%, #f5ac0f 0%, #ff6b83 100%);
    width: 500px;
    height: 300px;
}
```

HTML

```
<div class="repeating-radial-gradient1">.repeating-radial-gradient1</div>
```

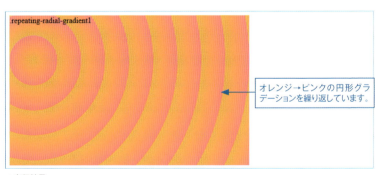

オレンジ→ピンクの円形グラデーションを繰り返しています。

▲実行結果

▶ サンプル②

CSS

```css
.repeating-radial-gradient2 {
    background: repeating-radial-gradient(circle, #fff 0px, #fff 10px, #ccedf8 10px, #ccedf8 20px);
    width: 500px;
    height: 300px;
}
```

HTML

```html
<div class="repeating-radial-gradient2">.repeating-radial-gradient2</div>
```

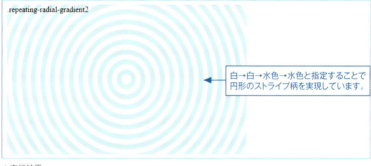

白→白→水色→水色と指定することで円形のストライプ柄を実現しています。

▲実行結果

widthプロパティ／heightプロパティ

ボックスの幅と高さを指定する

```
{ width: 幅; }
{ height: 高さ; }
```

widthプロパティとheightプロパティは、ボックスの幅と高さを指定します。要素のレンダリングボックスの種類によっては、指定通りに表示されないこともあります。その際は、displayプロパティを確認してください。

指定できる値

幅、高さ	
auto（初期値）	内容と要素のカテゴリーによって、自動的に計算される
数値と単位	「100px」のように数値と単位で指定する
％	「80%」のように％で指定する

使用例

CSS
```css
.box{
    width: 500px;
    height: 200px;
    background-color: #00a5de;
    color: #fff;
}
```

HTML
```html
<div class="box">
  <p>二匹の猫がゴロゴロと昼寝をしています。</p>
</div>
```

▲実行結果

CSS ▶ 06 ▶ 02_max-width-height

max-widthプロパティ／ max-heightプロパティ

ボックスの幅と高さの最大値を指定する

{ max-width: 最大の幅; }
{ max-height: 最大の高さ; }

max-widthプロパティとmax-heightプロパティは、ボックスの幅と高さの最大値を指定します。

指定できる値

最大の幅、最大の高さ	
none（初期値）	最大の幅と最大の高さを指定しない
数値と単位	「100px」のように数値と単位で指定する
%	「80%」のように%で指定する

使用例

▶ サンプル①

max-widthプロパティの値より、親要素やブラウザ幅が狭まるとボックスの幅が変わります。

CSS

```
.box{
    max-width: 600px;
    width: 100%;
    background-color: #00a5de;
    color: #fff;
}
```

HTML

```
<div class="box">
  <p>二匹の猫がゴロゴロと昼寝をしています。</p>
</div>
```

▲実行結果

> ブラウザ幅が広いと、ボックスは最大値の600pxで表示されます。

343

> ブラウザ幅が狭まると、width:100%が優先されます。

▲実行結果

▶ サンプル②

写真のサイズは幅700px、高さ600pxです。ブラウザ幅が画像サイズの700pxより狭まると、画像は縦横比を保ったまま縮小します。レスポンシブデザインでよく使われる指定です。

CSS
```css
.pic{
    max-width: 100%;
    height: auto;
}
```

HTML
```html
<img src="./pic.jpg" alt="" class="pic">
```

▲実行結果

> max-width:100%を指定。ブラウザ幅が画像サイズより狭くなると、画像は縮小します。この時img要素には、widthプロパティとheightプロパティは指定しません。

▲実行結果

CSS ▶ 06 ▶ 03_min-width-height

min-widthプロパティ／ min-heightプロパティ

ボックスの幅と高さの最小値を指定する

```
{ min-width: 最小の幅; }
{ min-height: 最小の高さ; }
```

min-widthプロパティとmin-heightプロパティは、ボックスの幅と高さの最小値を指定します。

指定できる値

最小の幅、最小の高さ	
none（初期値）	最小の幅と最小の高さを指定しない
数値と単位	「100px」のように数値と単位で指定する
%	「80%」のように%で指定する

使用例

写真画像のサイズは幅700px、高さ600pxです。画像はブラウザ幅が一杯に表示されますが、ブラウザ幅が画像サイズの700pxより小さくなっても画像サイズはそれより小さくなりません。

```CSS
.pic{
    min-width: 100%;
    height: auto;
}
```

```HTML
<img src="./pic.jpg" alt="" class="pic">
```

345

▲実行結果

▲実行結果

> min-width:100%を指定。上のブラウザ幅は800px、下は640pxです。ブラウザ幅が狭くなっても、画像サイズは小さくなりません。この時img要素にはwidthプロパティとheightプロパティは指定しません。

CSS ▶ 06 ▶ 04_box-sizing

box-sizingプロパティ

ボックスサイズの計算方法を指定する

{ box-sizing: 計算方法; }

box-sizingプロパティはボックスサイズの計算方法を指定します。
初期値は「content-box」です。この時、ボックスサイズは次の図のようにpaddingとborderを幅と高さに含まれません。「要素の幅 ＝ width ＋ 左右のpadding幅 ＋ 左右のborder幅」です。

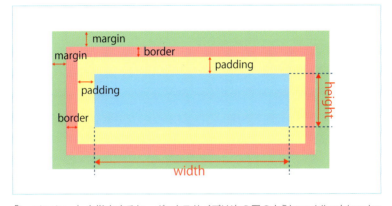

「border-box」を指定すると、ボックスサイズは次の図のようにpaddingとborderを幅と高さに含めます。つまり「要素の幅 ＝ width」ということになります。

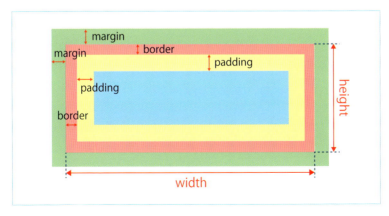

指定できる値

計算方法	
content-box（初期値）	paddingとborderを幅と高さに含めない
border-box	paddingとborderを幅と高さに含める
inherit	親要素のborder-boxの値を引き継ぐ

使用例

▶ サンプル①

2つのボックスに、それぞれ違うbox-sizingの値を指定しています。他のプロパティ値は同じですが、表示される幅が違います。

```css
.content-box{
    box-sizing: content-box;
    width: 300px;
    margin: 50px;
    padding: 30px;
    border: 5px solid #00a5de;
}
.border-box{
    box-sizing: border-box;
    width: 300px;
    margin: 50px;
    padding: 30px;
    border: 5px solid #00a5de;
}
.wrapper{
    border: 1px dashed #ff6b83;
    display: inline-block;
}
```

```html
<div class="wrapper">
  <div class="content-box">
    <p>二匹の猫がゴロゴロと昼寝をしています。</p>
  </div>
</div>
<br>
<div class="wrapper">
  <div class="border-box">
    <p>二匹の猫がゴロゴロと昼寝をしています。</p>
  </div>
</div>
```

▲実行結果

▶ サンプル②

HTML文書内の要素がそれぞれボックスサイズの計算方法が違うと、CSSの設計が難しくなります。次のように全称セレクタのアスタリスク（*）を使うことで、HTML文書内のすべての要素のボックスサイズを統一できます。多くのブラウザに対応させるため、ベンダープレフィックスも記述しています。

```css
*, *::before, *::after {
    -webkit-box-sizing: border-box;
    -moz-box-sizing: border-box;
    -ms-box-sizing: border-box;
    box-sizing: border-box;
}
```

CSS ▶ 06 ▶ 05_box-shadow

box-shadowプロパティ

ボックスに影を追加する

{ box-shadow: 長さ ぼかす半径 広がり 色; }

box-shadowプロパティはボックスに影を追加します。影はカンマ（,）で区切ることで複数指定できます。複数の影は手前から奥に順に配置され、最初に指定した影が上にきます。

指定できる値

長さ	
数値と単位	「2px」のように影の長さを数値と単位で指定する。「2px 3px」のように半角スペースで区切ると「水平方向 垂直方向」に対して指定が可能

ぼかす半径	
数値と単位	「5px」のように影のぼかしを数値と単位で指定する

広がり	
数値と単位	「10px」のように影の広がりを数値と単位で指定する

色	
カラー	キーワード、またはカラーコードを指定する

使用例

CSS

```
.box-shadow{
    box-shadow: 2px 2px 3px 5px #000;
    margin: 15px;
    padding: 10px;
}
```

HTML

```
<div class="box-shadow">
  <p>二匹の猫がゴロゴロと昼寝をしています。</p>
</div>
```

二匹の猫がゴロゴロと昼寝をしています。 　ボックスに影が表示されています。

▲実行結果

box-decoration-breakプロパティ

ボックスが改行する時の表示方法を指定する

{ box-decoration-break: 表示方法; }

box-decoration-breakプロパティは、幅の折り返しで改行する時に、ボーダー・余白・角丸・背景などの表示方法を指定します。

指定できる値

表示方法	
slice（初期値）	ボーダー・余白・角丸・背景などはボックスに分割され、続くように適用される
clone	ボーダー・余白・角丸・背景などは分断後のボックスに再適用される

使用例

CSS

```css
.slice{
    box-decoration-break: slice;
}
.clone{
    box-decoration-break: clone;
}
span{
    border: 3px solid #00a5de;
    background-color: #dff7ff;
    padding: 10px;
}
```

HTML

```html
<p>二匹の猫が<span class="slice">ゴロゴロと昼寝をしています。</span></p>
<p>二匹の猫が<span class="clone">ゴロゴロと昼寝をしています。</span></p>
```

● box-decoration-break: sliceを指定

折り返した前後のボックスのボーダー線が切れており、分断後も1つのボックスとして表示されています。

▲実行結果

● box-decoration-break: cloneを指定

▲実行結果

CSS ▶ 06 ▶ 07_overflow-x-y

overflow-xプロパティ／ overflow-yプロパティ

ボックスからコンテンツがはみ出た時の水平方向・垂直方向の表示方法を指定する

```
{ overflow-x: 表示方法; }
{ overflow-y: 表示方法; }
```

overflow-xプロパティとoverflow-yプロパティは、ボックスからコンテンツがはみ出た時の表示方法を指定します。overflow-xプロパティが水平方向で、overflow-yプロパティが垂直方向です。

指定できる値

指定できる値はoverflowプロパティと同様です（P.353）。

使用例

white-spaceプロパティでコンテンツが改行しないようにしています。水平方向にコンテンツが、はみ出していますが overflow-x: autoを指定しているのでスクロールバーが表示されます。

```css
.overflow-x{
    overflow-x: auto;
    white-space: nowrap;
    width: 300px;
    height: 100px;
    border: 1px solid #00a5de;
}
```

352

HTML

```
<div class="box overflow-x">
  <p>overflowプロパティは、ボックスからコンテンツがはみ出た時の表示方法を指定します...省略...</p>
</div
```

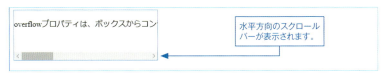

水平方向のスクロールバーが表示されます。

▲実行結果

CSS ▶ 06 ▶ 08_overflow

overflowプロパティ

ボックスからコンテンツがはみ出た時の表示方法を指定する

{ overflow: 表示方法; }

overflowプロパティは、ボックスからコンテンツがはみ出た時の表示方法を指定します。

指定できる値

表示方法	
auto	ブラウザの設定に合わせる。多くの場合はスクロールバーが表示される
visible（初期値）	ボックスからコンテンツがはみ出た箇所は表示される
hidden	ボックスからコンテンツがはみ出た箇所は表示されない
scroll	常にスクロールバーを表示する。ボックスからコンテンツがはみ出した箇所は表示されない

使用例

CSS

```
.visible{
    overflow: visible;
}
```

続く

```
.hidden{
    overflow: hidden;
}
.auto{
    overflow: auto;
}
.box{
    width: 200px;
    height: 100px;
    border: 1px solid #00a5de;
}
```

HTML

```
<div class="box visible">
    <p>overflowプロパティは、ボックスから
コンテンツがはみ出た時の表示方法を指定しま
す（省略）</p>
</div>
```

HTML

```
<div class="box hidden">
    <p>overflowプロパティは、ボックスから
コンテンツがはみ出た時の表示方法を指定しま
す（省略）</p>
</div>
```

HTML

```
<div class="box auto">
    <p>overflowプロパティは、ボックスから
コンテンツがはみ出た時の表示方法を指定しま
す（省略）</p>
</div>
```

● overflow: visible を指定

> overflowプロパティは、ボ
> ックスからコンテンツがは
> み出た時の表示方法を指定
> します。初期値は
> 「visible」でボックスから
> コンテンツがはみ出した箇

▲実行結果

● overflow: hidden を指定

> overflowプロパティは、ボ
> ックスからコンテンツがは
> み出た時の表示方法を指定
> します。初期値は

▲実行結果

● overflow: auto を指定

> overflowプロパティは、
> ボックスからコンテンツが
> はみ出た時の表示方法を指
> 定します。初期値は

▲実行結果

CSS ▶ 06 ▶ 09_outline-style

outline-styleプロパティ

ボックスのアウトラインのスタイルを指定する

{ outline-style: スタイル; }

outline-styleプロパティはアウトラインのスタイルを指定します。アウトラインはborderプロパティの線より外に表示されます。要素を見立たせるために使用します。

指定できる値

スタイル		
none (初期値)	—	アウトラインを表示しない
dotted		点線のアウトラインを表示する
dashed		破線のアウトラインを表示する
solid		直線のアウトラインを表示する
double		2本の直線のアウトラインを表示する
groove		彫り込んだ線のアウトラインを表示する
ridge		浮き出るような線のアウトラインを表示する
inset		立体的に埋め込まれているように見える線のアウトラインを表示する
outset		立体的に浮き出るような線のアウトラインを表示する

使用例

CSS

```
.btn-outline{
    outline-style: double;
    border: 3px solid #00a5de;
    font-weight: bold;
}
```

HTML

```
<button class="btn-outline">もっと見る</button>
```

▲実行結果

CSS ▶ 06 ▶ 10_outline-width

outline-widthプロパティ

ボックスのアウトラインの幅を指定する

{ outline-width: 幅; }

outline-widthプロパティはアウトラインの幅を指定します。

指定できる値

幅	
thin	細いアウトラインを指定する
medium（初期値）	普通のアウトラインを指定する
thick	太いアウトラインを指定する
数値+単位	3pxのようにアウトラインの幅を数値と単位で指定する

使用例

CSS
```
.btn-outline{
    outline-style: double;
    outline-width: 10px;
    border: 3px solid #00a5de;
    font-weight: bold;
}
```

HTML
```
<button class="btn-outline">もっと見る</button>
```

▲実行結果

CSS ▶ 06 ▶ 11_outline-color

outline-colorプロパティ

ボックスのアウトラインの色を指定する

{ outline-color: 色; }

outline-colorプロパティはアウトラインの色を指定します。

指定できる値

色	
色	色のキーワード、またはカラーコードを指定する

使用例

CSS
```css
.btn-outline{
    outline-style: double;
    outline-width: 10px;
    outline-color: #81ddfd;
    border: 3px solid #00a5de;
    font-weight: bold;
}
```

HTML
```html
<button class="btn-outline">もっと見る</button>
```

▲実行結果

　　　　　　　　　　　　　　　　　　　　　　CSS ▶ 06 ▶ 12_outline

outlineプロパティ

ボックスのアウトラインのプロパティをまとめて指定する

{ outline: -style -width -color; }

outlineプロパティはアウトライン関連のプロパティをまとめて指定します。指定できる値はoutline-から始まる各プロパティと同じです。それぞれの値はスペースで区切って指定します。順序は任意です。

使用例

次の2つの指定で表示されるボックスのアウトラインは同じです。

CSS
```css
.btn-outline1{
    outline: double 10px #81ddfd;
}
.btn-outline2{
    outline-style: double;
    outline-width: 10px;
    outline-color: #81ddfd;
}
```

CSS ▶ 06 ▶ 13_outline-offset

outline-offsetプロパティ

ボックスのアウトラインとボーダーの間隔を指定する

{ outline-offset: 間隔; }

outline-offsetプロパティはアウトラインとボーダーとの間隔を指定します。

指定できる値

間隔	
数値+単位	「3px」のようにアウトラインの幅を数値と単位で指定する

使用例

CSS

```css
.btn-outline{
    outline-style: double;
    outline-width: 10px;
    outline-color: #81ddfd;
    outline-offset: 10px;
    border: 3px solid #00a5de;
    font-weight: bold;
}
```

HTML

```html
<button class="btn-outline">もっと見る</button>
```

もっと見る ◀ アウトラインとボーダーの間隔が10pxで表示されます。

▲実行結果

CSS ▶ 06 ▶ 14_resize

resizeプロパティ

ボックスのリサイズを許可する

{ resize: 許可; }

resizeプロパティは、ボックスのリサイズ機能の許可を指定します。

指定できる値

許可	
none（初期値）	ボックスのリサイズを許可しない
both	ボックスのリサイズを許可する
horizontal	ボックスの水平方向のリサイズを許可する
vertical	ボックスの垂直方向のリサイズを許可する

使用例

CSS

```css
.box{
    resize: both;
    overflow: auto;
    width: 300px;
    height: 200px;
    border: 1px solid #ccc;
}
```

HTML

```html
<div class="box">
  <p>resizeプロパティはボックスのリサイズ機能の許可を指定します...省略...</p>
</div>
```

resizeプロパティはボックスのリサイズ
機能の許可を指定します。右下にリサイ
ズのインターフェースが表示されます。

ボックスの右下にリサイズ用のイ
ンターフェースが表示されます。

▲実行結果

CSS ▶ 06 ▶ 15_display

displayプロパティ

ボックスの種類を指定する

{ display: ボックスの種類; }

displayプロパティは、要素のボックスの種類を指定できます。たとえば、span要素にdisplay:blockを指定すると、div要素と同じような表示にできます。

指定できる値

以下の種類以外にも、「flex」「grid」などの種類もあります。詳しくは「フレキシブルボックス」(P.440)、「グリッドレイアウト」(P.460) の解説を参考にしてください。

ボックスの種類	
inline(初期値)	指定した要素をインラインボックスとして表示する
block	指定した要素をブロックボックスとして表示する
inline-block	インラインボックスのように表示される、ブロックボックスとして表示する。インラインボックスのように改行されないが、ブロックレベルボックスのように高さ・幅などが指定できる
none	このプロパティが指定された要素は表示されない
list-item	li要素と同じようにリスト項目として表示する
table	table要素と同じように表示する
inline-table	インラインボックスのtable要素のような表示になる
table-row-group	tbody要素と同じような表示になる
table-header-group	thead要素と同じような表示になる
table-footer-group	tfoot要素と同じような表示になる
table-row	tr要素と同じような表示になる
table-column-group	colgroup要素と同じような表示になる
table-column	col要素と同じような表示になる
table-cell	td要素と同じような表示になる
table-caption	caption要素と同じような表示になる
inherit	親要素の値を継承する
run-in	文脈に応じてブロックボックス、インラインボックスとして表示する

使用例

CSS

```
span {
    display: block;
}
```

HTML

```
<p>普通はspan要素は改行されませんが<span>CSSで指定することでボックスの種類を変えることができます。</span></p>
```

普通はspan要素は改行されませんが
CSSで指定することでボックスの種類を変えることができます。

▲実行結果

span要素がブロックボックスに指定されたので、改行されたようになります。

CSS ▶ 06 ▶ 16_float

floatプロパティ

ボックスの回り込みを指定する

{ float: 回り込み位置; }

floatプロパティは、ボックスの回り込み位置を指定します。floatプロパティにleft、またはrightが指定された時、ボックスの後に続く要素は回り込むようにレイアウトされます。この影響を解除するにはclearプロパティを使います（P.364）。

指定できる値

回り込み位置	
none（初期値）	回り込みを指定しない
left	ボックスを左に寄せる
right	ボックスを右に寄せる

使用例

CSS
```
.img-right {
    float: right;
}
```

HTML
```
<h1>銀河鉄道の夜</h1>
<img src="photo.jpg" class="img-right">
<p>「ではみなさんは、そういうふうに川だと言いわれたり...省略...</p>
```

▲実行結果

floatがrightに指定された画像が右に配置されています。その後に続く文章は、ボックスを回り込むように続きます。

363

CSS ▶ 06 ▶ 17_clear

clearプロパティ

ボックスの回り込みを解除する

{ clear: 解除位置; }

clearプロパティは、floatプロパティにより指定されたボックスの回り込みを解除します。

指定できる値

解除位置	
none(初期値)	回り込みを解除しない
left	float:left;が指定されたボックスの回り込みを解除する
right	float:right;が指定されたボックスの回り込みを解除する
both	float:left;とfloat:right;の両方の回り込みを解除する

使用例

CSS

```
.img-right {
    float: right;
}
h2 {
    clear: both;
}
```

HTML

```
<h1>銀河鉄道の夜</h1>
<img src="photo.jpg" class="img-right">
<p>「ではみなさんは、そういうふうに川だと言いわれたり...省略...</p>
<h2>第二章 活版所</h2>
<p>ジョバンニが学校の門を出るとき、同じ組の七、八人は家へ帰らず...省略...</p>
```

h2にclear:both;が指定されているので、ボックスの回り込みが解除されています。

▲実行結果

364

CSS ▶ 06 ▶ 18_position

positionプロパティ

ボックスの配置規則を指定する

{ position: 配置規則; }

positionプロパティは、要素の位置を決めるための規則を指定します。top, right, bottom, leftプロパティと合わせて使うことで、複雑なレイアウトも可能となります。

指定できる値

配置規則	
static（初期値）	配置規則を指定しない
relative	相対位置を指定する。staticを指定した時の通常の表示位置から、相対的に要素を配置したい時に使う
absolute	絶対位置を指定する。親要素のpositionプロパティにstatic以外が指定されている場合には、親要素の左上が基準位置となる。親要素がstaticのみ場合には、ウィンドウ全体の左上が基準位置となる
fixed	絶対位置を指定する。absoluteと同じだが、スクロールしても要素の位置は固定されたままとなる

CSS ▶ 06
▶ 19_top-right-bottom-left

topプロパティ／ rightプロパティ／ bottomプロパティ／ leftプロパティ

ボックスの配置位置を指定する

{ top: 位置; }
{ right: 位置; }
{ bottom: 位置; }
{ left: 位置; }

top, right, bottom, leftのそれぞれのプロパティは、positionプロパティでstatic以外の値を指定した時の、ボックスの配置位置を指定します。

指定できる値

位置	
auto（初期値）	自動的に指定される
数値と単位	「100px」のように数値と単位で指定する
%	「50%」のように%で指定する

CSS ▶ 06 ▶ 20_z-index

z-indexプロパティ

ボックスの配置位置を指定する

{ z-index: 重ね順; }

z-indexプロパティは、ボックスがpositionプロパティなどで重なった時の順序を指定します。値が大きいものほど、前面に表示されます。

指定できる値

重ね順	
auto（初期値）	HTML文書に記述した順序に従う。後に記述されたものほど前面に表示される
数値	重ね順を数値で指定する（負の値も可能）

使用例

通常はHTML文書で記述が後の要素が前面に表示されます。しかし、z-indexを指定することで重ね順をコントロールしています。

```
CSS

.absolute-box1{
    z-index: 2;
    position: absolute;
    top: 50px;
    left: 50px;
    width: 500px;
    height: 100px;
    background-color: #00a5de;
    opacity: 0.8;
    color: #fff;
}
.absolute-box2{
    z-index: 1;
    position: absolute;
    top: 0px;
    left: 250px;
    width: 150px;
    height: 500px;
    background-color: #068b71;
    opacity: 0.8;
    color: #fff;
}
```

HTML

```
<div class="absolute-box1">
  <p>absolute-box1</p>
</div>
<div class="absolute-box2">
  <p>absolute-box2</p>
</div>
```

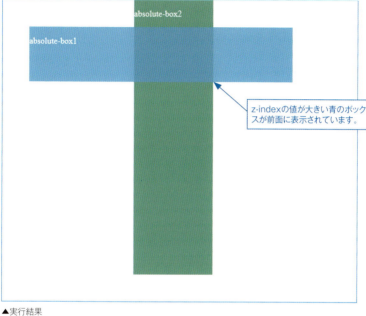

▲実行結果

visibilityプロパティ

ボックスの表示・非表示を指定する

{ visibility: 表示; }

visibilityプロパティはボックスの表示・非表示を指定します。非表示のボックスは表示されていないだけで、存在はしています。もしも、ボックスの存在自体を消したい場合はdisplayプロパティの「none」を指定します。

指定できる値

表示	
visible（初期値）	ボックスを表示する
hidden	ボックスを非表示にする
collapse	テーブルの行と列を非表示にする。テーブル以外の要素に指定した時は、hiddenと同様

使用例

CSS
```
.hidden {
  visibility: hidden;
}
.collapse {
  visibility: collapse;
}
```

HTML
```
<ul>
  <li><a href="#">Chrome</a></li>
  <li class="hidden"><a href="#">Firefox</a></li>
  <li><a href="#">Edge</a></li>
</ul>

<table>
  <tr>
    <td>ねずみ</td>
    <td>うし</td>
    <td>とら</td>
  </tr>
  <tr class="collapse">
    <td>うさぎ</td>
    <td>たつ</td>
```

続く

```
    <td>へび</td>
  </tr>
  <tr>
    <td class="collapse">ひつじ</td>
    <td>さる</td>
    <td>とり</td>
  </tr>
</table>
```

▲実行結果

CSS ▶ 07 ▶ 01_table-layout

table-layoutプロパティ

テーブルのレイアウトアルゴリズムを指定する

{ table-layout: アルゴリズム; }

table-layoutプロパティは、テーブルのレイアウトアルゴリズムを指定します。テーブルの列幅に関するルールが指定できます。

指定できる値

アルゴリズム	
auto（初期値）	それぞれのセルの内容に合わせて、列幅のサイズが決定される
fixed	widthプロパティで指定されたセル以外の列幅は同じサイズになる

使用例

2つのテーブルはtable-layoutプロパティに「auto」と「fixed」をそれぞれ指定しています。はじめの列だけwidthプロパティを指定していますが、2つ目以降の列幅のサイズは違います。

CSS

```
table.auto{
    table-layout: auto;
    width: 100%;
}
table.fixed{
    table-layout: fixed;
    width: 100%;
}
.head{
    width: 100px;
}
```

HTML

```
<table class="auto">
  <caption>table-layout: auto;</caption>
  <tr>
    <th class="head">機種</th>
    <th>iPhone</th>
    <th>iPhone 3G</th>
    <th>iPhone 3GS</th>
    <th>iPhone 4</th>
    <th>iPhone 4S</th>
```

続く

```
  </tr>
  <tr>
    ...省略...
  </tr>
</table>

<table class="fixed">
  <caption>table-layout: fixed;</caption>
  <tr>
    <th class="head">機種</th>
    <th>iPhone</th>
    <th>iPhone 3G</th>
    <th>iPhone 3GS</th>
    <th>iPhone 4</th>
    <th>iPhone 4S</th>
  </tr>
  <tr>
    ...省略...
  </tr>
</table>
```

table-layout: auto;					
機種	iPhone	iPhone 3G	iPhone 3GS	iPhone 4	iPhone 4S
初期搭載iOS	iPhone OS 1.0	iPhone OS 2.0	iPhone OS 3.0	iOS 4	iOS 5
対応iOS最新版	iPhone OS 3.1.3	iOS 4.2.1	iOS 6.1.6	iOS 7.1.2	iOS 9.3.5
iOS最終サポート系列	iPhone OS 3系	iOS 4系	iOS 6系	iOS 7系	iOS 9系

table-layout: fixed;					
機種	iPhone	iPhone 3G	iPhone 3GS	iPhone 4	iPhone 4S
初期搭載iOS	iPhone OS 1.0	iPhone OS 2.0	iPhone OS 3.0	iOS 4	iOS 5
対応iOS最新版	iPhone OS 3.1.3	iOS 4.2.1	iOS 6.1.6	iOS 7.1.2	iOS 9.3.5
iOS最終サポート系列	iPhone OS 3系	iOS 4系	iOS 6系	iOS 7系	iOS 9系

▲実行結果

table-layout: fixedを指定したテーブルでは、widthプロパティを指定していないセルの列幅はすべて同じサイズで表示されます。

セルの内容によって列幅のサイズが違います。

CSS ▶ 07 ▶ 02_border-collapse

border-collapseプロパティ

テーブルのボーダーの表示形式を指定する

{ border-collapse: 表示形式; }

border-collapseプロパティは、テーブルのボーダーの表示形式を指定します。

指定できる値

表示形式	
separate（初期値）	セル間のボーダーを空けて表示する
collapse	セル間のボーダーを空けずに表示する

使用例

```css
table.separate{
    border-collapse: separate;
    width: 100%;
}
table.collapse{
    border-collapse: collapse;
    width: 100%;
}
```

```html
<table class="separate">
  <caption>border-collapse: separate;</caption>
  <tr>
    ...省略...
  </tr>
</table>

<table class="collapse">
  <caption>border-collapse: collapse;</caption>
  <tr>
    ...省略...
  </tr>
</table>
```

border-collapse: separate;				
機種	iPhone	iPhone 3G	iPhone 3GS	iPhone 4	iPhone 4S
初期搭載iOS	iPhone OS 1.0	iPhone OS 2.0	iPhone OS 3.0	iOS 4	iOS 5
対応iOS最新版	iPhone OS 3.1.3	iOS 4.2.1	iOS 6.1.6	iOS 7.1.2	iOS 9.3.5
iOS最終サポート系列	iPhone OS 3系	iOS 4系	iOS 6系	iOS 7系	iOS 9系

border-collapse: collapse;				
機種	iPhone	iPhone 3G	iPhone 3GS	iPhone 4	iPhone 4S
初期搭載iOS	iPhone OS 1.0	iPhone OS 2.0	iPhone OS 3.0	iOS 4	iOS 5
対応iOS最新版	iPhone OS 3.1.3	iOS 4.2.1	iOS 6.1.6	iOS 7.1.2	iOS 9.3.5
iOS最終サポート系列	iPhone OS 3系	iOS 4系	iOS 6系	iOS 7系	iOS 9系

▲実行結果

border-collapse: collapseを指定すると、セル間のボーダーを空けずに、1つの線のように表示します。

CSS ▶ 07 ▶ 03_border-spacing

border-spacingプロパティ

テーブルのボーダーの間隔を指定する

{ border-spacing: 間隔; }

border-spacingプロパティはテーブルのボーダーの間隔を指定します。1つの値を指定すると、セルの上下左右の間隔が指定されます。半角スペースに続けて2つの値を指定すると、1つ目が左右、2つ目が上下の値に指定されます。

指定できる値

間隔	
数値と単位	「5px」のように数値と単位で間隔を指定する

使用例

CSS

```css
table.table{
    border-spacing: 5px 15px;
    width: 100%;
}
```

HTML

```html
<table class="table">
  <tr>
    ...省略...
  </tr>
</table>
```

機種	iPhone	iPhone 3G	iPhone 3GS	iPhone 4	iPhone 4S
初期搭載iOS	iPhone OS 1.0	iPhone OS 2.0	iPhone OS 3.0	iOS 4	iOS 5
対応iOS最新版	iPhone OS 3.1.3	iOS 4.2.1	iOS 6.1.6	iOS 7.1.2	iOS 9.3.5
iOS最終サポート系列	iPhone OS 3系	iOS 4系	iOS 6系	iOS 7系	iOS 9系

▲実行結果

border-spacing: 5px 15pxを指定。セルの左右に5px、上下に15pxの間隔ができています。

CSS ▶ 07 ▶ 04_empty-cells

empty-cellsプロパティ

テーブル内の、空のセルの表示形式を指定する

{ empty-cells: 表示形式; }

empty-cellsプロパティは、テーブルのセルが空だったときの表示形式を指定します。

指定できる値

表示形式	
show（初期値）	空のセルを表示する
hide	空のセルを表示しない

使用例

CSS

```css
table.table{
    empty-cells: hide;
}
```

HTML

```html
<table class="table">
  <tr>
    <th>機種</th>
    <th>iPhone</th>
    <th>iPhone 3G</th>
    <th>iPhone 3GS</th>
  </tr>
  <tr>
    <th>初期搭載iOS</th>
    <td></td>
    <td>iPhone OS 2.0</td>
    <td></td>
  </tr>
</table>
```

機種	iPhone	iPhone 3G	iPhone 3GS
初期搭載iOS		iPhone OS 2.0	

empty-cells: hideを指定。セルが空のときは表示されません。

▲実行結果

375

CSS ▶ 07 ▶ 05_caption-side

caption-sideプロパティ

テーブルの<caption>要素の表示位置を指定する

{ caption-side: 表示位置; }

caption-sideプロパティはテーブルのcaption要素の表示位置を指定します。

指定できる値

表示位置	
top（初期値）	caption要素をテーブルの上に表示する
bottom	caption要素をテーブルの下に表示する

使用例

CSS

```
table.table{
    caption-side: bottom;
}
```

HTML

```
<table class="table">
  <caption>iPhoneの搭載OS</caption>
  <tr>
    <th>iPhone</th>
    <th>iPhone 3G</th>
    <th>iPhone 3GS</th>
  </tr>
  <tr>
    <td>iPhone OS 1.0</td>
    <td>iPhone OS 2.0</td>
    <td>iPhone OS 3.0</td>
  </tr>
</table>
```

iPhone	iPhone 3G	iPhone 3GS
iPhone OS 1.0	iPhone OS 2.0	iPhone OS 3.0

iPhoneの搭載OS

▲実行結果

caption-side: bottomを指定すると、
caption要素がテーブルの下に表示されます。

CSS ▶ 08 ▶ 01_list-style-type

list-style-typeプロパティ

リスト項目のマーカーの種類を指定する

{ list-style-type: 種類; }

list-style-typeプロパティは、表示するリスト項目のマーカーの種類を指定します。表示できるマーカーはブラウザによって異なります。次の表は主要なものです。

指定できる値

種類	
none	マーカーを表示しません。

disc（初期値）	「●」の黒丸
circle	「○」の黒丸
square	「・」の黒い四角
decimal	「1 〜 100」の数字
decimal-leading-zero	「01 〜 100」のゼロ埋め数字
cjk-decimal	「一〜一〇〇」の漢数字
lower-roman	「i 〜 c」の小文字のローマ数字
upper-roman	「I 〜 C」の大文字のローマ数字
lower-greek	「α〜ω」の小文字のギリシャ語
lower-alpha	「a 〜 z」の小文字のASCII文字
upper-alpha	「A 〜 Z」の大文字のASCII文字
hiragana	「あ〜ん」のひらがなの「あいうえお」
hiragana-iroha	「い〜す」のひらがなの「いろは順」
katakana	「ア〜ン」のカタカナの「あいうえお」
katakana-iroha	「イ〜ス」のカタカナの「いろは順」

使用例

CSS

```css
ul{
    list-style-type: square;
}
```

```html
<ul>
  <li>Chrome</li>
  <li>FireFox</li>
  <li>Edge</li>
</ul>
```

- Chrome
- FireFox
- Edge

list-style-type: squareを指定。黒い四角のマーカーを表示しています。

▲実行結果

CSS ▶ 08 ▶ 02_list-style-position

list-style-positionプロパティ

リスト項目のマーカーの位置を指定する

{ list-style-position: 位置; }

list-style-positionプロパティは、リスト項目のマーカーの位置を指定します。

指定できる値

位置	
outside（初期値）	マーカーをボックスの外側に表示する
inside	マーカーをボックスの内側に表示する

使用例

1つ目のul要素にはlist-style-position: outside、2つ目にはlist-style-position: insideを指定しています。

CSS

```css
ul.outside{
    list-style-position: outside;
}
ul.inside{
    list-style-position: inside;
}
ul li{
    border: 1px dotted #f5ac0f;
}
```

HTML

```html
<ul class="outside">
  <li>Chrome</li>
  <li>FireFox</li>
  <li>Edge</li>
</ul>
<ul class="inside">
  <li>Safari</li>
  <li>Opera</li>
  <li>Internet Explorer</li>
</ul>
```

- Chrome
- FireFox
- Edge

  - Safari
  - Opera
  - Internet Explorer

li要素にボーダーを指定しています。マーカーが外側と内側と違っているのがわかります。

▲実行結果

CSS ▶ 08 ▶ 03_list-style-image

list-style-imageプロパティ

リスト項目のマーカーの画像を指定する

{ list-style-image: 画像; }

list-style-imageプロパティは、リスト項目のマーカー画像を指定します。

指定できる値

画像	
none（初期値）	マーカーの画像を指定しない
url()	マーカーとして使う画像のURLを括弧の中に指定する

使用例

CSS

```css
ul{
    list-style-image: url(./arrow.png);
}
```

HTML

```html
<ul>
  <li>Chrome</li>
  <li>FireFox</li>
  <li>Edge</li>
</ul>
```

> Chrome
> FireFox
> Edge

リスト項目のマーカーを画像で表示しています。

▲実行結果

CSS ▶ 08 ▶ 04_list-style

list-styleプロパティ

リスト項目のマーカーをまとめて指定する

{ list-style: -type -position -image; }

list-styleプロパティは、表示するリスト項目のマーカーをまとめて指定します。指定できる値は各プロパティと共通です。値は半角スペースで区切って指定します。

使用例

CSS

```
ul.style1{
    list-style: square inside;
}
ul.style2{
    list-style: none inside url(./arrow.png);
}
```

HTML

```
<ul class="style1">
  <li>Chrome</li>
  <li>FireFox</li>
  <li>Edge</li>
</ul>

<ul class="style2">
  <li>Safari</li>
  <li>Opera</li>
  <li>Internet Explorer</li>
</ul>
```

- Chrome
- FireFox
- Edge

> Safari
> Opera
> Internet Explorer

list-styleプロパティでまとめてリスト項目のマーカーを指定しています。

▲実行結果

381

opacityプロパティ

要素の透明度を指定する

{ opacity: 透明度; }

opacityプロパティは、要素の透明度を指定します。

指定できる値

透明度	
数値	0.0～1.0までの値を指定する。0に近づくほど透明になり、1.0で完全な不透明になる

使用例

CSS

```css
.button{
    opacity: 0.7;
    padding: 15px 30px;
    background-color: #fff;
    display: inline-block;
}
.button:hover{
    opacity: 0.5;
}
.box{
    background-image: url('./pic.png');
    padding: 100px;
}
```

HTML

```html
<div class="box">
  <a href="#" class="button">詳しく見る</a>
</div>
```

a要素にopacity: 0.7を指定しているので背景の写真も薄く見えています。:hoverセレクタでopacity: 0.5を指定しているので、マウスポインターが上に乗るとさらに透明度が大きくなります。

▲実行結果

CSS ▶ 08 ▶ 06_cursor

cursorプロパティ

マウスポインターのデザインを指定する

{ cursor: デザイン; }

cursorプロパティは、マウスポインターのデザインを指定します。デザインは任意の画像または用意されたデザインをキーワードで指定します。キーワードで指定するデザインはOSによって違います。以下の表はWindows 10とmacOS 10のものです。

指定できる値

デザイン(画像)	
url(画像のURL)	任意の画像ファイルをURLで指定する。カンマ(,)で区切ることで、1つ目の画像を表示できなかったときの次の候補を指定できる。IEのバージョンによっては、*.curまたは*.ani形式の画像を用意する必要がある
url() ポインターの位置	url()で画像を指定したときに、{cursor: url(./icon.png) 10 20}のようにスペースで数値を入れるとx軸、y軸で画像の位置を指定できる。数値を1つだけ指定した場合は、x軸, y軸ともに同じ値となる。単位は不要

デザイン(キーワード)			
一般			
auto(初期値)	自動的に変化		自動的にブラウザが決める
default	Win	Mac	カーソル
none			ポインターを表示しない
リンク用、特定状態用			
context-menu	Win	Mac	コンテキストメニュー用
help	Win	Mac	ヘルプ用
pointer	Win	Mac	リンク用
progress	Win	Mac	ビジー状態だがユーザーによる操作が可能な状態
wait	Win	Mac	ビジー状態でユーザーによる操作が不能な状態
選択用			
cell	Win	Mac	セル選択用
crosshair	Win	Mac	範囲選択用
text	Win	Mac	テキスト選択用
vertical-text	Win	Mac	縦書きテキスト

続く

383

ドラッグ&ドロップ				
alias	Win		Mac	エイリアスやショートカット用
copy	Win		Mac	コピー用
move	Win		Mac	移動用
no-drop	Win		Mac	ドロップができない領域を示す
not-allowed	Win		Mac	操作ができないことを示す
リサイズ用、スクロール用				
n-resize	Win		Mac	上側へのリサイズを示す
e-resize	Win		Mac	右側へのリサイズを示す
s-resize	Win		Mac	下側へのリサイズを示す
w-resize	Win		Mac	左側へのリサイズを示す
nw-resize	Win		Mac	左上側へのリサイズを示す
ne-resize	Win		Mac	右上側へのリサイズを示す
se-resize	Win		Mac	右下側へのリサイズを示す
sw-resize	Win		Mac	左下側へのリサイズを示す
ew-resize	Win		Mac	左右へのリサイズを示す
ns-resize	Win		Mac	上下へのリサイズを示す
nesw-resize	Win		Mac	右上、左下へのリサイズを示す
nwse-resize	Win		Mac	左上、右下へのリサイズを示す
col-resize	Win		Mac	列のリサイズを示す
row-resize	Win		Mac	行のリサイズを示す
all-scroll	Win		Mac	任意の方向にスクロール可能を示す
ズーム用				
zoom-in	Win		Mac	ズームイン可能を示す
zoom-out	Win		Mac	ズームアウト可能を示す

CSS ▶ 08 ▶ 07_content

contentプロパティ

コンテンツを挿入する

{ content: コンテンツ; }

contentプロパティは、::beforeと::after疑似要素にコンテンツを挿入します。

指定できる値

コンテンツ	
normal（初期値）	コンテンツを何も挿入しない
none	normalと同じくコンテンツを何も挿入しない
文字列	content: "任意の文字列"のように、引用符（"）で囲んだ文字列を挿入する
url(ファイルのURL)	content: url("./pic.png")のように画像ファイルのURLを指定して挿入する
counter(カウンター名)	カウンター名を指定することで、連番を挿入できる。counter-incrementプロパティと同時に使い、カウンター名と増加数を指定する
attr(属性名)	要素の属性名を指定すると、その属性の設定されている値が挿入される
open-quote	quotesプロパティで指定した開始記号が挿入される
close-quote	quotesプロパティで指定した終了記号が挿入される
no-open-quote	quotesプロパティで指定した記号を一階層下げる
no-close-quote	quotesプロパティで指定した記号を一階層上げる

使用例

▶ サンプル①

::after疑似要素のコンテンツに「▶」を挿入しています。

CSS
```
.more::after{
    content: "▶";
}
```

HTML
```
<p><a href="#" class="more">続きはコチラ</a></p>
```

385

続きはコチラ ▶

▲実行結果

▶ **サンプル②**

time要素に設定されたdata-new属性の値を、attr(data-new) のように指定してコ
ンテンツを挿入しています。挿入されたコンテンツに他のプロパティをあてることも可
能です。

```
CSS
.time::before{
    content: attr(data-new);
    color: red;
    font-size:12px;
    margin-right: 5px;
}
```

```
HTML
<time class="time" data-new="NEW">2018/1/1</time>
```

NEW 2018/1/1

▲実行結果

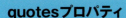

CSS ▶ 08 ▶ 08_quotes

quotesプロパティ

contentプロパティで挿入する記号を指定する

{ quotes: 開始記号 終了記号; }

quotesプロパティは、contentプロパティで挿入する記号を指定します。

指定できる値

開始記号、終了記号	
none(初期値)	記号を指定しない
開始記号 終了記号	挿入する記号をシングルクオーテーション(')、またはダブルクオーテーション(")で囲み指定する。半角スペースで区切り、開始記号と終了記号をそれぞれ指定できる

使用例

quotesプロパティで開始記号に『を、終了記号に』を指定しています。

CSS
```
.title{
    quotes:' 『 ' ' 』 ';
}
.title::before{
    content: open-quote;
}
.title::after{
    content: close-quote;
}
```

HTML
```
<h1 class="title">吾輩は猫である</h1>
```

前後に『』が挿入されました。

『吾輩は猫である』

▲実行結果

counter-incrementプロパティ

contentプロパティで挿入するカウンターの更新値を指定する

{ counter-increment: カウンター名 更新値; }

counter-incrementプロパティは、contentプロパティのcounter()で挿入するカウンターの更新値を指定します。

指定できる値

カウンター名	
none（初期値）	カウンターを指定しない
カウンター名	値を更新したいカウンター名を指定する

更新値	
数値	指定した整数の前後に数値が増えていく（省略時は1）。0や負の値も指定できる

使用例

rankingというカウンター名を指定し、1位からの順位を挿入しています。

CSS
```
.ranking_list li{
    counter-increment: ranking 1;
}
.ranking_list li::before{
    content: counter(ranking);
}
```

HTML
```
<ul class="ranking_list">
    <li>位：山田一郎</li>
    <li>位：安藤花子</li>
    <li>位：技術太朗</li>
    <li>位：鈴木巌</li>
    <li>位：森田幸代</li>
</ul>
```

▲実行結果

CSS ▶ 08 ▶ 10_counter-reset

counter-resetプロパティ

contentプロパティで挿入するカウンター値をリセットする

{ counter-reset: カウンター名 リセット値; }

counter-resetプロパティは、contentプロパティのcounter()で挿入するカウンターの値をリセットします。

指定できる値

カウンター名	
none（初期値）	カウンターのリセットを指定しない
カウンター名	値をリセットしたいカウンター名を指定する

リセット値	
数値	リセットしたときの整数値を指定する（省略時は0）。負の値も指定できる

使用例

class属性が「ranking_list」のul要素ごとに、カウンター値をリセットしています。

```css
.ranking_list{
    counter-reset: ranking 0;
}
.ranking_list li{
    counter-increment: ranking 1;
}
.ranking_list li::before{
    content: counter(ranking);
}
```

```html
<ul class="ranking_list">
    <li>位：山田一郎</li>
    <li>位：安藤花子</li>
    <li>位：技術太朗</li>
</ul>
<ul class="ranking_list">
    <li>位：鈴木巌</li>
    <li>位：森田幸代</li>
    <li>位：佐藤康男</li>
</ul>
```

389

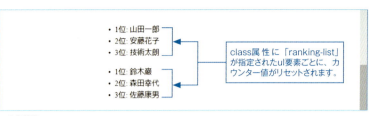

▲実行結果

CSS ▶ 08 ▶ 11_object-fit

object-fitプロパティ

画像などをボックスにどのようにフィットさせるか指定する

{ object-fit: 表示方法; }

object-fitプロパティは、img要素、video要素、iframe要素などの置換要素を、ボックスにどのようにフィットさせて表示するかを指定します。

指定できる値

表示方法	
fill（初期値）	ボックスのサイズに合わせて、縦横比を維持せず、全体が見えるようにリサイズして表示する
contain	ボックスのサイズに合わせて、縦横比を維持したまま、全体が見えるようにリサイズして表示する
cover	ボックスのサイズに合わせて、縦横比を維持したまま、トリミングするようにリサイズして表示する
none	ボックスのサイズに合わせて、縦横比を維持したまま、リサイズをせずにトリミングして表示する
scale-down	要素のサイズとボックスのサイズを比べて、サイズの小さいほうに合わせて縦横比を維持したまま、全体が見えるようにリサイズして表示する

使用例

CSS

```
img{
    width: 150px;
    height: 150px;
    background-color: #eee;
}
.fill{
    object-fit:fill;
}
.contain{
    object-fit:contain;
}
.cover{
    object-fit:cover;
}
.none{
    object-fit:none;
}
.scale-down{
    object-fit:scale-down;
}
```

HTML

```html
<h1>fill</h1>
<img src="./pic.jpg" alt="" class="fill">

<h1>contain</h1>
<img src="./pic.jpg" alt="" class="contain">

<h1>cover</h1>
<img src="./pic.jpg" alt="" class="cover">

<h1>none</h1>
<img src="./pic.jpg" alt="" class="none">

<h1>scale-down</h1>
<img src="./pic.jpg" alt="" class="scale-down">
```

● fill

● contain

● cover

● none

● scale-down

CSS ▶ 08 ▶ 12_object-position

object-positionプロパティ

画像などをボックスに表示させる位置を指定する

{ object-position: 位置; }

object-positionプロパティは、img要素、video要素、iframe要素などの置換要素を、ボックス内のどの位置に表示させるか指定します。値は半角スペースで区切り、1つ目は水平方向の位置、2つ目は垂直方向の位置です。1つだけ値を指定したときは、2つ目も同じ値になります（初期値は「50% 50%」）。

指定できる値

位置	
数値と単位	「100px」のように数値と単位で指定する
%	「50%」のように%で指定する
top	垂直方向が0%と同じ
right	水平方向が100%と同じ
bottom	垂直方向が100%と同じ
left	水平方向が0%と同じ

使用例

CSS

```
.pic{
    width: 150px;
    height: 150px;
    background-color: #eee;
    object-fit:contain;
    object-position: 10px 10px;
}
```

HTML

```
<img src="./pic.jpg" alt="" class="pic">
```

▲実行結果

image-orientationプロパティ

画像を回転させる

{ image-orientation: 角度; }

image-orientationプロパティは、画像を回転させることができます。サポートしているブラウザは執筆時点（2018年6月）ではFireFoxのみです。

指定できる値

角度	
回転角度	「90deg」のように角度を指定する。値は90度ごとに四捨五入されるので、50degを指定した場合は90degとして扱われる

使用例

CSS

```css
.pic{
    image-orientation: 90deg;
}
```

HTML

```html
<img src="./pic.jpg" alt="" class="pic">
```

▲実行結果

CSS ▶ 09 ▶ 01_column-count

column-countプロパティ

段組みの列数を指定する

{ **column-count**: **列数**; }

column-countプロパティは段組みの列数を指定します。

指定できる値

列数	
auto（初期値）	widthプロパティ（P.342）やcolumn-widthプロパティ（P.406）の値から自動的に段組みの列数が決まる
数値	段組みの列数を数値で指定する

使用例

column-countプロパティに3を指定し、3列の段組みを実現しています。

```css
.column{
    column-count: 3;
}
```

```html
<div class="column">
<p>吾輩は猫である。名前はまだ無い。</p>
（以下省略）
</div>
```

● column-countプロパティの指定なし

吾輩は猫である。名前はまだ無い。

どこで生れたかとんと見当がつかぬ。何でも薄暗いじめじめした所でニャーニャー泣いていた事だけは記憶している。吾輩はここで始めて人間というものを見た。しかもあとで聞くとそれは書生という人間中で一番獰悪な種族であったそうだ。この書生というのは時々我々を捕えて煮て食うという話である。しかしその当時は何という考もなかったから別段恐しいとも思わなかった。ただ彼の掌に載せられてスーと持ち上げられた時何だかフワフワした感じがあったばかりである。掌の上で少し落ちついて書生の顔を見たのがいわゆる人間というものの見始であろう。この時妙なものだと思った感じが今でも残っている。第一毛をもって装飾されべきはずの顔がつるつるしてまるで薬缶だ。その後猫にもだいぶ逢ったがこんな片輪には一度も出会わした事がない。のみならず顔の真中があまりに突起している。そうしてその穴の中から時々ぷうぷうと煙を吹く。どうも咽せぽくて実に弱った。これが人間の飲む煙草というものである事はようやくこの頃知った。

▲実行結果

● column-countプロパティの指定あり

> 吾輩は猫である。名前はまだ無い。
>
> どこで生れたかとんと見当がつかぬ。何でも薄暗いじめじめした所でニャーニャー泣いていた事だけは記憶している。吾輩はここで始めて人間というものを見た。しかもあとで聞くとそれは書生という人間中で一番獰悪な種族であったそうだ。この書生というのは時々我々を捕えて煮て食うという話である。しかしその当時は何という考もなかったから別段恐しいとも思わなかった。ただ彼の掌に載せられてスーと持ち上げられた時何だかフワフワした感じがあったばかりである。掌の上で少し落ちついて書生の顔を見たのがいわゆる人間というものの見始であろう。この時妙なものだと思った感じが今でも残っている。第一毛をもって装飾されべきはずの顔がつるつるしてまるで薬缶だ。その後猫にもだいぶ逢ったがこんな片輪には一度も出会わした事がない。のみならず顔の真中があまりに突起している。そうしてその穴の中から時々ぷうぷうと煙を吹く。どうも咽せぽくて実に弱った。これが人間の飲む煙草というものである事はようやくこの頃知った。

▲実行結果

3列の段組みになりました。

CSS ▶ 09 ▶ 02_column-fill

column-fillプロパティ

段組み内の要素の表示バランスを指定する

{ column-fill: 表示バランス; }

column-fillプロパティは、段組み内の要素の表示バランスを指定します。このプロパティは、段組みに高さが指定されている時に機能します。column-fillプロパティにbalanceが指定されていると、段組みの高さで折り返すように次の列に移ります。対して、column-fillプロパティにautoが指定されている時は、要素の高さのバランスを整えるように表示します。

指定できる値

表示バランス	
balance（初期値）	段組みの要素はバランスよく表示される
all	段組みの高さで折り返すよう前の段に詰めて表示される

397

使用例

CSS

```
.column{
    column-count: 2;
    column-fill: auto;
    height: 250px;
    border: 1px solid red;
}
```

HTML

```
<div class="column">
<p>吾輩は猫である。名前はまだ無い。</p>
（以下省略）
</div>
```

● column-spanプロパティがbalanceの時

どこで生れたかとんと見当がつかぬ。何でも薄暗いじめじめした所でニャーニャー泣いていた事だけは記憶している。吾輩はここで始めて人間というものを見た。しかもあとで聞くとそれは書生という人間中で一番獰悪な種族であったそうだ。この書生というのは時々我々を捕えて煮て食うという話である。しかしその当時は何という考もなかったから別段恐しいとも思わなかった。ただ彼の掌に載せられてスーと持ち上げられた時何だかフワフワした感じがあったば

かりである。掌の上で少し落ちついて書生の顔を見たのがいわゆる人間というものの見始であろう。この時妙なものだと思った感じが今でも残っている。第一毛をもって装飾されべきはずの顔がつるつるしてまるで薬缶だ。その後猫にもだいぶ逢ったがこんな片輪には一度も出会わした事がない。のみならず顔の真中があまりに突起している。そうしてその穴の中から時々ぷうぷうと煙を吹く。どうも咽せぽくて実に弱った。これが人間の飲む煙草というものである事はようやくこの頃知った。

▲実行結果

> 段組みされた要素の高さがバランスよく表示されます。

● column-spanプロパティがautoの時

どこで生れたかとんと見当がつかぬ。何でも薄暗いじめじめした所でニャーニャー泣いていた事だけは記憶している。吾輩はここで始めて人間というものを見た。しかもあとで聞くとそれは書生という人間中で一番獰悪な種族であったそうだ。この書生というのは時々我々を捕えて煮て食うという話である。しかしその当時は何という考もなかったから別段恐しいとも思わなかった。ただ彼の掌に載せられてスーと持ち上げられた時何だかフワフワした感じがあったばかりである。掌の上で少し落ちついて書生の顔を見たのがいわゆる人間というものの見始であろう。この時妙なものだと思った感じが

今でも残っている。第一毛をもって装飾されべきはずの顔がつるつるしてまるで薬缶だ。その後猫にもだいぶ逢ったがこんな片輪には一度も出会わした事がない。のみならず顔の真中があまりに突起している。そうしてその穴の中から時々ぷうぷうと煙を吹く。どうも咽せぽくて実に弱った。これが人間の飲む煙草というものである事はようやくこの頃知った。

▲実行結果

> 段組みの高さに合わせて、前の段に詰めて表示されます。

CSS ▶ 09 ▶ 03_column-gap

column-gapプロパティ

段組みの列の間隔を指定する

{ column-gap: 間隔; }

column-gapプロパティは段組みの列の間隔を指定します。

指定できる値

間隔	
normal（初期値）	列の間隔を指定しない
数値+単位	「50px」のように数値と単位で指定する。0以下の値は指定できない

使用例

column-gapプロパティに30pxを指定し、列と列の間隔を広げています。

CSS
```css
.column{
    column-count: 3;
    column-gap: 30px;
}
```

HTML
```html
<div class="column">
<p>吾輩は猫である。名前はまだ無い。</p>
(以下省略)
</div>
```

▲実行結果

段組みの列の間隔が広がりました。

CSS ▶ 09 ▶ 04_column-rule

column-ruleプロパティ

段組みの列間に引く罫線のプロパティをまとめて指定する

{ column-rule: -width -style -color; }

column-ruleプロパティは、段組みの列間に引く罫線のプロパティを指定します。指定できる値は各プロパティと同様です（P.401～P.403）。半角スペースで区切って指定します。指定する順序は任意です。

使用例

このサンプルは、「column-rule-width: 3px;」「column-rule-style: solid;」「column-rule-color: #6cbb5a;」の各プロパティを指定したのと同様です。

CSS

```
.column{
    column-count: 3;
    column-rule: 3px solid #6cbb5a;
}
```

HTML

```
<div class="column">
<p>吾輩は猫である。名前はまだ無い。</p>
（以下省略）
</div>
```

吾輩は猫である。名前はまだ無い。

どこで生れたかとんと見当がつかぬ。何でも薄暗いじめじめした所でニャーニャー泣いていた事だけは記憶している。吾輩はここで始めて人間というものを見た。しかもあとで聞くとそれは書生という人間中で一番獰悪な種族であったそうだ。この書生というのは時々

我々を捕えて煮て食うという話である。しかしその当時は何という考もなかったから別段恐しいとも思わなかった。ただ彼の掌に載せられてスーと持ち上げられた時何だかフワフワした感じがあったばかりである。掌の上で少し落ちついて書生の顔を見たのがいわゆる人間というものの見始であろう。この時妙なものだと思った感じが今でも残っている。第

一毛をもって装飾されべきはずの顔がつるつるしてまるで薬缶だ。その後猫にもだいぶ逢ったがこんな片輪には一度も出会わした事がない。のみならず顔の真中があまりに突起している。そうしてその穴の中から時々ぷうぷうと煙を吹く。どうも咽せぽくて実に弱った。これが人間の飲む煙草というものである事はようやくこの頃知った。

▲実行結果

列の間に罫線が表示されました。

400

CSS ▶ 09 ▶ 05_column-rule-color

column-rule-colorプロパティ

段組みの列間に引く罫線の色を指定する

{ column-rule-color: 色; }

column-rule-colorプロパティは、段組みの列間に引く罫線の色を指定します。

指定できる値

色	
色	罫線の色をキーワードかカラーコードで指定する（P.494）

使用例

罫線の太さとスタイルについては、column-rule-widthプロパティ（P.403）と
column-rule-styleプロパティ（P.402）を使用しています。

CSS

```
.column{
    column-count: 3;
    column-rule-width: 5px;
    column-rule-style: dotted;
    column-rule-color: #f6a9bb;
}
```

HTML

```
<div class="column">
<p>吾輩は猫である。名前はまだ無い。</p>
（以下省略）
</div>
```

吾輩は猫である。名前はまだ無い。

どこで生れたかとんと見当がつかぬ。何でも薄暗いじめじめした所でニャーニャー泣いていた事だけは記憶している。吾輩はここで始めて人間というものを見た。しかもあとで聞くとそれは書生という人間中で一番獰悪な種族であったそうだ。この書生というのは時々

我々を捕えて煮て食うという話である。しかしその当時は何という考もなかったから別段恐しいとも思わなかった。ただ彼の掌に載せられてスーと持ち上げられた時何だかフワフワした感じがあったばかりである。掌の上で少し落ちついて書生の顔を見たのがいわゆる人間というものの見始であろう。この時妙なものだと思った感じが今でも残っている。第

一毛をもって装飾されべきはずの顔がつるつるしてまるで薬缶だ。その後猫にもだいぶ逢ったがこんな片輪には一度も出会わした事がない。のみならず顔の真中があまりに突起している。そうしてその穴の中から時々ぷうぷうと煙を吹く。どうも咽せぽくて実に弱った。これが人間の飲む煙草というものである事はようやくこの頃知った。

▲実行結果

CSS ▶ 09 ▶ 06_column-rule-style

column-rule-styleプロパティ

段組みの列間に引く罫線のスタイルを指定する

{ column-rule-style: スタイル; }

column-rule-styleプロパティは段組みの列間に引く、罫線のスタイルを指定します。
指定できるスタイルは、border-styleプロパティと共通です。

指定できる値

スタイル		
none	—	罫線を表示しない
hidden	—	罫線を表示しない
dotted	⋮	点線の罫線を表示する
dashed	┇	破線の罫線を表示する
solid	│	直線の罫線を表示する
double	‖	2本の直線の罫線を表示する
groove	│	彫り込んだ線の罫線を表示する
ridge	│	浮き出るような線の罫線を表示する
inset	┊	立体的に埋め込まれているように見える罫線を表示する
outset	│	立体的に浮き出るような罫線を表示する

402

CSS ▶ 09 ▶ 07_column-rule-width

column-rule-widthプロパティ

段組みの列間に引く罫線の太さを指定する

{ column-rule-width: 太さ; }

column-rule-widthプロパティは段組みの列間に引く、罫線の太さを指定します。

指定できる値

太さ	
数値+単位	「3px」のように数値と単位で指定する
thin	細い罫線を表示する
medium（初期値）	通常の罫線を表示する
thick	太い罫線を表示する

使用例

罫線の太さに5pxを指定しています。罫線のスタイルと色は、column-rule-styleプロパティ（P.402）とcolumn-rule-colorプロパティ（P.401）を使用しています。

CSS

```
.column{
    column-count: 3;
    column-rule-width: 5px;
    column-rule-style: dashed;
    column-rule-color: #b8e3e9;
}
```

HTML

```
<div class="column">
<p>吾輩は猫である。名前はまだ無い。</p>
(以下省略)
</div>
```

吾輩は猫である。名前はまだ無い。

どこで生れたかとんと見当がつかぬ。何でも薄暗いじめじめした所でニャーニャー泣いていた事だけは記憶している。吾輩はここで始めて人間というものを見た。しかもあとで聞くとそれは書生という人間中で一番獰悪な種族であったそうだ。この書生というのは時々

我々を捕えて煮て食うという話である。しかしその当時は何という考もなかったから別段恐しいとも思わなかった。ただ彼の掌に載せられてスーと持ち上げられた時何だかフワフワした感じがあったばかりである。掌の上で少し落ちついて書生の顔を見たのがいわゆる人間というものの見始であろう。この時妙なものだと思った感じが今でも残っている。第

一毛をもって装飾されべきはずの顔がつるつるしてまるで薬缶だ。その後猫にもだいぶ逢ったがこんな片輪には一度も出会わした事がない。のみならず顔の真中があまりに突起している。そうしてその穴の中から時々ぷうぷうと煙を吹く。どうも咽せぽくて実に弱った。これが人間の飲む煙草というものである事はようやくこの頃知った。

▲実行結果

CSS ▶ 09 ▶ 08_column-span

column-spanプロパティ

段組み内の要素が複数の列にまたがるかを指定する

{ column-span: 表示; }

column-countプロパティなどで段組みを指定した場合は、段組み内の要素は指定された列数で表示されます。もし、段組み途中の要素を横切らせたいときはcolumn-spanプロパティを指定します。

指定できる値

表示	
none(初期値)	複数の列にまたがらない
all	指定した要素が複数の列にまたがる

使用例

段組み途中のh1、h2要素について、column-countプロパティにallを指定し、段組みの列をまたがるように表示しています。

```css
.column{
    column-count: 3;
}
.column h1{
    column-span: all;
    background-color: #b8e3e9;
}
.column h2{
    column-span: all;
    background-color: #b8e3e9;
}
```

```html
<div class="column">
<h1>吾輩は猫である。</h1>
<p>吾輩は猫である。名前はまだ無い。</p>
(途中省略)
<h2>第１章</h2>
<p>この書生の掌の裏でしばらくは...
(以下省略)
</div>
```

404

● column-spanプロパティの指定なし

吾輩は猫である。

吾輩は猫である。名前はまだ無い。

どこで生れたかとんと見当がつかぬ。何でも薄暗いじめじめした所でニャーニャー泣いていた事だけは記憶している。吾輩はここで始めて人間というものを見た。しかもあとで聞くとそれは書生という人間中で一番獰悪な種族であったそうだ。この書生というのは時々我々を捕えて煮て食うという話である。しか

しその当時は何という考もなかったから別段恐しいとも思わなかった。ただ彼の掌に載せられてスーと持ち上げられた時何だかフワフワした感じがあったばかりである。掌の上で少し落ちついて書生の顔を見たのがいわゆる人間というものの見始であろう。この時妙なものだと思った感じが今でも残っている。第一毛をもって装飾されべきはずの顔がつるつるしてまるで薬缶だ。その後猫にもだいぶ逢ったがこんな片輪には一度も出会わした事がない。のみならず顔の真中があまりに突起している。そうしてその穴の中から時々ぷうぷうと煙を吹く。どうも咽せぽくて実に弱っ

た。これが人間の飲む煙草というものである事はようやくこの頃知った。

第1章

この書生の掌の裏でしばらくはよい心持に坐っておったが、しばらくすると非常な速力で運転し始めた。書生が動くのか自分だけが動くのか分らないが無暗に眼が廻る。胸が悪くなる。到底助からないと思っていると、どさりと音がして眼から火が出た。それまでは記憶しているがあとは何の事やらいくら考え出そうとしても分らない。

▲実行結果

● column-spanプロパティの指定あり

吾輩は猫である。

吾輩は猫である。名前はまだ無い。

どこで生れたかとんと見当がつかぬ。何でも薄暗いじめじめした所でニャーニャー泣いていた事だけは記憶している。吾輩はここで始めて人間というものを見た。しかもあとで聞くとそれは書生という人間中で一番獰悪な種族であったそうだ。この書生というのは時々

我々を捕えて煮て食うという話である。しかしその当時は何という考もなかったから別段恐しいとも思わなかった。ただ彼の掌に載せられてスーと持ち上げられた時何だかフワフワした感じがあったばかりである。掌の上で少し落ちついて書生の顔を見たのがいわゆる人間というものの見始であろう。この時妙なものだと思った感じが今でも残っている。第

一毛をもって装飾されべきはずの顔がつるつるしてまるで薬缶だ。その後猫にもだいぶ逢ったがこんな片輪には一度も出会わした事がない。のみならず顔の真中があまりに突起している。そうしてその穴の中から時々ぷうぷうと煙を吹く。どうも咽せぽくて実に弱った。これが人間の飲む煙草というものである事はようやくこの頃知った。

第1章

この書生の掌の裏でしばらくはよい心持に坐っておったが、しばらくすると非常な速力で運転し始めた。書生が動くのか自分だけが

動くのか分らないが無暗に眼が廻る。胸が悪くなる。到底助からないと思っていると、どさりと音がして眼から火が出た。それまでは

記憶しているがあとは何の事やらいくら考え出そうとしても分らない。

▲実行結果

> h1、h2要素が、複数の列にまたがって表示されます。

CSS ▶ 09 ▶ 09_column-width

column-widthプロパティ

段組みの列の幅を指定する

{ column-width: 列の幅; }

column-widthプロパティは、段組みの列の幅を指定します。指定した列の幅に必ずなるわけではなく、表示しているエリアの幅に合わせて変わります。

指定できる値

列の幅	
auto（初期値）	column-countプロパティの値などから自動的に決まる
数値+単位	「100px」「10em」のように数値と単位で指定する（0以下の値は指定できない）

使用例

column-widthプロパティに10emを指定し、10文字ごとに折り返す段組みを実現しています。

CSS

```
.column{
    column-width: 10em;
}
```

HTML

```
<div class="column">
<p>吾輩は猫である。名前はまだ無い。</p>
（以下省略）
</div>
```

吾輩は猫である。名前はまだ無い。

どこで生れたかとんと見当がつかぬ。何でも薄暗いじめじめした所でニャーニャー泣いていた事だけは記憶している。吾輩はここで始めて人間というものを見た。しかもあとで聞くとそれは書生という人間中で一番獰悪な種族であったそうだ。この書生というのは時々我々を捕えて煮て食うという話である。しかしその当時は何という考もなかったから別段恐しいとも思わなかった。ただ彼の掌に載せられてスーと持ち上げられた時何だかフワフワした感じがあったばかりである。掌の上で少し落ちついて書生の顔を見たのがいわゆる人間というものの見始であろう。この時妙なものだと思った感じが今でも残っている。第一毛をもって装飾されべきはずの顔がつるつるしてまるで薬缶だ。その後猫にもだいぶ逢ったがこんな片輪には一度も出会わした事がない。のみならず顔の真中があまりに突起している。そうしてその穴の中から時々ぷうぷうと煙を吹く。どうも咽せぼくて実に弱った。これが人間の飲む煙草というものである事はようやくこの頃知った。

▲実行結果

10文字ごとに折り返して列が表示されます。

CSS ▶ 09 ▶ 10_columns

columnsプロパティ

段組みの列数と列の幅をまとめて指定する

{ columns: -count -width; }

columnsプロパティは、column-countプロパティ（P.396）とcolumn-widthプロパティ（P.406）の値を一括で指定します。このプロパティ名は「column」でなく「columns」です。末尾に「s」が必要で、間違いやすいので気を付けてください。値は半角スペースで区切って指定し、順序は任意です。

使用例

CSS

```
.column{
    columns: 3 20em;
}
```

HTML

```
<div class="column">
<p>吾輩は猫である。名前はまだ無い。</p>
（以下省略）
</div>
```

吾輩は猫である。名前はまだ無い。

どこで生れたかとんと見当がつかぬ。何でも薄暗いじめじめした所でニャーニャー泣いていた事だけは記憶している。吾輩はここで始めて人間というものを見た。しかもあとで聞くとそれは書生という人間中で一番獰悪な種族であったそうだ。この書生というのは時々我々を捕えて煮て食うという話である。しかしその当時は何という考もなかったから別段恐しいとも思わなかった。ただ彼の掌に載せられてスーと持ち上げられた時何だかフワフワした感じがあったばかりである。掌の上で少し落ちついて書生の顔を見たのがいわゆる人間というものの見始であろう。この時妙なものだと思った感じが今でも残っている。第一毛をもって装飾されべきはずの顔がつるつるしてまるで薬缶だ。その後猫にもだいぶ逢ったがこんな片輪には一度も出会わした事がない。のみならず顔の真中があまりに突起している。そうしてその穴の中から時々ぷうぷうと煙を吹く。どうも咽せぽくて実に弱った。これが人間の飲む煙草というものである事はようやくこの頃知った。

▲実行結果

CSS ▶ 09
▶ 11_break-before-after-inside

break-beforeプロパティ／break-afterプロパティ／break-insideプロパティ

改ページや段組みの区切り位置を指定する

```
{ break-before: 区切り位置; }
{ break-after: 区切り位置; }
{ break-inside: 区切り位置; }
```

break-before、break-after、break-insideプロパティは、改ページや段組みの区切り位置を指定します。改ページの区切り位置とは、印刷時に次のページから印刷を開始指定するためのものです。段組みの区切り位置は、column-countプロパティなどで表示している列を切り替えるためのものです。

break-beforeとbreak-afterプロパティとでは、指定したブロックの前後での区切り位置が違います。break-insideプロパティは、ブロックの途中で区切り位置を指定するときに使用します。

指定できる値

区切り位置	break-before break-after	break-inside	
auto（初期値）	○	○	区切り位置を指定しない
always	○	—	改ページと段組みで強制的な区切り位置を指定する
page	○	—	改ページで強制的な区切り位置を指定する
column	○	—	段組みで強制的な区切り位置を指定する
left	○	—	改ページで区切り位置を指定し、次のページが左から始まるようにする
right	○	—	改ページで区切り位置を指定し、次のページが右から始まるようにする
avoid	○	○	区切り位置を指定する
avoid-page	○	○	改ページと段組みで強制的な区切り位置を指定する
avoid-column	○	○	改ページで強制的な区切り位置を指定する

使用例

CSS

```
.column h1{
    background-color: #b8e3e9;
}
.column h2{
    break-before: page;
    background-color: #b8e3e9;
}
```

408

HTML

```
<div class="column">
<p>吾輩は猫である。名前はまだ無い。</p>
(省略)
</div>
```

● ブラウザでの表示時

吾輩は猫である。

吾輩は猫である。名前はまだ無い。

どこで生れたかとんと見当がつかぬ。何でも薄暗いじめじめした所でニャーニャー泣いていた事だけは記憶している。吾輩はここで始めて人間というものを見た。しかもあとで聞くとそれは書生という人間中で一番獰悪な種族であったそうだ。この書生というのは時々我々を捕えて煮て食うという話である。しかしその当時は何という考もなかったから別段恐しいとも思わなかった。ただ彼の掌に載せられてスーと持ち上げられた時何だかフワフワした感じがあったばかりである。掌の上で少し落ちついて書生の顔を見たのがいわゆる人間というものの見始であろう。この時妙なものだと思った感じが今でも残っている。第一毛をもって装飾されべきはずの顔がつるつるしてまるで薬缶だ。その後猫にもだいぶ逢ったがこんな片輪には一度も出会わした事がない。のみならず顔の真中があまりに突起している。そうしてその穴の中から時々ぷうぷうと煙を吹く。どうも咽せぽくて実に弱った。これが人間の飲む煙草というものである事はようやくこの頃知った。

第1章

この書生の掌の裏でしばらくはよい心持に坐っておったが、しばらくすると非常な速力で運転し始めた。書生が動くのか自分だけが動くのか分らないが無暗に眼が廻る。胸が悪くなる。到底助からないと思っていると、どさりと音がして眼から火が出た。それまでは記憶しているがあとは何の事やらいくら考え出そうとしても分らない。

第1章

この書生の掌の裏でしばらくはよい心持に坐っておったが、しばらくすると非常な速力で運転し始めた。書生が動くのか自分だけが動くのか分らないが無暗に眼が廻る。胸が悪くなる。到底助からないと思っていると、どさりと音がして眼から火が出た。それまでは記憶しているがあとは何の事やらいくら考え出そうとしても分らない。

▲実行結果

印刷時は、h2要素の前で改ページされます。

● 印刷時

▲実行結果

CSS ▶ 10 ▶ 01_transform-2D

transformプロパティ (2D)

要素を2Dに変形させる

{ transform: トランスフォーム関数 (2D) }

transformプロパティの値に2D系のトランスフォーム関数を指定することで、「マトリクス変形」「回転」「拡大・縮小」「傾斜」「移動」などの変形を適用できます。プロパティの値をスペースで区切ることで、複数のトランスフォーム関数を指定可能です。3D系のトランスフォーム関数 (P.413) と同時に使えます。

指定できる値

トランスフォーム関数(2D)		
none(初期値)	トランスフォーム関数を指定しない	
マトリクス変形		
matrix (a, b, c, d, e, f)	6個の数値をカンマ (,) で区切って2D変形を指定する。「matrix(1, 0, 0, 1, 0, 0)」を指定すると座標は変化しない	
	a	水平方向の縮尺率(scaleX)
	b	垂直方向の傾斜率(skewY)
	c	水平方向の傾斜率(skewX)
	d	垂直方向の縮尺率(scaleY)
	e	水平方向の移動距離(translateX)
	f	垂直方向の移動距離(translateY)
回転		
rotate(回転角度)	要素を時計周りに回転する。通常は回転角度を示す単位degを用いる。「rotate(45deg)」は時計回りに45度、「rotate(-45deg)」は反時計周りに45度回転する	
拡大・縮小		
scale(sx, sy)	要素をX軸、Y軸方向に拡大・縮小する。「scale(2, 0.3)」は、X軸方向は2倍に拡大、Y軸方向は30%に縮小する	
scaleX(縮尺率)	要素をX軸方向に拡大・縮小する	
scaleY(縮尺率)	要素をY軸方向に拡大・縮小する	
傾斜		
skew(X軸の傾斜率, Y軸の傾斜率)	要素をX軸、Y軸方向に傾ける。「skew(45deg, 25deg)」のように傾斜率を角度で指定する	
skewX(傾斜率)	要素をX軸方向に傾ける	
skewY(傾斜率)	要素をY軸方向に傾ける	

続く

移動

translate(X軸の移動距離, Y軸の移動距離)	要素をX軸、Y軸方向に移動する。「translate(100px,50px)」のように移動距離を指定する
translateX(移動距離)	要素をX軸方向に移動する
translateY(移動距離)	要素をY軸方向に移動する

使用例

▶ サンプル① 画像を回転する

rotate関数で時計回りに25度回転します。

CSS ※装飾部分のスタイルは記載していません

```css
.rotate img{
    transform: rotate(25deg);
}
```

HTML

```html
<div class="rotate">
    <img src="./pic.jpg" alt="">
</div>
```

画像が回転しました。

▲実行結果

▶ サンプル② 画像をマトリクス変形する

matrix関数では数値を使って指定します。

CSS ※装飾部分のスタイルは記載していません

```css
.matrix img{
    transform: matrix(1, 0.2, 0, 0.5, 50, 100);
}
```

HTML

```
<div class="matrix">
    <img src="./pic.jpg" alt="">
</div>
```

▲実行結果

CSS ▶ 10 ▶ 01_transform-3D

transformプロパティ（3D）

要素を3Dに変形させる

{ **transform**: **トランスフォーム関数（3D）** }

transformプロパティの値に3D系のトランスフォーム関数を指定すると、「マトリクス変形」「回転」「拡大・縮小」「移動」「遠近効果」などの変形を適用できます。スペースで区切ることで複数のトランスフォーム関数を指定可能で、2D系のトランスフォーム関数（P.410）と同時に使用できます。

指定できる値

トランスフォーム関数（3D）	
none（初期値）	トランスフォーム関数を指定しない
マトリクス変形	
matrix3d(a1, b1, c1, d1, a2, b2, c2, d2, a3, b3, c3, d3, a4, b4, c4, d4)	16個の数値をカンマ(,)で区切って指定する。基準値は「matrix(1, 0, 0, 0, 0, 1, 0, 0, 0, 0, 1, 0, 0, 0, 0, 1)」で、この値を指定すると座標は変化しない
回転	
rotate3d (x, y, z, 回転角度)	要素を3D回転する。「rotate3d(1, 2, 3, 45deg)」のように、最初の3つの数値で各軸の方向を決め、最後に時計回りに回転角度を指定する
rotateX(回転角度)	要素をX軸に3D回転する。「rotateX(90deg)」のように回転角度を指定する
rotateY(回転角度)	要素をY軸に3D回転する。「rotateY(90deg)」のように回転角度を指定する
rotateZ(回転角度)	要素をZ軸に3D回転する。「rotateZ(90deg)」のように回転角度を指定する
拡大・縮小	
scale3d(x, y, z)	要素をX、Y、X軸に方向に拡大・縮小する
scaleZ(縮尺率)	要素をX軸方向に拡大・縮小する
移動	
translate3d(x, y, z)	要素を各軸方向に移動する。「translate3d(100px,50px, 20px)」のように移動距離を指定する
translateZ(移動距離)	要素をZ軸方向に移動する
遠近効果	
perspective(数値)	要素にtransformの効果を適用する際、奥行きの深さを指定する。「perspective(200px)」のように数値と単位を指定する。perspectiveプロパティの効果と基本的に同じだが、対象が要素自身か子要素かが異なる

413

使用例

perspective関数で、ピラミッド上に奥行きがでるように変形します。

CSS ※装飾部分のスタイルは記載していません

```
.perspective img{
    transform: perspective(200px) rotateX(45deg);
}
```

HTML

```
<div class="perspective">
    <img src="./pic.jpg" alt="">
</div>
```

▲実行結果

画像が変形し、奥行きが表現されました。

CSS ▶ 10 ▶ 02_transform-origin

transform-originプロパティ

要素を2D・3D変形させる時の中心点を指定する

{ transform-origin: 中心点の位置 }

transform-originプロパティは、要素を2D・3Dに変形させるときの中心点を指定します。中心点の位置は、要素の左上からの長さをスペースで区切って指定します。1つ目の値がX軸、2つ目の値はY軸です。1つ目の値だけを指定したときは、2つ目はcenterとなります。初期値は2D変形では「50% 50%」、3D変形では「50% 50% 0」で、要素の中心を指定したことになります。

指定できる値

中心点の位置	
数値+単位	要素の左上から見て数値と単位で「transform-origin:20px 100px」のように指定する
%	要素の幅、高さの割合を指定する。「transform-origin:50% 50%」は要素の中心を指す
left	要素のX軸を0%(左端)に指定する
right	要素のX軸を100%(右端)に指定する
top	要素のY軸を0%(上端)に指定する
bottom	要素のY軸を100%(下端)に指定する
center	要素のX軸またはY軸を50%(中心)に指定する

使用例

要素の右下を中心点に指定しています。

CSS ※装飾部分のスタイルは記載していません

```css
.transform-origin img{
    transform: rotate(25deg);
    transform-origin:right bottom;
}
```

HTML

```html
<div class="transform-origin">
    <img src="./pic.jpg" alt="">
</div>
```

▲実行結果

中心点はこの位置になっています。

transform-styleプロパティ

3D変形させる時の子要素の配置方法を指定する

{ transform-style: 配置方法 }

transform-styleプロパティは、要素を3Dに変形させるときの子要素をどのように配置するか指定します。子要素も親要素と同一に配置するか、または子要素に3D変形を適用するかをキーワードで指定します。

指定できる値

配置方法	
flat(初期値)	子要素を親要素と同一に配置する
preserve-3d	子要素に指定した3D変形を適用する

使用例

CSS

```css
.wrapper {
  perspective: 300px;
  border: 1px solid black;
}
.block {
  transform-style:preserve-3d;
  transform: rotateY(30deg);
  background-color: #b8e3e9;
  width: 150px;
  height: 150px;
}
.child {
  transform: rotateX(60deg);
  transform-origin: left top;
  background-color: #f6a9bb;
  width: 150px;
  height: 150px;
}
```

HTML

```html
<div class="wrapper">
    <div class="block">
        <div class="child"></div>
    </div>
</div>
```

● transform-style:preserve-3d; を指定

▲実行結果

● transform-styleの指定なし

▲実行結果

CSS ▶ 10 ▶ 04_perspective

perspectiveプロパティ

要素を3D変形させる時の奥行きを指定する

{ perspective: 奥行き }

perspectiveプロパティは、要素を3Dに変形させるときの奥行きを指定します。
perspectiveプロパティは、変型させる要素の親要素に指定します。

指定できる値

奥行き	
none(初期値)	奥行きを指定しない
数値+単位	奥行きを「perspective: 300px」のように値と単位で指定する (0を指定したときはnoneと同じ)

使用例

transformプロパティを指定している要素の親要素に、perspectiveプロパティを指定します。

CSS
```css
.wrapper {
  perspective: 300px;
  width: 500px;
  border: 1px solid black;
}
.block {
  transform: rotateY(30deg);
  background-color: #b8e3e9;
  width: 150px;
  height: 150px;
}
```

HTML
```html
<div class="wrapper">
    <div class="block">
    </div>
</div>
```

▲実行結果

CSS ▶ 10 ▶ 05_perspective-origin

perspective-originプロパティ

3D変形させる時の要素の奥行きの基点を指定する

{ perspective-origin: 配置方法 }

perspective-originプロパティは、3Dに変形させる時の要素の奥行きの基点を指定します。perspectiveプロパティと合わせて使用することで、奥行きの位置を変えることができます。

指定できる値

配置方法	
数値+単位	要素の左上から見て数値と単位で「transform-origin:20px 100px」のように指定する
%	要素の幅、高さの割合を指定する。「transform-origin:50% 50%」は要素の中心を指す
left	要素のX軸を0%(左端)に指定する
right	要素のX軸を100%(右端)に指定する
top	要素のY軸を0%(上端)に指定する
bottom	要素のY軸を100%(下端)に指定する
center	要素のX軸またはY軸を50%(中心)に指定する

使用例

CSS

```css
.perspective-origin {
  perspective: 100px;
  perspective-origin: right bottom;
}
```

HTML

```html
<div class="perspective-origin">
    <img src="./pic.jpg" alt="">
</div>
```

419

▲実行結果

CSS ▶ 10 ▶ 06_backface-visibility

backface-visibilityプロパティ

3D変形させる時の、要素の背面の描画方法を指定する

{ backface-visibility: 描画方法 }

backface-visibilityプロパティは、3Dに変形させたときの要素の背面を表示するかどうかを指定します。

指定できる値

描画方法	
visible	3D変形した要素の背面を表示する
hidden	3D変形した要素の背面を表示しない

使用例

animationプロパティを使い、画像を回転させています。backface-visibilityプロパティにhiddenを指定すると、画像の背面が表示されないのがわかります。

CSS

```css
@keyframes rotation {
    0% {transform: rotateY(0deg) }
    100% {transform: rotateY(360deg) }
}
.backface-visibility img{
    animation: rotation 3s ease 0s infinite;
    backface-visibility: hidden;
}
```

HTML

```html
<div class="perspective-origin">
    <img src="./pic.jpg" alt="">
</div>
```

画像が回転しています。画像の背面は表示されていません。

▲実行結果

CSS ▶ 11 ▶ 01_keyframes

@keyframes規則

アニメーションの動きとタイミングを指定する

@keyframes アニメーション名{ キーフレーム { プロパティ : 値 }; }

@keyframes規則は、アニメーションの動きとタイミングを指定します。アニメーションの指定には、animation-nameプロパティ（P.424）とanimation-durationプロパティ（P.425）が必須です。

指定できる値

アニメーション名	animation-nameプロパティで指定したアニメーション名を記述する。これにより、@keyframes規則とアニメーションを指定する要素が結び付く

キーフレーム	
%	%で変化させるタイミングを指定する。animation-durationプロパティで10s（10秒）を指定していた場合は、30%を指定すると3秒時点となる
from	アニメーションの開始時点を指定する(0%と同じ)
to	アニメーションの終了時点を指定する（100%と同じ）

プロパティと値	キーフレームで指定したタイミングで変化させるプロパティと値を指定する

使用例

animation-nameプロパティで「changeTiming」というアニメーション名を指定しています。@keyframes規則で同じ「changeTiming」を指定し、10秒かけて要素の幅と背景色を変化させながらアニメーションさせています。

```
CSS
@keyframes changeTiming {
    0% {
        width: 300px;
        background-color: #f39a50;
    }
    50% {
        width: 500px;
        background-color: #f6a9bb;
    }
    100% {
        background-color: #f39a50;
        width: 300px;
    }
}
```

続く

```
.animation{
    animation-name: changeTiming;
    animation-duration: 10s;
    height: 200px;
}
```

HTML

```
<div class="animation"></div>
```

横幅と色が変化するアニ
メーションが表示されます。

▲実行結果

CSS ▶ 11 ▶ 02_animation-name

animation-nameプロパティ

要素にアニメーション名を指定する

{ animation-name: アニメーション名; }

animation-nameプロパティは、アニメーションを適用する要素に名前（アニメーション名）を指定します。カンマ（,）で区切って複数のアニメーション名を指定できます。

▶ 指定できる値

アニメーション名	
none（初期値）	アニメーション名を指定しない（アニメーションは実行されない）
アニメーション名	@keyframes規則のアニメーション名を指定する。カンマ(,)区切りで複数のアニメーション名を指定可能

▶ 使用例

animation-nameプロパティで「changeBackground」というアニメーション名を指定します。@keyframes規則で同じアニメーション名を指定し、アニメーションさせています。

```css
@keyframes changeBackground{
    0% {
        background-color: #f39a50;
    }
    100% {
        background-color: #f6a9bb;
    }
}
.animation{
    animation-name: changeBackground;
    animation-duration: 3s;
    width: 300px;
    height: 200px;
}
```

```html
<div class="animation"></div>
```

424

animation-durationプロパティ

アニメーションの1回分の時間を指定する

{ animation-duration: 時間; }

animation-durationプロパティは、アニメーションが開始されてから完了するまでの1回分の時間を指定します。

指定できる値

時間	
数値+単位(初期値は0)	「3s」のように数値と単位で指定する。使える単位は「s」(秒)と「ms」(ミリ秒)。複数の時間を指定するにはカンマ(,)で区切る

使用例

3s(3秒)の長さのアニメーションを指定します。

CSS

```css
@keyframes changeBackground{
    0% {
        background-color: #f39a50;
    }
    100% {
        background-color: #f6a9bb;
    }
}
.animation{
    animation-name: changeBackground;
    animation-duration: 3s;
    width: 300px;
    height: 200px;
}
```

HTML

```html
<div class="animation"></div>
```

CSS ▶ 11 ▶ 04_animation-delay

animation-delayプロパティ

アニメーションが開始するまでの時間を指定する

{ animation-delay: 時間; }

animation-delayプロパティは、アニメーションが開始するまでの時間を指定します。

指定できる値

時間	
数値+単位(初期値は0)	「3s」のように数値と単位で指定する。使える単位は「s」(秒)と「ms」(ミリ秒)。複数の時間を指定するときはカンマ(,)で区切る

使用例

5秒経過したらアニメーションが開始されます。

```css
CSS
@keyframes changeBackground{
    0% {
        background-color: #f39a50;
    }
    100% {
        background-color: #f6a9bb;
    }
}
.animation{
    animation-name: changeBackground;
    animation-duration: 3s;
    animation-delay: 5s;
    width: 300px;
    height: 200px;
}
```

```html
HTML
<div class="animation"></div>
```

CSS ▶ 11
▶ 05_animation-play-state

animation-play-stateプロパティ

アニメーションが再生中か一時停止状態かを指定する

{ **animation-play-state**: 状態; }

animation-play-stateプロパティは、アニメーションの状態が再生中か一時停止かを指定します。

指定できる値

状態	
running（初期値）	一時停止中のアニメーションを再生する
paused	再生中のアニメーションを一時停止する

使用例

マウスが要素に乗ったときに、animation-play-stateプロパティでアニメーションを一時停止しています。

CSS ※@keyframes規則は省略しています。

```css
.animation{
    animation-name: changeBackground;
    animation-duration: 3s;
    width: 300px;
    height: 200px;
}
.animation:hover{
    animation-play-state: paused;
}
```

HTML

```html
<div class="animation"></div>
```

animation-timing-functionプロパティ

アニメーションの変化のタイミングを指定する

{ animation-timing-function: タイミング; }

animation-timing-functionプロパティは、アニメーションが変化するタイミングを指定します。

指定できる値

タイミング	
ease(初期値)	開始と完了を滑らかな変化にする。「cubic-bezier(0.25, 0.1, 0.25, 1.0)」と同じ
linear	直線的に変化する。「cubic-bezier(0.0, 0.0, 1.0, 1.0)」と同じ
ease-in	ゆっくり開始する。「cubic-bezier(0.42, 0, 1.0, 1.0)」と同じ
ease-out	ゆっくり終了する。「cubic-bezier(0, 0, 0.58, 1.0)」と同じ
ease-in-out	ゆっくり開始してゆっくり終了する。「cubic-bezier(0.42, 0, 0.58, 1.0)」と同じ
cubic-bezier(X1,Y1,X2,Y2)	関数型で変化のタイミングを指定する。Illustratorなどで使われる3次ベジェ曲線の軌跡によって変化する。以下の図のX1,Y1,X2,Y2の座標を指定する
step-start	開始から終了状態に一気に変化し、その後は変化しない。「steps(1, start)」と同じ
step-end	はじめは変化せず、最後に終了状態に一気に変化する。「steps(1, end)」と同じ
steps(ステップ数, 起点キーワード)	等時間で区切ったステップ数で変化する。1つ目の値にステップ数、2つ目の値にstart、endのいずれかを指定する。animation-durationプロパティに「10s」（10秒）を指定し、animation-timing-functionプロパティに「steps(5, end)」を指定したときは、2秒ごとに5段階に分けて変化する

428

使用例

CSS ※@keyframes規則は省略しています。

```
.animation{
    animation-name: changeBackground;
    animation-duration: 10s;
    animation-timing-function: ease-in;
    width: 300px;
    height: 200px;
}
```

HTML

```
<div class="animation"></div>
```

CSS ▶ 11
▶ 07_animation-fill-mode

animation-fill-modeプロパティ

アニメーションの実行前後のスタイルを指定する

{ animation-fill-mode: スタイル; }

animation-fill-modeプロパティは、アニメーションが終了した時のスタイルを指定します。

指定できる値

スタイル	
none(初期値)	アニメーション実行の前後にスタイルを指定しない。実行後は元のスタイルを適用する
forwards	アニメーション終了時に最後のキーフレーム(100%)のスタイルを適用する
backwards	アニメーション開始時にanimation-delayプロパティが指定されている場合も、最初のキーフレーム(0%)のスタイルを適用する
both	アニメーション開始時はbackwards、終了時はforwardsと同じスタイルを適用する

使用例

CSS ※@keyframes規則は省略しています。

```
.animation{
    animation-name: changeBackground;
    animation-duration: 1s;
    animation-fill-mode:forwards;
```

続く

```
    width: 300px;
    height: 200px;
}
```

HTML
```
<div class="animation"></div>
```

CSS ▶ 11
▶ 08_animation-iteration-count

animation-iteration-countプロパティ

アニメーションの実行回数を指定する

{ **animation-iteration-count**: 回数; }

animation-iteration-countプロパティは、アニメーションの実行回数を指定します。指定がない時はアニメーションは1回実行したら終了しますが、何回実行するか、または制限なく実行するかを指定できます。

指定できる値

回数	
数値（初期値1）	アニメーションを何回実行するかを数値で指定する。1.5のように小数で指定すると途中まで再生される
infinite	アニメーションを制限なく実行し続ける

使用例

infiniteを指定したので、回数制限なくアニメーションが実行され続けます。

CSS ※@keyframes規則は省略しています。
```
.animation{
    animation-name: changeBackground;
    animation-duration: 3s;
    animation-iteration-count: infinite;
    width: 300px;
    height: 200px;
}
```

HTML
```
<div class="animation"></div>
```

CSS ▶ 11 ▶ 09_animation-direction

animation-directionプロパティ

アニメーションの再生方向を指定する

{ animation-direction: 再生方向; }

animation-directionプロパティは、アニメーションの再生方向を指定します。たとえば値にreverseを指定すると、終了時点から開始時点に向けて再生します。

指定できる値

再生方向	
normal(初期値)	通常の方向に再生される
reverse	逆方向に再生される
alternate	アニメーションの繰り返し回数が奇数のときは通常の方向に、偶数のときは逆方向に再生される
alternate-reverse	アニメーションの繰り返し回数が奇数のときは逆方向に、偶数のときは通常の方向に再生される

使用例

animation-directionプロパティにalternateを指定することで、ボックスが伸び縮みを繰り返すアニメーションを実現します。

CSS

```
@keyframes changeBackground {
    0% {
        background-color: #f39a50;
        width: 100px;
    }
    100% {
        background-color: #f6a9bb;
        width: 300px;
    }
}
.animation{
    animation-name: changeBackground;
    animation-duration: 2s;
    animation-iteration-count: infinite;
    animation-direction: alternate;
    width: 100px;
    height: 200px;
}
```

HTML

```
<div class="animation"></div>
```

431

CSS ▶ 11 ▶ 10_animation

animationプロパティ

アニメーション関連のプロパティをまとめて指定する

{ animation: -name -duration -timing-function -delay -iteration-count -direction -fill-mode -play-state; }

animationプロパティは、アニメーション関連のプロパティを一括で指定できます。指定できる値はanimation-から始まる各プロパティ（P.424 〜 P.431）と同じです。それぞれの値はスペースで区切って指定します。

- animation-duration, animation-delay
  順序は任意ですが、animation-durationとanimation-delayを指定する場合は、1つ目がanimation-duration、2つ目がanimation-delayになります。

使用例

次の各プロパティを一括で指定しています。

```
{
animation-name: changeBackground;
animation-duration: 2s;
animation-timing-function: ease-in;
animation-delay: 1s;
animation-iteration-count: infinite;
animation-direction: alternate-reverse;
animation-fill-mode: forwards;
animation-play-state: running;
}
```

CSS ※装飾部分のスタイルは記載していません。

```
@keyframes changeBackground {
    0% {
        background-color: #f39a50;
        width: 100px;
    }
    100% {
        background-color: #f6a9bb;
        width: 300px;
    }
}
.animation{
    animation: changeBackground 2s ease-in 1s infinite alternate-reverse forwards running;
    width: 100px;
    height: 200px;
}
```

CSS ▶ 11 ▶ 11_transition-property

transition-propertyプロパティ

トランジション効果を適用するプロパティを指定する

{ transition-property: プロパティ }

transition-propertyプロパティは、トランジション効果を適用するプロパティを指定します。トランジション効果とは時間的変化のことです。「:hover」などユーザーアクション擬似クラスやJavaScriptを使うことで、ユーザーの動きに合わせてトランジション効果を付けられます。

指定できる値

プロパティ	
プロパティ名	トランジション効果を適用するCSSのプロパティ名を指定する。複数のプロパティを指定するときはカンマ(,)で区切る
all	トランジション効果が適用できるすべてのプロパティを指定する
none	すべてのプロパティを適用しない

使用例

▶ サンプル①

マウスオーバー時にbackground-colorプロパティを変えています。

CSS ※装飾部分のスタイルは記載していません。

```
.btn{
  background-color: #7fcef4;
  transition-property: background-color;
}
.btn:hover{
  background-color: #b8e3e9;
}
```

HTML

```
<button class="btn">お問い合わせ</button>
```

▲実行結果

433

▶ サンプル②

JavaScriptを使うことで、ボタンを押したときに<div class="box"> ～ </div>に
class属性に「.large」の追加時にトランジション効果を適用しています。

CSS ※装飾部分のスタイルは記載していません。

```css
.box{
    padding: 20px;
    background-color: #f6a9bb;
    transition-property: all;
}
.box.large{
    padding: 100px;
    background-color: #b8e3e9;
}
```

HTML

```html
<div class="box">ボックス</div>
<button class="js-btn">ボックスを大きする</button>
```

JavaScript ※jQueryを使用しています

```javascript
<script>
jQuery(function($){
    $('.js-btn').on('click', function(){
        $('.box').addClass('large');
    });
});
</script>
```

▲実行結果

CSS ▶ 11 ▶ 12_transition-duration

transition-durationプロパティ

トランジション効果が完了するまでの時間を指定する

{ transition-duration: 時間 }

transition-durationプロパティは、適用したトランジション効果が完了するまでの時間を指定します。初期値は0で、即時に完了します。

指定できる値

時間	
数値+単位 （初期値は0）	「3s」のように数値と単位で指定する。使える単位は「s」（秒）と「ms」（ミリ秒）。複数の時間を指定するときはカンマ(,)で区切る

使用例

▶ サンプル①

マウスオーバー時に、500ミリ秒（0.5秒）かけてプロパティを変えています。

CSS ※装飾部分のスタイルは記載していません。

```css
.btn{
  background-color: #7fcef4;
  transition-property: background-color;
  transition-duration: 500ms;
}
.btn:hover{
  background-color: #b8e3e9;
}
```

HTML

```html
<button class="btn">お問い合わせ</button>
```

▲実行結果

500ミリ秒で変化します。

▶ サンプル②

JavaScriptを使ってボタンを押したときに<div class="box"> ～ </div>にclass属性に「.large」の追加されると、2秒かけてプロパティを変えています。

CSS ※装飾部分のスタイルは記載していません。

```css
.box{
    padding: 20px;
    background-color: #f6a9bb;
    transition-property: all;
    transition-duration: 2s;
}
.box.large{
    padding: 100px;
    background-color: #b8e3e9;
}
```

HTML

```html
<div class="box">ボックス</div>
<button class="js-btn">ボックスを大きする</button>
```

JavaScript ※jQueryを使用しています

```
<script>
jQuery(function($){
    $('.js-btn').on('click', function(){
        $('.box').addClass('large');
    });
});
</script>
```

2秒で変化します。

▲実行結果

CSS ▶ 11
▶ 13_transition-timing-function

transition-timing-functionプロパティ

トランジション効果の変化のタイミングを指定する

{ transition-timing-function: タイミング }

transition-timing-functionプロパティは、transition-durationプロパティで指定した時間を適用するタイミングを指定します。

指定できる値

タイミング	
ease（初期値）	開始と完了を滑らかな変化にする。「cubic-bezier(0.25, 0.1, 0.25, 1.0)」と同じ
linear	直線的に変化する。「cubic-bezier(0.0, 0.0, 1.0, 1.0)」と同じ
ease-in	ゆっくり開始する。「cubic-bezier(0.42, 0, 1.0, 1.0)」と同じ
ease-out	ゆっくり終了する。「cubic-bezier(0, 0, 0.58, 1.0)」と同じ
ease-in-out	ゆっくり開始し、ゆっくり終了する。「cubic-bezier(0.42, 0, 0.58, 1.0)」と同じ
cubic-bezier (X1,Y1,X2,Y2)	関数型で変化のタイミングを指定する。Illustratorなどで使われる3次ベジェ曲線の軌跡によって変化する。以下の図のX1,Y1,X2,Y2の座標を指定する
step-start	開始から終了状態に一気に変化し、その後は変化しない。「steps(1, start)」と同じ
step-end	はじめは変化せず、最後に終了状態に一気に変化する。「steps(1, end)」と同じ
steps(ステップ数, 起点キーワード)	等時間で区切ったステップ数で変化する。1つ目の値にステップ数、2つ目の値にstart、endのいずれかを指定する。transition-durationプロパティに「10s」（10秒）を指定し、transition-timing-functionプロパティに「steps(5, end)」を指定したときは、2秒ごとに5段階に分けて変化する

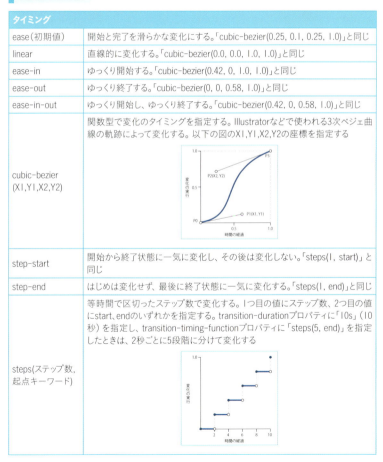

transition-delayプロパティ

トランジション効果が開始されるまでの時間を指定する

{ transition-delay: 時間 }

transition-delayプロパティは、トランジション効果を開始されるまでの時間が指定できます。指定した時間が経過してから、変化がはじまります。

指定できる値

時間	
数値+単位（初期値は0）	「3s」のように数値と単位で指定する。使える単位は「s」(秒)と「ms」(ミリ秒)。複数の時間を指定するときはカンマ(,)で区切る

使用例

マウスオーバーしてから、1秒後に変化がはじまります。

CSS ※装飾部分のスタイルは記載していません。

```css
.btn{
  background-color: #7fcef4;
  transition-property: background-color;
  transition-delay: 1s;
}
.btn:hover{
  background-color: #b8e3e9;
}
```

HTML

```html
<button class="btn">お問い合わせ</button>
```

▲実行結果

1秒後に背景色が変化しはじめます。

CSS ▶ 11 ▶ 15_transition

transitionプロパティ

トランジション効果をまとめて指定する

{ transition: -property -duration -delay -timing-function; }

transitionプロパティは、トランジション効果関連のプロパティを一括で指定できます。指定できる値はtransition-から始まる各プロパティ（P.433～P.438）と同じです。それぞれの初期値は、-propertyはnone、-durationは0、-delayは0、-timing-functionはeaseです。それぞれの値はスペースで区切って指定します。

- transition-duration, transition-delay

  順序は任意ですが、transition-durationとtransition-delayを使うときは、1つ目がtransition-duratioプロパティに、2つ目がtransition-delayプロパティになります。

使用例

次の指定は、{ transition-property: all; transition-duration: 1s; transition-delay: 500ms; transition-timing-function: ease-out; }と同様です。

CSS　※装飾部分のスタイルは記載していません。

```
.btn{
  background-color: #7fcef4;
  transition: all 1s 500ms ease-out;
}
.btn:hover{
  background-color: #b8e3e9;
}
```

HTML

```
<button class="btn">お問い合わせ</button>
```

439

display: flexプロパティ／display: inline-flexプロパティ

flexboxコンテナを指定する

{ display: flexboxコンテナの種類; }

displayプロパティに「flex」または「inline-flex」を指定すると、その要素をflexboxコンテナに指定できます。flexboxコンテナの子要素は自動的にflexboxアイテムとなり、さまざまなレイアウトを実現可能です。

フレキシブルボックスレイアウトは次の図のように定義されています。flexboxコンテナ内のflexboxアイテムは、メイン軸の方向に配置されます。flexboxアイテムは、メイン軸の終了点で折り返し、クロス軸の方向に配置されます。このメイン軸とクロス軸の方向はプロパティで変えられます。

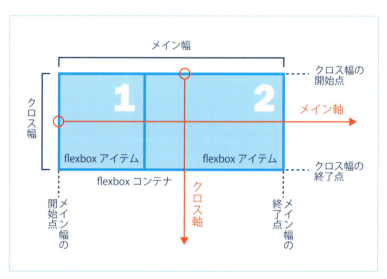

指定できる値

flexboxコンテナの種類	
flex	ブロックレベルのflexboxコンテナに指定する
inline-flex	インラインレベルのflexboxコンテナに指定する

flexboxコンテナを指定しただけの初期の状態です。flexboxアイテムが右方向に並ぶように配置されています。

CSS
```
.flexbox-container {
    display: flex;
}
.flexbox-item{
    border: 1px solid black;
    padding: 25px;
}
```

HTML
```
<section class="flexbox-container">
    <div class="flexbox-item">flexboxアイテム1</div>
    <div class="flexbox-item">flexboxアイテム2</div>
    <div class="flexbox-item">flexboxアイテム3</div>
</section>
```

▲実行結果

CSS ▶ 12 ▶ 02_flex-direction

flex-directionプロパティ

flexboxアイテムを配置する方向を指定する

{ flex-direction: 方向; }

flex-directionプロパティは、flexboxコンテナのメイン軸の方向を指定することで、flexboxアイテムを配置する方向を指定します。

指定できる値

方向	
row（初期値）	メイン軸の方向に、flexboxアイテムを左から右に指定する
row-reverse	メイン軸の方向に、flexboxアイテムを右から左に指定する
column	クロス軸の方向に、flexboxアイテムを上から下に指定する
column-reverse	クロス軸の方向に、flexboxアイテムを下から上に指定する

※directionプロパティ（P.284）に「rtl」が指定されていた場合は、文字方向に合わせて「左から右」から「右から左」になります。このように指定されている文字方向によって配置される方向が変わります

使用例

flex-directionプロパティは、flexboxコンテナに指定します。

```
CSS
.flexbox-container {
    display: flex;
    flex-direction:row;
}
```

● flex-direction:row;

| flexboxアイテム1 | flexboxアイテム2 | flexboxアイテム3 | flexboxアイテム4 | flexboxアイテム5 |

▲実行結果

● flex-direction:row-reverse;

| flexboxアイテム5 | flexboxアイテム4 | flexboxアイテム3 | flexboxアイテム2 | flexboxアイテム1 |

▲実行結果

● flex-direction:column;

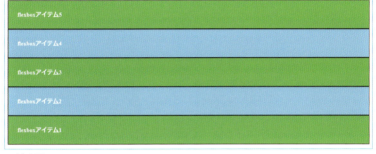

▲実行結果

● flex-direction:column-reverse;

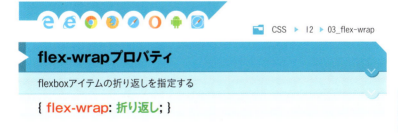

▲実行結果

　　　　　　　　　　　　　　　　　　　　　CSS ▶ 12 ▶ 03_flex-wrap

flex-wrapプロパティ

flexboxアイテムの折り返しを指定する

{ flex-wrap: 折り返し; }

flex-wrapプロパティは、flexboxアイテムが並んだときにメイン幅を超えるときの折り返しを指定します。

指定できる値

折り返し	
nowrap（初期値）	flexboxアイテムは折り返されない
wrap	flexboxアイテムが折り返される。折り返されたflexboxは上から下に配置される
wrap-reverse	flexboxアイテムが折り返される。折り返されたflexboxは、wrapとは逆に下から上に配置される

使用例

flex-wrapプロパティは、flexboxコンテナに指定します。

```css
.flexbox-container {
    display: flex;
    flex-wrap:wrap;
}
```

● flex-wrap: nowrap;

▲実行結果

● flex-wrap: wrap;

▲実行結果

● flex-wrap: wrap-reverse;

▲実行結果

CSS ▶ 12 ▶ 04_flex-flow

flex-flowプロパティ

flexboxアイテムの配置する方向と折り返しを指定する

{ flex-flow: -direction -wrap; }

flex-flowプロパティは、flex-directionプロパティ(P.442)とflex-wrapプロパティ(P.443)で指定できるflexboxアイテムを配置する方向と折り返しを一括で指定できます。

使用例

flex-flowプロパティを使い「flex-direction: row-reverse;」と「flex-wrap: wrap;」の指定をまとめています。

CSS
```css
.flexbox-container {
    display: flex;
    flex-flow: row-reverse wrap;
}
```

HTML
```html
<section class="flexbox-container">
    <div class="flexbox-item">flexboxアイテム1</div>
    <div class="flexbox-item">flexboxアイテム2</div>
    <div class="flexbox-item">flexboxアイテム3</div>
    <div class="flexbox-item">flexboxアイテム4</div>
    <div class="flexbox-item">flexboxアイテム5</div>
</section>
```

▲実行結果

445

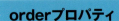

CSS ▶ 12 ▶ 05_order

orderプロパティ

flexboxアイテムを配置する順番を指定する

{ order: 順序; }

orderプロパティは、flexboxアイテムが配置される順序を指定します。初期状態では、すべてのflexboxアイテムの順序は0が設定されています。この順序が小さいものから順に配置されます。順序は整数で、負の値も指定可能です。

指定できる値

順序	
整数	初期値は0。-2のような負の値も指定可能

使用例

flexboxの順番が低いものから、左から右に配置されます。

CSS ※装飾部分のスタイルは記載していません。

```css
.flexbox-container {
    display: flex;
    flex-wrap:wrap;
}
.flexbox-item-1{
    order: 1;
}
.flexbox-item-2{
    order: -1;
}
.flexbox-item-5{
    order: 2;
}
```

HTML

```html
<section class="flexbox-container">
    <div class="flexbox-item-1">
        flexboxアイテム1<span class="order">order: 1</span>
    </div>
    <div class="flexbox-item-2">
        flexboxアイテム2<span class="order">order: -1</span>
    </div>
    <div class="flexbox-item-3">
        flexboxアイテム3<span class="order">order: 0</span>
    </div>
```

続く

```
    <div class="flexbox-item-4">
        flexboxアイテム4<span class="order">order: 0</span>
        </div>
    <div class="flexbox-item-5">
        flexboxアイテム5<span class="order">order: 2</span>
        </div>
</section>
```

▲実行結果

orderの低いものから順に表示されています。

flex-growプロパティ

flexboxアイテムの幅の、伸びる倍率を指定する

{ flex-grow: 伸びる倍率; }

flex-growプロパティは、flexboxアイテムが配置されるときの幅の伸び倍率を指定します。初期状態では、すべてのflexboxアイテムの倍率に0が設定されています。

指定できる値

伸びる倍率	
整数	初期値は0。-2のような負の値も指定可能

使用例

CSS ※装飾部分のスタイルは記載していません。

```css
.flexbox-container {
    display: flex;
}
.flexbox-item-2{
    flex-grow: 1;
}
.flexbox-item-3{
    flex-grow: 2;
}
```

HTML

```html
<section class="flexbox-container">
    <div class="flexbox-item flexbox-item-1">flexboxアイテム1</div>
    <div class="flexbox-item flexbox-item-2">flexboxアイテム2</div>
    <div class="flexbox-item flexbox-item-3">flexboxアイテム3</div>
</section>
```

▲実行結果

CSS ▶ 12 ▶ 07_flex-shrink

flex-shrinkプロパティ

flexboxアイテムの幅の、縮む倍率を指定する

{ flex-shrink: 縮む倍率; }

flex-shrinkプロパティは、flexboxアイテムが配置されるときの幅の縮む倍率を指定します。初期状態では、すべてのflexboxアイテムの倍率は1が設定されています。flex-growプロパティとは逆で、数字が大きいほど幅が狭くなります。また「flex-wrap:nowrap」と同時に使用します。

指定できる値

縮む倍率	
整数	初期値は1。負の値は指定できない

使用例

ウィンドウ幅が狭くなったときになど、flex-shrinkの数値が大きいflexboxアイテムが、他の要素に比べて狭くなっています。

```css
CSS    ※装飾部分のスタイルは記載していません。
.flexbox-container {
    display: flex;
    flex-wrap:nowrap;
}
.flexbox-item-2{
    flex-shrink: 3;
}
```

```html
HTML
<section class="flexbox-container">
    <div class="flexbox-item flexbox-item-1">flexboxアイテム1</div>
    <div class="flexbox-item flexbox-item-2">flexboxアイテム2</div>
    <div class="flexbox-item flexbox-item-3">flexboxアイテム3</div>
</section>
```

▲実行結果

449

CSS ▶ 12 ▶ 08_flex-basis

flex-basisプロパティ

flexboxアイテムを指定する

{ flex-basis: 幅; }

flex-basisプロパティは、flexboxアイテムが配置されるときの幅を指定します。基本的にはwidthやheightプロパティと同じですが、widthプロパティも同時に指定されていた時は、flex-basisプロパティが優先されます。
flex-directionプロパティが「row」や「row-reverse」のときは横幅の指定になります。「column」や「column-reverse」のときは縦の長さの指定になります。

指定できる値

幅	
auto（初期値）	flexboxアイテムに合わせて自動的に幅が指定される
数値+単位	「200px」のように数値と単位で幅を指定する
%	「20%」のようにflexboxコンテナに対して%比率で幅を指定する

使用例

flexboxコンテナを指定しただけの初期の状態です。flexboxアイテムが右方向に並ぶように配置されています。

CSS ※装飾部分のスタイルは記載していません。

```css
.flexbox-container {
    display: flex;
    flex-wrap:wrap;
}
.flexbox-item-1{
    flex-basis: 20%;
}
.flexbox-item-2{
    flex-basis: 50%;
}
.flexbox-item-3{
    flex-basis: 30%;
}
```

HTML

```html
<section class="flexbox-container">
    <div class="flexbox-item-1">flexboxアイテム1</div>
    <div class="flexbox-item-2">flexboxアイテム2</div>
    <div class="flexbox-item-3">flexboxアイテム3</div>
</section>
```

▲実行結果

CSS ▶ l2 ▶ 09_flex

flexプロパティ

flexboxアイテムの幅を一括で指定する

{ flex: -grow -shrink -basis; }

flexプロパティは、flex-grow（P.448）、flex-shrink（P.449）、flex-basis（P.450）の各プロパティをまとめて指定できます。各プロパティ値は半角スペースで区切って指定します。また、次の表のキーワードで指定することも可能です。

指定できる値

幅	
initial	「0 1 auto」と同じプロパティ値
auto	「1 1 auto」と同じプロパティ値
none	「0 0 auto」と同じプロパティ値

CSS ▶ 12 ▶ 10_justify-content

justify-contentプロパティ

flexboxアイテムをメイン軸に沿って配置する位置を指定する

{ justify-content: 位置; }

justify-contentプロパティは、flexboxアイテムが配置されるときのメイン軸での位置を指定します。

指定できる値

位置	
flex-start(初期値)	flexboxコンテナのメイン軸の開始点から配置する
flex-end	flexboxコンテナのメイン軸の終了点から配置する
center	flexboxコンテナのメイン軸の中心に配置する
space-between	flexboxコンテナのメイン軸に沿って、flexboxアイテムの最初を開始点に、最後を終了点に配置し、残りは等間隔に配置する
space-around	flexboxコンテナのメイン軸に沿って、flexboxアイテムを等間隔に配置する

使用例

justify-contentプロパティの各プロパティ値の違いをそれぞれ表示しています。

```
CSS          ※装飾部分のスタイルは記載していません。
.flexbox-container {
    display: flex;
    justify-content: space-between;
    border: 1px solid #000;
}
```

```
HTML
<section class="flexbox-container">
    <div class="flexbox-item-1">flexboxアイテム1</div>
    <div class="flexbox-item-2">flexboxアイテム2</div>
    <div class="flexbox-item-3">flexboxアイテム3</div>
    <div class="flexbox-item-4">flexboxアイテム4</div>
    <div class="flexbox-item-5">flexboxアイテム5</div>
</section>
```

● flex-start

▲実行結果

● flex-end

▲実行結果

● center

▲実行結果

● space-between

▲実行結果

● space-around

▲実行結果

CSS ▶ 12 ▶ 11_align-items

align-itemsプロパティ

flexboxアイテムのクロス軸に沿って配置する位置を指定する

{ align-items: 位置; }

align-itemsプロパティは、flexboxアイテムが配置されるときのクロス軸での位置を指定します。

指定できる値

位置	
flex-start(初期値)	flexboxコンテナのクロス軸の開始点から配置する
flex-end	flexboxコンテナのクロス軸の終了点から配置する
center	flexboxコンテナのクロス軸の中心に配置する
baseline	flexboxコンテナのクロス軸に、flexboxアイテムのベースラインに沿って配置する
stretch	flexboxコンテナのクロス軸に幅に合わせ、flexboxアイテムを伸縮する

使用例

align-itemsプロパティの各プロパティ値の違いをそれぞれ表示しています。

CSS ※装飾部分のスタイルは記載していません。

```
.flexbox-container {
    display: flex;
    align-items: center;
    border: 1px solid #000;
}
```

HTML

```
<section class="flexbox-container">
    <div class="flexbox-item-1">flexboxアイテム1</div>
    <div class="flexbox-item-2">flexboxアイテム2</div>
    <div class="flexbox-item-3">flexboxアイテム3</div>
    <div class="flexbox-item-4">flexboxアイテム4</div>
    <div class="flexbox-item-5">flexboxアイテム5</div>
</section>
```

● flex-start

▲実行結果

● flex-end

▲実行結果

● center

▲実行結果

● baseline

▲実行結果

● stretch

▲実行結果

CSS ▶ l2 ▶ l2_align-self

align-selfプロパティ

flexboxアイテムのクロス軸に沿って配置する位置を個別に指定する

{ align-self: 位置; }

align-selfプロパティは、flexboxアイテムが配置されるときのクロス軸での位置を個別に指定します。align-itemsプロパティはflexboxコンテナに指定しますが、align-selfプロパティはflexboxアイテムに個々に指定します。

指定できる値

位置	
auto（初期値）	flexboxコンテナのalign-itemsプロパティの値に合わせて配置する
flex-start	flexboxコンテナのクロス軸の開始点から配置する
flex-end	flexboxコンテナのクロス軸の終了点から配置する
center	flexboxコンテナのクロス軸の中心に配置する
baseline	flexboxコンテナのクロス軸に、flexboxアイテムのベースラインに沿って配置する
stretch	flexboxコンテナのクロス軸に幅に合わせて、flexboxアイテムを伸縮する

使用例

flexboxコンテナに「align-items: flex-start」を指定していますが、3番目のflexboxアイテムだけ「align-self: center」を指定しています。

CSS ※装飾部分のスタイルは記載していません。

```css
.flexbox-container {
    display: flex;
    align-items: flex-start;
}
.flexbox-item-3{
    align-self: center;
}
```

HTML

```html
<section class="flexbox-container">
    <div class="flexbox-item-1">flexboxアイテム1</div>
    <div class="flexbox-item-2">flexboxアイテム2</div>
    <div class="flexbox-item-3">flexboxアイテム3</div>
    <div class="flexbox-item-4">flexboxアイテム4</div>
    <div class="flexbox-item-5">flexboxアイテム5</div>
</section>
```

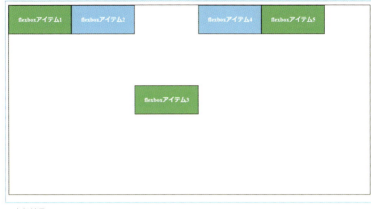
▲実行結果

CSS ▶ 12 ▶ 13_align-content

align-contentプロパティ

flexboxアイテムをクロス軸に沿って配置する位置を指定する

{ align-content: 位置; }

align-contentプロパティは、flexboxアイテムが配置されるときのクロス軸での位置を指定します。justify-contentプロパティはメイン軸に対してのものですが、align-contentプロパティはクロス軸に対してものです。

指定できる値

位置	
stretch（初期値）	flexboxコンテナのクロス軸の幅に対して伸縮する
flex-start	flexboxコンテナのクロス軸の開始点から配置する
flex-end	flexboxコンテナのクロス軸の終了点から配置する
center	flexboxコンテナのクロス軸の中心に配置する
space-between	flexboxコンテナのクロス軸に沿って、flexboxアイテムの最初を開始点に、最後を終了点に配置し、残りは等間隔に配置する
space-around	flexboxコンテナのクロス軸に沿って、flexboxアイテムを等間隔に配置する

使用例

align-contentプロパティの各プロパティ値の違いをそれぞれ表示しています。

CSS　※装飾部分のスタイルは記載していません。

```css
.flexbox-container {
    display: flex;
    align-content: space-between; /*位置*/
    flex-wrap: wrap;
    height: 500px;
}
.flexbox-container > *{
    height: 150px;
}
```

HTML

```html
<section class="flexbox-container">
    <div class="flexbox-item-1">flexboxアイテム1</div>
    <div class="flexbox-item-2">flexboxアイテム2</div>
    <div class="flexbox-item-3">flexboxアイテム3</div>
    <div class="flexbox-item-4">flexboxアイテム4</div>
    <div class="flexbox-item-5">flexboxアイテム5</div>
</section>
```

● stretch

▲実行結果

● flex-start

▲実行結果

● flex-end

▲実行結果

● center

▲実行結果

● space-between

▲実行結果

● space-around

▲実行結果

display: gridプロパティ／display: inline-gridプロパティ

グリッドレイアウトを指定する

{ display: Grid Layoutコンテナの種類; }

displayプロパティに「grid」または「inline-grid」を指定すると、その要素をGrid Layout コンテナに指定できます。Grid Layoutコンテナの子要素は、自動的にグリッドアイテムとなります。Internet ExplorerはP.480を参照してください。
グリッドアイテムにgrid-row、grid-column、grid-areaプロパティが指定されていない時は、グリッドアイテムは左上から順に水平方向に埋まっていきます。この時、フレキシブルボックスに記載しているjustify-contentやalign-contentプロパティなどの、位置系のプロパティをグリッドアイテムに使うことができます。

指定できる値

Grid Layoutコンテナの種類	
grid	ブロックレベルのGrid Layoutコンテナに指定する
inline-grid	インラインレベルのGrid Layoutコンテナに指定する

グリッドレイアウトとは

HTMLとCSSを使ってレイアウトをする時、flexboxやfloatプロパティを使う手法がありますが、これは水平方向か垂直方向のいずれかに沿って要素を配置するものです。グリッドレイアウトは2次元レイアウトとも呼ばれ、HTMLやCSSを使って水平方向と垂直方向の両方に沿って要素を配置することができます。
たとえばflexboxでレイアウトをする時は、次のように要素を1方向に沿うように配置できます。

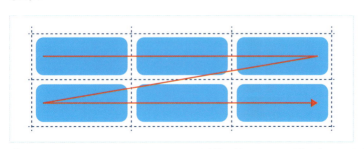

グリッドレイアウトでは、Grid Layoutコンテナを格子状のマス目のように考えることができ、要素の順序や長さに関わらず次のような2次元的にレイアウトすることが可能です。

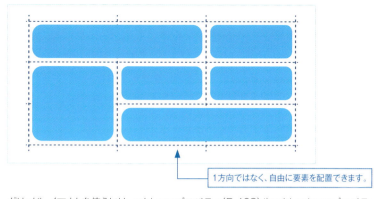

1方向ではなく、自由に要素を配置できます。

グリッドレイアウトを使うには、grid-rowプロパティ（P.468）やgrid-columnプロパティ（P.468）などの複数のプロパティを使用します。これらを組み合わせることで、次のようなシンプルなHTMLでも複雑なレイアウトを実現できます。

グリッドレイアウトの各プロパティについては、次ページ以降のプロパティの説明ページを、詳細な使い方については実践サンプルのページを確認してください。

HTML

```
<div class="grid-containr">
    <header>ヘッダー </header>
    <main>メインコンテンツ</main>
    <nav>ナビゲーション</nav>
    <aside class="side">サイド</aside>
    <footer>フッター </footer>
    <aside class="ad">広告エリア</aside>
</div>
```

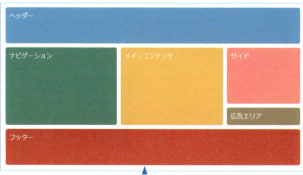

▲実行結果

グリッドレイアウトでは、上記のHTMLでこのように要素を配置することができます。

grid-template-rowsプロパティ／grid-template-columnsプロパティ

グリッドレイアウトの行と列のトラックサイズを指定する

{ **grid-template-rows**: 行のトラックサイズ; }
{ **grid-template-columns**: 列のトラックサイズ; }

grid-template-rowsとgrid-template-columnsプロパティは、Grid Layoutコンテナのトラックの行と列のサイズを指定します。指定するトラックの数だけ、半角スペースに続けてサイズを指定します。このプロパティは、displayプロパティが「grid」や「inline-grid」の要素に指定します。

グリッドレイアウトでは、Grid Layoutコンテナを格子状のマス目のように考えます。grid-template-rowsとgrid-template-columnsプロパティで行と列のトラックのサイズと数を指定します。トラックの数が決まると、次の図のように行と列のラインの数も決まります。また、各ラインが交差してできるスペースをセルといいます。

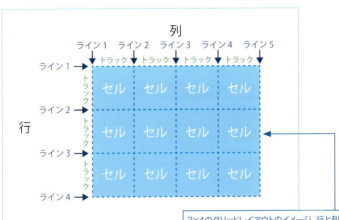

3×4のグリッドレイアウトのイメージ。行と列のトラックの数が決まると、ラインとセルの数が決まります。

指定できる値

トラックサイズ	
数値+単位	「100px」や「1fr」のようにトラックサイズを指定する。トラックの数だけ、半角スペースに続けてサイズを記述する
repeat()	記述を短くするためのrepeat()関数を使うことができる（P.490）
minmax()	トラックサイズの最小値と最大値を指定するためのminmax()関数を使うことができる（P.489）

使用例

次の図のようにGrid Layoutコンテナのトラックを作成する例です。

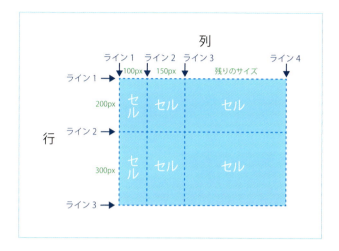

行のトラック数は2なので、トラックサイズを「grid-template-rows: 200px 300px」のように記述します。列のトラック数は3なので、「grid-template-columns: 100px 150px 1fr」と記述します。「1fr」は、固定値のトラックサイズを除いた長さを表します。

CSS ※装飾部分のスタイルは記載していません。

```css
.grid-containr {
    display: grid;
    grid-template-rows: 200px 300px;
    grid-template-columns: 100px 150px 1fr;
}
```

HTML

```html
<div class="grid-containr">
  <div class="grid-itemA">セルA</div>
  <div class="grid-itemB">セルB</div>
  <div class="grid-itemC">セルC</div>
  <div class="grid-itemD">セルD</div>
  <div class="grid-itemE">セルE</div>
  <div class="grid-itemF">セルF</div>
</div>
```

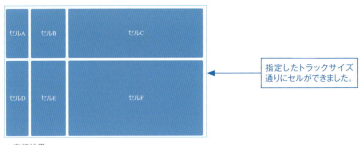

▲実行結果

CSS ▶ I3 ▶ 03_grid-template

grid-templateプロパティ

グリッドレイアウトの行と列のトラックサイズをまとめて指定する

{ grid-template: 行のトラックサイズ/列のトラックサイズ; }

grid-templateプロパティは、Grid Layoutコンテナのトラックの行と列のサイズをまとめて指定します。grid-template-rowsプロパティ（P.462）とgrid-template-columnsプロパティ（P.462）の値をスラッシュ(/)で区切って指定します。指定できるプロパティ値は同じです。

使用例

次の2つの記述は、同様の指定です。

```css
.grid-containr {
    display: grid;
    grid-template-rows: 200px 300px;
    grid-template-columns: 100px 150px 1fr;
}
```

```css
.grid-containr {
    display: grid;
    grid-template: 200px 300px / 100px 150px 1fr;
}
```

CSS ▶ 13 ▶ 04_grid-row-start

grid-row-startプロパティ／grid-row-endプロパティ／grid-column-startプロパティ／grid-column-endプロパティ

行と列のグリッドアイテムの開始位置と終了位置を指定する

```
{ grid-row-start: 行のグリッドアイテムの開始位置; }
{ grid-row-end 行のグリッドアイテムの終了位置; }
{ grid-column-start: 列のグリッドアイテムの開始位置; }
{ grid-column-end: 列のグリッドアイテムの終了位置; }
```

grid-row-startとgrid-row-endプロパティは、行のグリッドアイテムの開始位置と終了位置を指定します。同様にgrid-column-startとgrid-column-endプロパティは、列の開始位置と終了位置を指定します。これらのプロパティをまとめたものに、grid-rowプロパティ（P.468）とgrid-columnプロパティ（P.468）があります。

指定できる値

グリッドアイテムの開始・終了位置	
ライン番号	グリッドアイテムのライン番号。負の値の場合は、ライン番号を逆から数えることができる

使用例

▶ サンプル①

次の図のようにグリッドアイテムを作成する例です。

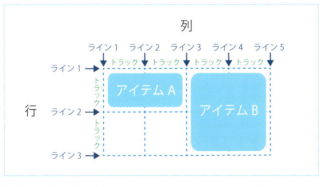

行に2つのトラックを作成するので、「grid-template-rows: 200px 200px」とトラックの数だけ半角スペースで区切り、サイズを記述します。
次に、列に4つのトラックを作成するので、「grid-template-columns: 200px 200px 200px 200px」と記述します。このように固定回数を繰り返す時は

repeat()関数が使用できます。繰り返しの部分は repeat(繰り返す回数, トラックサイズ)と記述できるので「grid-template-columns: repeat(4, 200px)」としています。詳しくはCSS関数のrepeat()関数（P.490）を確認してください。

CSS ※装飾部分のスタイルは記載していません。

```css
.grid-containr {
    display: grid;
    grid-template-rows: 200px 200px;
    grid-template-columns: repeat(4, 200px);
}
```

HTML

```html
<div class="grid-containr">
  <div class="grid-itemA">セルA</div>
  <div class="grid-itemB">セルB</div>
</div>
```

アイテムAの行はライン1からライン2までなので、「grid-row-start: 1」と「grid-row-end: 2」を記述します。列のラインは1から3までなので、「grid-column-start: 1」と「grid-column-end: 3」と記述します。同様にアイテムBも行と列の開始・終了のライン番号をそれぞれ記述します。

CSS ※装飾部分のスタイルは記載していません。

```css
.grid-itemA {
    grid-row-start: 1;
    grid-row-end: 2;
    grid-column-start: 1;
    grid-column-end: 3;
}
.grid-itemB{
    grid-row-start: 1;
    grid-row-end: 3;
    grid-column-start: 3;
    grid-column-end: 5;
}
```

これらの記述で次のようにグリッドアイテムを表示することができます。

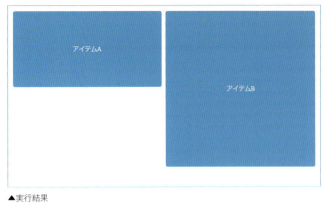

▲実行結果

grid-rowプロパティ／ grid-columnプロパティ

行と列のグリッドアイテムの位置を指定する

{ **grid-row**: 行のグリッドアイテムの位置; }
{ **grid-column**: 列のグリッドアイテムの位置; }

grid-rowプロパティとgrid-columnプロパティは、行と列のグリッドアイテムの位置を指定します。grid-template-rowsプロパティとgrid-template-columnsプロパティ（P.462）で作成したラインを軸に、ライン番号をスラッシュ（/）区切りで、グリッドアイテムのサイズと位置を指定します。

指定できる値

グリッドアイテムの位置	
ライン番号 / ライン番号	グリッドアイテムのライン番号。負の値の場合は、ライン番号を逆から数えることができる
ライン番号 / span トラック数	spanの後に半角スペースで整数を指定すると、1つ目に指定したライン番号からトラックの数で指定することができる

使用例

次の図のようにグリッドアイテムを作成する例です。

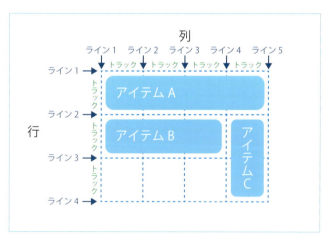

▶ Grid Layoutコンテナのトラックを指定する

行に3つのトラックを作成するので「grid-template-rows: 200px 200px 200px」、列に4つのトラックを作成するので「grid-template-columns: 200px

200px 200px 200px」と、トラックの数だけ半角スペース区切りでサイズを記述します。すべて200pxと記述したので、すべてのトラックサイズは同じです。

```
CSS    ※装飾部分のスタイルは記載していません。
.grid-containr {
    display: grid;
    grid-template-rows: 200px 200px 200px;
    grid-template-columns: 200px 200px 200px 200px;
}
```

```
HTML
<div class="grid-containr">
  <div class="grid-itemA">セルA</div>
  <div class="grid-itemB">セルB</div>
  <div class="grid-itemC">セルC</div>
</div>
```

▶ 「ライン番号 / ライン番号」の形式で配置する

アイテムAの行はライン1からライン2までなので「grid-row: 1 / 2」、列のラインは1から5までなので「grid-column: 1 / 5」と記述します。スラッシュ（/）で区切った番号を「1から5まで」と捉えるとわかりやすいと思います。

```
CSS    ※装飾部分のスタイルは記載していません。
.grid-itemA {
    grid-row: 1 / 2;
    grid-column: 1 / 5;
}
```

▶ 「ライン番号 / span トラック数」の形式で配置する

アイテムBの行はライン2からライン3までなので「grid-row: 2 / 3」、列のラインは1から4までなので「grid-column: 1 / 4」と記述します。アイテムの位置には「ライン番号 / span トラック数」の形式も使用できます。アイテムBは、ライン1からトラックが3つともいえるので、「grid-column: 1 / span 3」と記述することもできます。

```
CSS    ※装飾部分のスタイルは記載していません。
.grid-itemB{
    grid-row: 2 / 3;
    grid-column: 1 / span 3;  ◀——  grid-column: 1 / 4;でも可能です。
}
```

▶ 「ライン番号」の形式で配置する

アイテムCの行はライン2からライン4までなので「grid-row: 2 / 4」、列のラインは4から5までなので「grid-column: 4 / 5」または「grid-column: 4 / span 1」と記述します。このようにラインが隣り合うときは、2つ目の値は省略可能なので、「grid-column: 4」と記述することもできます。

CSS ※装飾部分のスタイルは記載していません。

```
.gird-itemC{
    grid-row: 2 / 4;
    grid-column: 4;
}
```

grid-column: 4 / 5; または grid-column: 4 / span 1;でも可能です。

これらの記述で次のようにグリッドアイテムを表示することができます。

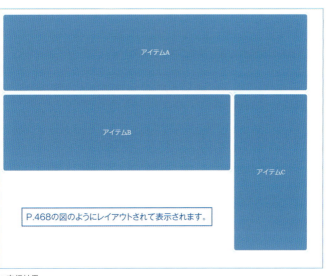

▲実行結果

CSS ▶ 13
▶ 06_grid-template-areas

grid-template-areasプロパティ

グリッドレイアウトのエリアを指定する

{ grid-template-areas: エリア; }

grid-template-areasプロパティ、Grid Layoutコンテナにエリアを作成し、名前を付けることができます。グリッドアイテムはgrid-rowプロパティ（P.468）などでライン番号で位置を指定しますが、grid-template-areasプロパティでエリアを作ると、グリッドアイテムでエリア名を指定して配置できます。

格子状にできたセルの1つずつに名前を指定します。セルの数だけ1行ごとにエリア名を半角スペースで区切り、シングルクォーテーション（'）またはダブルクォーテーション（"）で囲みます。この時、次の図のように同じエリア名を指定されたセルは1つのエリアとして定義されます。

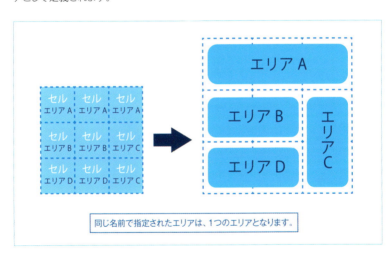

このプロパティは、grid-template、grid-template-rows、grid-template-columnsプロパティの後に記述する必要があります。

指定できる値

エリア	
エリア名	任意のキーワードでエリア名を指定する。はじめの1文字目に半角数字は使えない。エリア名を指定しない場合は、1つ以上のピリオド(.)を指定する

使用例

次の図のようにGrid Layoutコンテナのトラックを作成します。

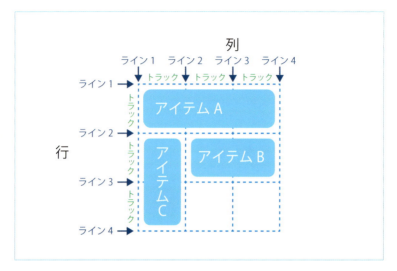

grid-template-areasプロパティで、セルの数だけ半角スペースで区切ってエリア名を指定します。エリア名を指定しない箇所は1つ以上のピリオド（.）を記述します。ピリオドの数を調整して、エリアがイメージしやすいように記述します。グリッドアイテムはgrid-areaプロパティでエリア名を指定します。

CSS ※装飾部分のスタイルは記載していません。

```
.grid-containr {
    display: grid;
    grid-template: 200px 200px 200px / 200px 200px 200px;
    grid-template-areas:
        "itemA itemA itemA"
        "itemC itemB itemB"
        "itemC ..... .....";
}
.grid-itemA {
    grid-area: itemA;
}
.grid-itemB{
    grid-area: itemB;
}
.grid-itemC{
    grid-area: itemC;
}
```

HTML

```
<div class="grid-containr">
  <div class="grid-itemA">セルA</div>
  <div class="grid-itemB">セルB</div>
  <div class="grid-itemC">セルC</div>
</div>
```

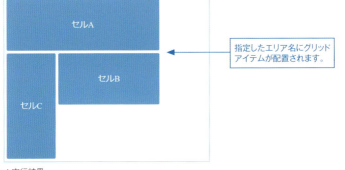

▲実行結果

指定したエリア名にグリッドアイテムが配置されます。

CSS ▶ 13 ▶ 07_grid-area

grid-areaプロパティ

グリッドアイテムのエリア名を指定する

{ **grid-area: エリア名;** }

grid-areaプロパティは、グリッドアイテムのエリア名を指定します。grid-template-areasプロパティで作成したエリアと関連付けることでグリッドレイアウトを表示します。詳しい使い方は、grid-template-areasプロパティのサンプル（P.471）を確認してください。

指定できる値

エリア名	
エリア名	grid-template-areasプロパティで作成されたエリア名

grid-row-gapプロパティ／grid-column-gapプロパティ

グリッドアイテム同士間の行と列の余白を指定する

{ **grid-row-gap**: 行の余白; }
{ **grid-column-gap**: 列の余白; }

grid-row-gapとgrid-column-gapプロパティは、グリッドアイテム同士間の行と列の余白を指定します。余白が付くのはグリッドアイテム同士間なので、グリッドレイアウト外側には余白は付きません。

指定できる値

行／列の余白	
数値+単位	「30px」のように余白を指定する

使用例

CSS

```
.grid-containr {
    display: grid;
    grid-template: 200px 200px 200px / 200px 200px 200px;
    grid-row-gap: 20px;
    grid-column-gap: 60px;
}
```

HTML

```
<div class="grid-containr">
  <div>アイテムA</div>
  <div>アイテムB</div>
  <div>アイテムC</div>
  ...省略...
</div>
```

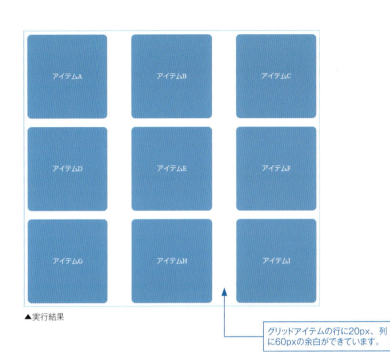

▲実行結果

> グリッドアイテムの行に20px、列に60pxの余白ができています。

CSS ▶ 13 ▶ 09_grid-gap

grid-gapプロパティ

グリッドアイテム同士間の余白をまとめて指定する

{ grid-gap: 余白; }

grid-gapプロパティは、グリッドアイテム同士間の余白をまとめて指定します。1つの値を指定すると、行と列に同じ余白を指定します。半角スペースで区切って2つの値を指定すると、それぞれ行と列の余白になります。

指定できる値

余白	
数値+単位	「30px」のように余白を指定する

使用例

CSS ※装飾部分のスタイルは記載していません。

```
.grid-containr {
    display: grid;
    grid-template: 200px 200px 200px / 200px 200px 200px;
    grid-gap: 20px 60px;
}
```

HTML

```
<div class="grid-containr">
  <div>アイテムA</div>
  <div>アイテムB</div>
  <div>アイテムC</div>
  (省略)
</div>
```

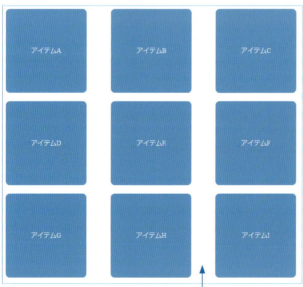

▲実行結果

> グリッドアイテムの行に20px、列に60pxの余白ができています。

CSS ▶ 13 ▶ 10_grid-auto-flow

grid-auto-flowプロパティ

グリッドアイテムの配置方向を指定する

{ grid-auto-flow: 配置方向; }

grid-auto-flowプロパティは、グリッドアイテムの配置方向を指定します。グリッドアイテムにgrid-row、grid-column、grid-areaを指定されていない時は、グリッドアイテムは左上から順に水平方向に埋まっていきます。これはgrid-auto-flowの初期値が「row」だからです。「column」を指定すると垂直方向に埋まっていきます。

指定できる値

配置方向	
row（初期値）	グリッドアイテムが水平方向に埋まる
column	グリッドアイテムが垂直方向に埋まる
dense	開いているスペースをなるべく埋めるようにグリッドアイテムが配置される

使用例

CSS ※装飾部分のスタイルは記載していません。

```css
.grid-containr {
    display: grid;
    grid-template: 200px 200px 200px / 200px 200px 200px;
    grid-auto-flow: column;
}
```

HTML

```html
<div class="grid-containr">
  <div>アイテムA</div>
  <div>アイテムB</div>
  <div>アイテムC</div>
  ...省略...
</div>
```

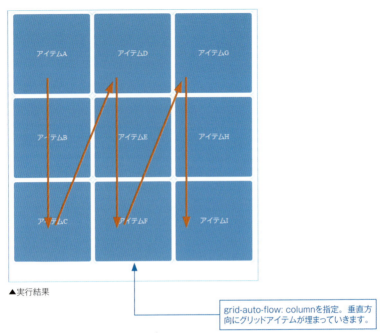

▲実行結果

grid-auto-flow: columnを指定。垂直方向にグリッドアイテムが埋まっていきます。

CSS ▶ 13 ▶ 11_grid-auto-rows

grid-auto-rowsプロパティ／
grid-auto-columnsプロパティ

暗黙のトラックのサイズを指定する

{ **grid-auto-rows**: 行のサイズ; }
{ **grid-auto-columns**: 列のサイズ; }

grid-auto-rowsとgrid-auto-columnsプロパティは、行と列の、暗黙のトラックのサイズを指定します。次のような時にトラックは暗黙に作られます。

- グリッドアイテムのgrid-row、grid-columnの指定が、Grid Layoutコンテナの外側に指定されている
- 定義したグリッドよりも、グリッドアイテムが多くてはみ出てしまう
- Grid Layoutコンテナにgrid-template-rows、grid-template-columnsプロパティを指定していない

サイズを半角スペース区切って指定すると、指定したサイズを繰り返します。

指定できる値

行／列のサイズ	
数値+単位	「100px」や「1fr」のようにトラックサイズを指定する

使用例

グリッドアイテムが7つに対して、セルは4つしか定義されていません。3つのグリッドアイテムがはみ出します。「grid-auto-rows: 100px 300px」と指定しているので、2つのはみ出たグリッドアイテムの高さが100px、3つ目のグリッドアイテムの高さが300pxになります。

CSS ※装飾部分のスタイルは記載していません。

```
.grid-containr {
    display: grid;
    grid-template: 200px 200px / 200px 200px;
    grid-auto-rows: 100px 300px;
}
```

HTML

```
<div class="grid-containr">
  <div>セルA</div><div>セルB</div>
  <div>セルC</div><div>セルD</div>
  <div>セルE</div><div>セルF</div>
  <div>セルG</div>
</div>
```

479

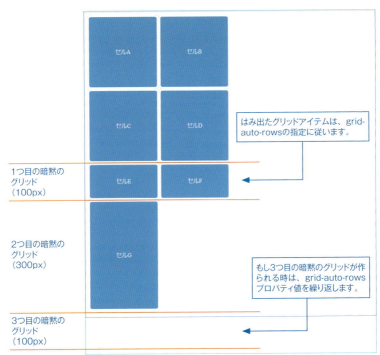

▲実行結果

MEMO: Internet Explorer 11のグリッドレイアウト

Internet Explorer 11をグリッドレイアウトに対応させるときは、「-ms-」ベンダープレフィックスを使用して「display: -ms-grid」とする必要があります。他にも、grid-template-rowsプロパティの代わりに、-ms-grid-rowsプロパティを使うなど、他のブラウザとは違う対応が必要です。
AutoPrefixerというツールを使うと、必要なベンダープレフィックスを自動で付けることが可能です。AutoPrefixerを使うには開発環境の構築が必要ですが、Internet Explorerに対応するのであれば、開発環境を準備するのをおすすめします。

Appendix

付録

CSS関数	482
数値と単位	493
カラー	494
イベントハンドラ	495

CSS関数とは

CSS3には、CSS関数と呼ばれる書式があります。CSS関数を使うことで、計算を実行したり、条件を指定したりすることができます。本書でも、backgroundプロパティのページでlinear-gradient()関数を使っており、いくつか記載しています。

CSS関数の基本記述

CSS関数は、次のように関数名と引数で構成されています。

▶ 関数名

どのような関数を実行するかを決めるキーワードです。

▶ 引数

CSS関数に渡す値のことです。使用できる値は関数によって違います。

```
calc( 100 * 2 )
     関数名    引数
```

APP ▶ 01 ▶ 01_calc

calc()関数

プロパティ値の計算（四則計算）を行う

{ プロパティ : calc(計算式); }

calc()関数は括弧内の値を計算することができます。

計算式	
+	加算を行う
−	減算を行う
*	乗算を行う。引数の少なくとも1つは数値を指定する
/	除算を行う。右側は数値を指定する

使用例

次の例では、左のボックス幅を「width: 300px」と固定値に、右のボックス幅を calc()関数を使って「width: calc(100% - 300px)」としています。これにより、ブラウザの幅が変わっても左のボックス幅は固定され、右のボックス幅は可変になります。

CSS ※装飾部分のスタイルは載せていません。

```css
.box-left{
    width: 300px;
    float: left;
}
.box-right{
    width: calc(100% - 300px);
    float: right;
}
.clear{
    clear: both;
}
```

HTML

```html
<div class="box-left">左のボックス</div>
<div class="box-right">右のボックス</div>
<div class="clear"></div>
```

左のボックス　　右のボックス

▲実行結果

右のボックスだけが、ブラウザ幅に合わせて変化します。

CSS関数

数値と単位　カラー

イベントハンドラ

483

APP ▶ 01 ▶ 02_counter

counter()関数

カウンターを使用する

{ プロパティ : counter(キーワード); }

counter()関数は、自動連番のようなカウンター機能を付けることができます。多くは
counter-resetプロパティ（P.389）、counter-incrementプロパティ（P.388）
と一緒に使用します。

キーワード	
キーワード	任意の文字列。半角数字からはじめることはできない

使用例

counter()関数を使う前に、counter-resetプロパティでカウンター値をリセットしてい
ます。ここでは「number」というカウンター名にしています。li要素に対し、
counter-incrementプロパティで数値が1つずつ増えるようにしてます。次に、
contentプロパティでcounter()関数を使い、数値を表示しています。

CSS

```css
CSS
.contents {
  counter-reset: number 0;
}
.contents_list li:before {
  counter-increment: number 1;
  content: "Chapter" counter(number) ": ";
}
.contents_list{
    list-style: none;
}
```

HTML

```html
<section class="contents">
  <h1>HTML5とCSS3</h1>
  <ol class="contents_list">
    <li><a href="">HTML5について</a></li>
    <li><a href="">CSS3について</a></li>
  </ol>
</section>
```

484

HTML5とCSS3

Chapter1: HTML5について
Chapter2: CSS3について

> counter()関数の連番の数字と文字列が表示されます。

▲実行結果

📁 APP ▶ 01 ▶ 03_attr

attr()関数

属性値を取得する

{ プロパティ : attr(属性); }

attr()関数は選択要素の属性値を取得し、CSSで使うことができます。主に::before と::after疑似要素で、contentプロパティと一緒に使用します。

属性	
属性名	属性値を取得した属性名

使用例

▶ サンプル①

hrefプロパティの値をattr()関数で取得し、::after疑似要素で表示しています。

```css
CSS
.link::after{
    content: attr(href);
}
```

```html
<p><a href="http://example.com" class="link">URL: </a></p>
```

URL: http://example.com ◀

> a要素の内容にURLはありませんが、疑似要素で表示されています。

▲実行結果

▶ サンプル②

data-*属性で、メールアドレスの@の前と後ろの部分を記述しています。attr()関数で取得し、前後の疑似要素でメールアドレスを再現しています。

CSS

```css
.email::before{
    content: attr(data-account);
}
.email::after{
    content: attr(data-domain);
}
```

HTML

```html
メールアドレス:
<span class="email" data-account="info" data-domain="example.com">@</span>
```

メールアドレス: info@example.com

▲実行結果

data-*属性値を使い、任意の文字列を表示しています。

APP ▶ 01 ▶ 04_rgb-rgba

rgb()関数／rgba()関数

色をRGB・RGBaで指定する

{ プロパティ : rgb(赤, 緑, 青); }
{ プロパティ : rgba(赤, 緑, 青, 透明度); }

rgb()関数またはrgba()関数は、色をRGB、RGBaカラーモデルで指定することができます。

赤, 緑, 青, 透明度	
赤, 緑, 青	RGB(赤・緑・青)の色はカンマ区切りで、それぞれ0 〜 255の間で指定する
透明度	0 〜 1の間の数値で透明度を指定する。小数点も使える。0を指定すると完全に透明になります。

使用例

それぞれのボックスに、rgb()関数とrgba()関数で色を指定しています。水色のボックスはrgba()関数で透明度に「0.5」を指定しているため、重なった部分の色が混ざります。

CSS ※装飾部分のスタイルは載せていません。

```
.box-sky{
    background-color: rgba(0, 165, 222, 0.5);
    position: absolute;
    top: 0; left: 0;
    ...省略...
}
.box-orange{
    background-color: rgb(245, 172, 15);
    position: absolute;
    top: 100px; right: 0;
    ...省略...
}
```

HTML

```
<div class="box-sky"></div>
<div class="box-orange"></div>
```

RGBで色が指定できました。重なった部分の色が混ざっているのがわかります。

▲実行結果

CSS関数 数値と単位 カラー イベント ハンドラ

hsl()関数／hsla()関数

色をHSL・HSLaで指定する

{ プロパティ : hsl(色相, 彩度, 明度); }
{ プロパティ : hsla(色相, 彩度, 明度, 透明度); }

hsl()関数またはhsla()関数は、色を指定するときにHSL、HSLaカラーモデルで指定することができます。

色相, 彩度, 明度, 透明度	
色相	色相環上の0 〜 360度の角度を0 〜 360までの数値で指定する
彩度	彩度の強さを0 〜 100%までの%値で指定する
明度	明度の強さを0 〜 100%までの%値で指定する
透明度	0 〜 1の間の数値で透明度を指定する。小数点も使え、0を指定すると完全に透明になる

使用例

それぞれのボックスにhsl()関数とhsla()関数で色を指定しています。緑色のボックスはhsla()関数で透明度に「0.5」を指定しているので、重なった部分の色が混ざります。

CSS ※装飾部分のスタイルは載せていません。

```css
.box-green{
    background-color: hsla(168, 96%, 55%, 0.5);
    position: absolute;
    top: 0; left: 0;
    ...省略...
}
.box-pink{
    background-color: hsl(356, 85%, 85%);
    position: absolute;
    top: 100px; right: 0;
    ...省略...
}
```

HTML

```html
<div class="box-green"></div>
<div class="box-pink"></div>
```

▲実行結果

minmax()関数

グリッドレイアウトでトラックの幅の最小値と最大値を指定する

{ プロパティ: minmax(最小値, 最大値); }

minmax()関数は、グリッドレイアウトでトラックの幅の最小値と最大値をまとめて指定できます。

最小値, 最大値	
px単位、%単位、fr単位	px、%、frのいずれかの数値と単位で指定する
max-content	セルの内容に合わせて最大のサイズになるように調整する
min-content	セルの内容に合わせて最小のサイズになるように調整する
auto	セルの内容に合わせて自動的に調整する

使用例

行に1つ、列に3つトラックを指定します。1つ目のトラックにminmax()関数で最小値と最大値を指定しているので、ブラウザ幅が変わったときもこの指定に従います。

CSS ※セルの装飾部分のスタイルは記載していません。

```
.grid-containr {
    display: grid;
    grid-template-rows: 1fr;
    grid-template-columns: minmax(100px, 300px) 1fr 1fr;
}
```

HTML

```
<div class="grid-containr">
  <div class="grid-itemA">セルA</div>
  <div class="grid-itemB">セルB</div>
  <div class="grid-itemC">アイテムC</div>
</div>
```

● ブラウザ幅が広い時

● ブラウザ幅が狭い時

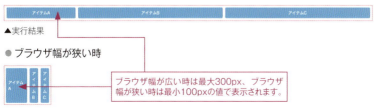

ブラウザ幅が広い時は最大300px、ブラウザ幅が狭い時は最小100pxの値で表示されます。

▲実行結果

repeat()関数

グリッドレイアウトでトラックの幅の指定を繰り返す

{ プロパティ : repeat(繰り返す回数, トラックの幅); }

repeat()関数は、グリッドレイアウトのトラック幅の指定を繰り返すことができます。Internet Explorerでは未サポートです。この関数はgrid-template-columnsプロパティとgrid-template-rowsプロパティで使用できます。

繰り返す回数	
数値	トラック幅の指定を繰り返す回数を整数で指定します。

トラックの幅	
数値と単位	grid-template-columns、grid-template-rowsプロパティで1つずつ指定するべきトラックの幅
auto-fill	グリッドコンテナの大きさに合わせて繰り返す。グリッドアイテムは水平方向の片側に寄る
auto-fit	グリッドコンテナの大きさに合わせて繰り返す。グリッドアイテムは水平方向の中央に寄る

使用例

次の図のようにグリッドレイアウトを作成します。このとき行に2つ、列に4のトラックを作成するので、「grid-template-rows: 200px 200px; grid-template-columns: 200px 200px 200px 200px;」のように記述する必要がありますが、このような固定回数を繰り返すときは、repeat()関数で短く記述できます。

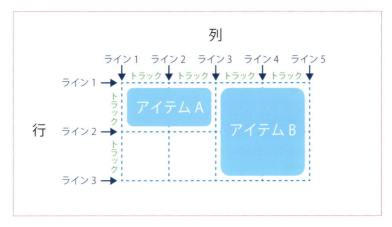

CSS repeat()関数使用前

```
.grid-containr {
    display: grid;
    grid-template-rows: 200px 200px;
    grid-template-columns: 200px 200px 200px 200px;
}
```

CSS repeat()関数使用後

```
.grid-containr {
    display: grid;
    grid-template-rows: repeat(2, 200px);
    grid-template-columns: repeat(4, 200px);
}
```

 APP ▶ 01 ▶ 08_var

var()関数

CSS変数を使用する

{ プロパティ : var(変数); }

var()関数はCSS変数を使うことができます。Internet Explorerでは未サポートです。変数とは箱のようなもので、使用する数字や文字列をあらかじめ入れておいて、箱から取り出すように使えます。CSS変数ではプロパティ値を扱うことができます。

変数

変数	定義したCSS変数を指定する

CSS変数を定義するには、図のように2つのハイフン (-) に続けて変数名を記述します。続けてプロパティ値と同じように、変数に入れる値を記述します。

--pageWidth: 1200px;
　　変数名　　　　　引数

使用例

CSS変数はセレクタに記述することができますが、:root構造擬似クラスに指定することでページ全体で使えるようになります。次のサンプルでは、ボックスで使用する色と

サイズを変数を使って表示しています。

CSS
```
:root {
  --sky: #00a5de;
  --orange: #f5ac0f ;
  --box-width: 300px;
  --box-height: 200px;
}
.box-sky{
    background-color: var(--sky);
    width: var(--box-width);
    height: var(--box-height);
}
.box-orange{
    background-color: var(--orange);
    width: var(--box-width);
    height: var(--box-height);
}
```

HTML
```
<div class="box-sky"></div>
<div class="box-orange"></div>
```

通常の指定通り表示されています。

プロパティに指定する数値と単位

CSSでプロパティの幅や高さの値を指定するときは、いくつかの数値と単位を使うことができます。単位には**絶対単位**と**相対単位**の2種類に分かれます。

絶対単位は、ブラウザの設定・環境に依存せずにサイズを指定することができる単位です。相対単位は、ブラウザの設定・環境に依存して可変的なサイズになる単位です。

▶ 絶対単位

単位	説明
px	ピクセル。ディスプレイの1ピクセル（ドット）を表す
cm	センチメートル。1cm = 96px/2.54
mm	ミリメートル。1mm = 1cmの1/10
in	インチ。1in = 2.54cm = 96px
pc	パイカ。1pc = 12pt = 1inの1/6
pt	ポイント。1pt = 1inの1/72

▶ 相対単位（フォント関連）

単位	説明
em	要素のfont-sizeを1とした倍率
ex	要素の文字で小文字のエックス(x)の高さ
ch	要素の文字で数字0の幅
rem	ルート要素（多くはhtml要素）のフォントサイズを基準とする

▶ 相対単位（ビューポート関連）

単位	説明
vh	ビューポートの高さの1/100。100vh = ビューポートの高さ
vw	ビューポートの幅の1/100。100vh = ビューポートの幅
vmin	ビューポートの高さ、もしくは幅の最小値の1/100
vmax	ビューポートの高さ、もしくは幅の最大値の1/100

▶ 相対単位（パーセンテージ値）

単位	説明
%	要素や親要素のサイズに基づき、その比率でサイズ指定する

カラーの指定方法

CSSのプロパティで色を指定するときは、カラーコードやカラーネームなどを使います。

カラーコード

色をRGBで指定するときは、「#ff9900」のように6桁のカラーコードを使います。この6桁は、RRGGBBのようにRGBが2桁ずつ割り振られています。「#ff9900」のように、RGBそれぞれの各桁が同じ値であれば、「#f90」のように3桁に省略可能です。

CSS関数

CSS関数で色を指定することも可能です。RGBモデルの色はrgb()関数とrgba()関数（P.487）、HSLモデルの色はhsl()関数とhsla()関数（P.488）で指定します。詳しくはCSS関数の解説を確認してください。

Webセーフカラー

ユーザーの閲覧環境によっては、指定した色の通りに表示されない可能性があります。そのリスクを低くするため、Webセーフカラーと呼ばれる256色が用意されています。

カラーネーム

色の名前をキーワードとして指定することができます。147色のカラーネームが定義されています。以下の色は基本の16色で、古いブラウザでもカラーネームを解釈できます。

aqua, black, blue, fuchsia, grey, green, lime, maroon, navy, olive, purple, red, silver, teal, white, yellow

イベントハンドラ属性とは

イベントハンドラ属性は、ユーザーの操作によってイベントを発生させる属性です。次のHTMLは、input要素にonClickイベントハンドラ属性を指定しています。この要素がクリックされたときに、指定したJavaScriptを実行します。

```html
<input type="button" value="Googleへリンク" onclick="jumpGoogle()">
<script>
function jumpGoogle(){
  location.href = "https://www.google.co.jp/";
}
</script>
```

イベントハンドラ属性には次のように多くの種類があります。

フォーム関連	
onblur	要素からフォーカスが外れた時にスクリプトを実行する
onchange	要素が変更された時にスクリプトを実行する
oncontextmenuNew	コンテキストメニューを起動した時にスクリプトを実行する
onfocus	要素にフォーカスが当った時にスクリプトを実行する
onformchangeNew	フォームが変更された時にスクリプトを実行する
onforminputNew	フォームにユーザ入力があった時にスクリプトを実行する
oninputNew	要素にユーザ入力があった時にスクリプトを実行する
oninvalidNew	要素が無効な場合にスクリプトを実行する
onselect	要素が選択された時にスクリプトを実行する
onsubmit	フォームを送信した時にスクリプトを実行する

キーボード関連	
onkeydown	キーを押した時にスクリプトを実行する
onkeypress	キーを押して放した時にスクリプトを実行する
onkeyup	キーを放した時にスクリプトを実行する

マウス関連

onclick	マウスクリックでスクリプトを実行する
ondblclick	マウスのダブルクリックでスクリプトを実行する
ondragNew	要素をドラッグした時にスクリプトを実行する
ondragendNew	ドラッグ操作の最後にスクリプトを実行する
ondragenterNew	有効なドロップ目標にドラッグされた時にスクリプトを実行する
ondragleaveNew	有効なドロップ目標から離れた時にスクリプトを実行する
ondragoverNew	有効なドロップ目標の上にドラッグされている時にスクリプトを実行する
ondragstartNew	ドラッグ操作を開始した時にスクリプトを実行する
ondropNew	ドラッグした要素をドロップした時にスクリプトを実行する
onmousedown	マウスボタンを押した時にスクリプトを実行する
onmousemove	マウスポインタを移動した時にスクリプトを実行する
onmouseout	マウスポインタを要素の外へ移動した時にスクリプトを実行する
onmouseover	マウスポインタを要素の上に移動した時にスクリプトを実行する
onmouseup	マウスボタンを放した時にスクリプトを実行する
onmousewheelNew	マウスホイールを回転した時にスクリプトを実行する
onscrollNew	要素のスクロールバーをスクロールした時にスクリプトを実行する

ウィンドウ関連

onafterprintNew	プリントされた後にスクリプトを実行する
onbeforeprintNew	プリントされる前にスクリプトを実行する
onbeforeonloadNew	ロード前にスクリプトを実行する
onblur	ウィンドウがフォーカスを失ったときにスクリプトを実行する
onerrorNew	エラーが発生した時にスクリプトを実行する
onfocus	ウィンドウがフォーカスを得た時にスクリプトを実行する
onhaschangeNew	変わった時にスクリプトを実行する
onload	ページをロードする時にスクリプトを実行する
onmessageNew	メッセージがトリガーされたときにスクリプトを実行する
onofflineNew	オフラインになったときにスクリプトを実行する
ononlineNew	オンラインになったときにスクリプトを実行する
onpagehideNew	ウィンドウが非表示にされるときにスクリプトを実行する
onpageshowNew	ウィンドウが表示されたときにスクリプトを実行する
onpopstateNew	ウィンドウの履歴が変更されたときにスクリプトを実行する
onredoNew	文書をリドゥ（やり直し）した時にスクリプトを実行する
onresizeNew	ウィンドウをリサイズした時にスクリプトを実行する
onstorageNew	Webストレージ領域が更新されたときにスクリプトを実行する
onundoNew	文書をアンドゥ（元に戻す）した時にスクリプトを実行する
onunloadNew	ユーザがページを離れた時にスクリプトを実行する

メディア関連	
onabort	異常終了時にスクリプトを実行する
oncanplayNew	ファイルの再生開始準備ができたときにスクリプトを実行する
oncanplaythroughNew	バッファリングで再生することができる場合にスクリプトを実行する
ondurationchangeNew	メディアの長さが変わった時にスクリプトを実行する
onemptiedNew	ファイルが突然使用できなくなったときにスクリプトを実行する
onendedNew	メディアが終了したときにスクリプトを実行する
onerrorNew	ファイルのロード中にエラーが発生した時にスクリプトを実行する
onloadeddataNew	メディアデータがロードされたときにスクリプトを実行する
onloadedmetadataNew	メタデータがロードされるときにスクリプトを実行する
onloadstartNew	ロードされる前ファイルのロード始まるときにスクリプトを実行する
onpauseNew	メディアデーター時停止された時にスクリプトを実行する
onplayNew	再生開始の準備ができた時にスクリプトを実行する
onplayingNew	再生開始されたときにスクリプトを実行する
onprogressNew	ブラウザがメディアデータを取得しているときにスクリプトを実行する
onratechangeNew	再生速度を変更するたびにスクリプトを実行する
onreadystatechangeNe	Ready状態の変化のたびにスクリプトを実行する
onseekedNew	seeking属性にシークが終了したことを示す「false」が設定されたときにスクリプトを実行する
onseekingNew	seeking属性にシーク中であることを示す「true」が設定されているときにスクリプトを実行する
onstalledNew	ブラウザがメディアのデータをフェッチできない場合にスクリプトを実行する
onsuspendNew	ロードが完了する前にメディアデータのフェッチが停止したときにスクリプトを実行する
ontimeupdateNew	再生位置が変更されたときにスクリプトを実行する
onvolumechangeNew	ボリュームが変更されるたびにスクリプトを実行する
onwaitingNew	メディアが一時停止したときに、再開が予想される場合にスクリプトを実行する

HTML要素名インデックス

▶ A-C

a	リンクを示す	68
abbr	略語や頭文字を示す	83
address	連絡先の情報を示す	54
area	ホットスポット領域を指定する	113
article	記事コンテンツを示す	47
aside	補足・余談の情報を示す	52
audio	音声コンテンツを埋め込む	120
b	他と区別したいテキストを示す	74
base	相対パスの基準となるURLを指定する	39
bdi	他のテキストとは異なる書字方向であることを示す	99
bdo	テキストの書字方向を指定する	100
blockquote	引用文であることを示す	65
body	HTML文書の本文を示す	45
br	改行を示す	94
button	ボタンを作成する	166
canvas	グラフィックやアニメーションの描写領域を表す	195
caption	テーブル（表組み）のタイトルを表す	131
cite	文献や作品のタイトルを示す	80
code	プログラムなどのコードであることを示す	101
col	テーブル（表組み）の列を表す	133
colgroup	テーブル（表組み）の列グループを表す	133

▶ D-F

data	コンピュータが理解できるデータを示す	90
datalist	入力候補を作成する	173
dd	定義した用語の説明を表示する	64
del	削除された箇所を示す	98
details	追加の詳細情報を示す	186
dfn	定義語を示す	82
dialog	ダイアログを示す	188
div	特別に機能がない汎用的な範囲を示す	55
dl	定義や説明のリストを表示する	63
dt	定義する用語を表示する	64
em	テキストに強勢を付ける	72

embed	外部アプリケーションやインタラクティブコンテンツを埋め込む	119
fieldset	入力コントロールをグループ化する	182
figcaption	figure要素のキャプション（表題）を示す	116
figure	図表などのまとまりを示す	115
footer	直近のセクションのフッター情報を示す	50
form	フォーム関連の要素を指定する	136

▶ H-I

h1、h2、h3、h4、h5、h6		
	見出しを示す	57
head	ヘッダ情報を示す	34
header	セクションのヘッダー情報を示す	49
hr	段落の区切りを示す	67
html	ルート要素を示す	33
i	通常のテキストとは少し異なるテキストを示す	75
iframe	インラインフレームを表示する	117
img	画像ファイルを表示する	105
input	フォームの入力要素を作成する	138
type「button」	汎用的なボタンを作成する	165
type「checkbox」	チェックボックスを作成する	159
type「color」	RGBカラーの入力欄を作成する	158
type「date」	日付（年・月・日）の入力欄を作成する	151
type「datetime-local」		
	ローカル日時の入力欄を作成する	155
type「email」	メールアドレスの入力欄を作成する	149
type「file」	送信するファイルの選択欄を作成する	161
type「hidden」	画面には表示されないデータを作成する	145
type「image」	画像の送信ボタンを作成する	163
type「month」	月の入力欄を作成する	152
type「number」	数値の入力欄を作成する	156
type「password」	パスワードの入力欄を作成する	150
type「radio」	ラジオボタンを作成する	160
type「range」	大まかな数値の入力欄を作成する	157
type「reset」	入力内容のリセットボタンを作成する	164
type「search」	検索キーワードの入力欄を作成する	146
type「submit」	送信ボタンを作成する	162
type「tel」	電話番号の入力欄を作成する	147
type「text」	1行のテキスト入力欄を作成する	144
type「time」	時刻の入力欄を作成する	154

type「url」	URLの入力欄を作成する	148
type「week」	週の入力欄を作成する	153
ins	追加されたことを示す	97

▶ K-N

kbd	ユーザがコンピュータへ入力する内容であることを示す	104
label	入力コントロールの項目名を表す	174
legend	fieldset要素で作られたグループの見出しを作成する	183
li	リスト項目を表示する	62
link	指定した外部のリソースを参照する	41
main	HTML文書のメインコンテンツを示す	46
map	イメージマップを作成する	112
mark	ユーザーの操作によって目立たせるテキストを示す	77
meta	HTML文書に関する情報（メタデータ）を示す	35
meter	特定範囲の測定値を表示する	179
nav	ナビゲーションを示す	51
noscript	スクリプトが動作しない環境の内容を表す	192

▶ O-R

object	外部のリソースを埋め込む	127
ol	順序のあるリストを表す	59
optgroup	option要素のグループを作成する	172
option	select要素、datalist要素の選択肢を作成する	171
output	計算結果を表示する	176
p	段落を示す	58
picture	レスポンシブ・イメージを指定する	107
pre	ソース中のスペースや改行をそのまま表示する	66
progress	プログレスバー（進行状況）を表示する	177
q	短い引用文であることを示す	81
rb	ルビを振る対象テキストを示す	86
rp	ルビテキストを示す	87
rt	ルビテキストを示す	86
rtc	ルビテキストの集まりを示す	87
ruby	ルビを振る	84

▶ S

s	無効になった内容を示す	79
samp	プログラムなどの出力結果であることを示す	103
script	JavaScriptなどクライアントサイドスクリプトを埋め込む	190

section	文章のセクションを示す	48
select	プルダウンメニューを作成する	170
small	細目（さいもく）を示す	78
source	video要素、audio要素、picture要素で複数の外部リソースを	
	指定する	108
span	汎用的な範囲を示す	92
strong	テキストに重要性を示す	73
style	スタイル情報を記述する	44
sub	下付き文字を表示する	91
summary	details要素の要約を示す	188
sup	上付き文字を表示する	92
svg	SVG画像をHTML文書に埋め込む	126

▶ T-W

table	テーブル（表組み）を作成する	128
tbody	テーブル（表組み）のボディ要素の行グループを表す	132
td	テーブル（表組み）のセルを表す	130
template	スクリプトが利用するHTMLのパーツを表す	193
textarea	複数行のテキスト入力欄を作成する	167
tfoot	テーブル（表組み）のフッタ要素の行グループを表す	132
th	テーブル（表組み）の見出しセルを表す	129
thead	テーブル（表組み）のヘッダ要素の行グループを表す	131
time	日付や時刻を正確に示す	88
title	HTML文書のタイトル要素を示す	38
tr	テーブル（表組み）の行を表す	129
track	video要素やaudio要素のトラック情報を指定する	124
u	スペルミスや外国固有名詞などを示す	76
ul	順序のないリストを表示する	61
var	変数であることを示す	102
video	動画コンテンツを埋め込む	122
wbr	改行が可能な位置を指定する	95

CSSプロパティ名インデックス

▶ A

align-content	flexboxアイテムをクロス軸に沿って配置する位置を指定する	458
align-items	flexboxアイテムのクロス軸に沿って配置する位置を指定する	454
align-self	flexboxアイテムのクロス軸に沿って配置する位置を個別に指定する	456
animation	アニメーション関連のプロパティをまとめて指定する	432
animation-delay	アニメーションが開始するまでの時間を指定する	426
animation-direction	アニメーションの再生方向を指定する	431
animation-duration	アニメーションの1回分の時間を指定する	425
animation-fill-mode	アニメーションの実行前後のスタイルを指定する	429
animation-iteration-count		
	アニメーションの実行回数を指定する	430
animation-name	要素にアニメーション名を指定する	424
animation-play-state	アニメーションが再生中か一時停止状態かを指定する	427
animation-timing-function		
	アニメーションの変化のタイミングを指定する	428

▶ B

backface-visibility	3D変形させる時の、要素の背面の描画方法を指定する	420
background	背景のプロパティを一括指定する	333
background-attachment		
	スクロール時の背景画像の表示方法を指定する	323
background-clip	背景画像を表示する領域を指定する	328
background-color	背景の色を指定する	321
background-image	背景画像を指定する	322
background-origin	背景画像を表示する基準位置を指定する	332
background-position	背景画像を表示する位置を指定する	326
background-repeat	背景画像の繰り返しを指定する	324
background-size	背景画像のサイズを指定する	330
border	ボーダーのプロパティをまとめて指定する	309
border-collapse	テーブルのボーダーの表示形式を指定する	372
border-color	ボーダーの色を指定する	308
border-image	ボーダー画像のプロパティをまとめて指定する	320

502

border-image-outset	ボーダー画像の領域を広げるサイズを指定する	318
border-image-repeat	ボーダー画像の繰り返しを指定する	317
border-image-slice	ボーダー画像の分割位置を指定する	315
border-image-source	ボーダーに画像を指定する	313
border-image-width	ボーダー画像の幅を指定する	314
border-radius	ボーダーの角丸を指定する	311
border-spacing	テーブルのボーダーの間隔を指定する	373
border-style	ボーダーのスタイルを指定する	303
border-width	ボーダーの幅を指定する	306
bottom	ボックスの配置位置を指定する	365
box-decoration-break		
	ボックスが改行する時の表示方法を指定する	351
box-shadow	ボックスに影を追加する	350
box-sizing	ボックスサイズの計算方法を指定する	347
break-after	改ページや段組みの区切り位置を指定する	408
break-before	改ページや段組みの区切り位置を指定する	408
break-inside	改ページや段組みの区切り位置を指定する	408

▶ C

caption-side	テーブルのcaption要素の表示位置を指定する	376
clear	ボックスの回り込みを解除する	364
color	テキストの色を指定する	252
column-count	段組みの列数を指定する	396
column-fill	段組み内の要素の表示バランスを指定する	397
column-gap	段組みの列の間隔を指定する	399
column-rule	段組みの列間に引く罫線のプロパティをまとめて指定する	400
column-rule-color	段組みの列間に引く罫線の色を指定する	401
column-rule-style	段組みの列間に引く罫線のスタイルを指定する	402
column-rule-width	段組みの列間に引く罫線の太さを指定する	403
columns	段組みの列数と列の幅をまとめて指定する	407
column-span	段組み内の要素が複数の列にまたがるかを指定する	404
column-width	段組みの列の幅を指定する	406
content	コンテンツを挿入する	385
counter-increment	contentプロパティで挿入するカウンターの更新値を指定する	388
counter-reset	contentプロパティで挿入するカウンター値をリセットする	389
cursor	マウスポインターのデザインを指定する	383

503

▶ D-E

direction	テキストを表示する方向を指定する	284
display	ボックスの種類を指定する	361
display: flex/display: inline-flex		
	flexboxコンテナを指定する	440
display: grid/display: inline-grid		
	グリッドレイアウトを指定する	460
empty-cells	テーブル内の、空のセルの表示形式を指定する	375

▶ F

flex	flexboxアイテムの幅を一括で指定する	451
flex-basis	flexboxアイテムを指定する	450
flex-direction	flexboxアイテムを配置する方向を指定する	442
flex-flow	flexboxアイテムの配置する方向と折り返しを指定する	445
flex-grow	flexboxアイテムの幅の、伸びる倍率を指定する	448
flex-shrink	flexboxアイテムの幅の、縮む倍率を指定する	449
flex-wrap	flexboxアイテムの折り返しを指定する	443
float	ボックスの回り込みを指定する	363
font	フォント関連のプロパティをまとめて指定する	261
font-family	フォントの種類を指定する	259
font-feature-settings	OpenTypeフォントの機能を制御する	265
font-size	フォントのサイズを指定する	256
font-size-adjust	フォントのサイズを調整する	264
font-stretch	フォント幅の拡大・縮小を指定する	262
font-style	フォントのスタイルを指定する	253
font-variant	フォントをスモールキャップスに指定する	254
font-weight	フォントの太さを指定する	255

▶ G

grid-area	グリッドアイテムのエリア名を指定する	473
grid-auto-columns	暗黙のトラックのサイズを指定する	479
grid-auto-flow	グリッドアイテムの配置方向を指定する	477
grid-auto-rows	暗黙のトラックのサイズを指定する	479
grid-column	列のグリッドアイテムの位置を指定する	468
grid-column-end	列のグリッドアイテムの終了位置を指定する	465
grid-column-gap	グリッドアイテム同士間の列の余白を指定する	474
grid-column-start	列のグリッドアイテムの開始位置を指定する	465
grid-gap	グリッドアイテム同士間の余白をまとめて指定する	475
grid-row	行のグリッドアイテムの位置を指定する	468
grid-row-end	行のグリッドアイテムの終了位置を指定する	465

grid-row-gap	グリッドアイテム同士間の行の余白を指定する	474
grid-row-start	行のグリッドアイテムの開始位置を指定する	465
grid-template	グリッドレイアウトの行と列のトラックサイズをまとめて指定する	464
grid-template-areas	グリッドレイアウトのエリアを指定する	471
grid-template-columns	グリッドレイアウトの列のトラックサイズを指定する	462
grid-template-rows	グリッドレイアウトの行のトラックサイズを指定する	462

▶ H-M

height	ボックスの高さを指定する	342
hyphens	単語の途中での折り返す際のハイフン(-)を指定する	283
image-orientation	画像を回転させる	395
justify-content	flexboxアイテムをメイン軸に沿って配置する位置を指定する	452
left	ボックスの配置位置を指定する	365
letter-spacing	文字の間隔を指定する	276
line-break	改行の禁則処理を指定する	281
line-height	行の高さを指定する	258
list-style	リスト項目のマーカーをまとめて指定する	381
list-style-image	リスト項目のマーカーの画像を指定する	380
list-style-position	リスト項目のマーカーの位置を指定する	378
list-style-type	リスト項目のマーカーの種類を指定する	377
margin	ボックスの外側の余白を指定する	298
max-height	ボックス高さの最大値を指定する	343
max-width	ボックスの幅の最大値を指定する	343
min-height	ボックスの高さの最小値を指定する	345
min-width	ボックスの幅の最小値を指定する	345

▶ O

object-fit	画像などをボックスにどのようにフィットさせるか指定する	391
object-position	画像などをボックスに表示させる位置を指定する	393
opacity	要素の透明度を指定する	382
order	flexboxアイテムを配置する順番を指定する	446
outline	ボックスのアウトラインのプロパティをまとめて指定する	358
outline-color	ボックスのアウトラインの色を指定する	357
outline-offset	ボックスのアウトラインとボーダーの間隔を指定する	359
outline-style	ボックスのアウトラインのスタイルを指定する	355
outline-width	ボックスのアウトラインの幅を指定する	356
overflow	ボックスからコンテンツがはみ出た時の表示方法を指定する	353

overflow-wrap	単語の途中での改行を指定する	282
overflow-x	ボックスからコンテンツがはみ出た時の水平方向の表示方法を指定する	352
overflow-y	ボックスからコンテンツがはみ出た時の垂直方向の表示方法を指定する	352

▶ P-R

padding	ボックスの内側の余白を指定する	301
perspective	要素を3D変形させる時の奥行きを指定する	417
perspective-origin	3D変形させる時の要素の奥行きの基点を指定する	419
position	ボックスの配置規則を指定する	365
quotes	contentプロパティで挿入する記号を指定する	387
resize	ボックスのリサイズを許可する	360
right	ボックスの配置位置を指定する	365

▶ T

table-layout	テーブルのレイアウトアルゴリズムを指定する	370
tab-size	タブ文字の表示幅を指定する	278
text-align	テキストの行揃えの位置を指定する	269
text-align-last	テキストの最終行の揃え位置を指定する	271
text-decoration	テキストに対する線をまとめて指定する	289
text-decoration-color	テキストに対する線の色を指定する	288
text-decoration-line	テキストに対する線の種類を指定する	286
text-decoration-style	テキストに対する線のスタイルを指定する	287
text-emphasis	テキストに付ける圏点をまとめて指定する	292
text-emphasis-color	テキストに付ける圏点の色を指定する	291
text-emphasis-position	テキストに付ける圏点の位置を指定する	293
text-emphasis-style	テキストに付ける圏点のスタイルを指定する	290
text-indent	テキストの1行目の字下げ幅を指定する	274
text-justify	text-align: justifyの形式を指定する	272
text-overflow	テキストが表示領域をはみ出したときの表示を指定する	273
text-shadow	テキストに影を追加する	294
text-transform	テキストを大文字や小文字表示に指定する	268
top	ボックスの配置位置を指定する	365
transform（2D）	要素を2Dに変形させる	410
transform（3D）	要素を3Dに変形させる	413

transform-origin	要素を2D・3D変形させる時の中心点を指定する	414
transform-style	3D変形させる時の子要素の配置方法を指定する	416
transition	トランジション効果をまとめて指定する	439
transition-delay	トランジション効果が開始されるまでの時間を指定する	438
transition-duration	トランジション効果が完了するまでの時間を指定する	435
transition-property	トランジション効果を適用するプロパティを指定する	433

transition-timing-function

トランジション効果の変化のタイミングを指定する ⋯⋯⋯⋯ 437

▶ U-Z

unicode-bidi	文字表記の方向設定の上書き方法を指定する	284
vertical-align	縦方向の揃え位置を指定する	296
visibility	ボックスの表示・非表示を指定する	368
white-space	要素内のスペース・タブ・改行の表示を指定する	279
width	ボックスの幅を指定する	342
word-break	テキストの改行方法を指定する	280
word-spacing	単語の間隔を指定する	277
writing-mode	縦書き、横書きを指定する	285
z-index	ボックスの配置位置を指定する	366

CSS関数名インデックス

attr()	属性値を取得する	485
calc()	プロパティ値の計算（四則計算）を行う	483
counter()	カウンターを使用する	484
hsl()/hsla()	色をHSL・HSLaで指定する	488
linear-gradient()	線形グラデーションを指定する	334
minmax()	グリッドレイアウトでトラックの幅の最小値と最大値を指定する	489
radial-gradient()	円形グラデーションを指定する	336
repeat()	グリッドレイアウトでトラックの幅の指定を繰り返す	490

repeating-linear-gradient()

繰り返しの線形グラデーションを指定する ⋯⋯⋯⋯ 338

repeating-radial-gradient()

繰り返しの円形グラデーションを指定する ⋯⋯⋯⋯ 340

rgb()/rgba()	色をRGB・RGBaで指定する	487
var()	CSS変数を使用する	491

用語インデックス

▶ 記号

!important宣言	204
::after	249
::before	249
::first-letter	248
::first-line	247
:active	240
:checked	246
:disabled	245
:empty	236
:enabled	244
:first-child	229
:first-of-type	231
:focus	241
:hover	239
:lang	243
:last-child	230
:last-of-type	232
:link	237
:not	250
:nth-child(n)	223
:nth-last-child(n)	225
:nth-of-type(n)	227
:only-child	234
:only-of-type	235
:root	222
:target	242
:visited	238
@font-face規則	266
@keyframes規則	422

▶ 数字

2次元レイアウト	460

▶ A-C

accesskey	27
autocapitalize	27
body要素	20
class	27
contenteditable	27
CSS	198
CSS関数	482
CSS変数	491

▶ D-H

data-*	27
dir	27
draggable	28
flexboxコンテナ	440
Grid Layoutコンテナ	460
head要素	19
hidden	28
HSL	488
HSLa	488
HTML	18
html要素	19

▶ I-R

id	28
IDセレクタ	214
lang	28
OpenTypeフォント	265
rel属性	41
RGB	487
RGBa	487
RIA	30

▶ S-T

scoped属性	44
sizes属性	111

spellcheck ········· 28
srcset属性 ········· 109
style ········· 28
style要素 ········· 200
tabindex ········· 28
title ········· 28
translate ········· 28

▶ W

WAI-ARIA ········· 30
Webセーフカラー ········· 494
Webフォント ········· 266

▶ あ行

アウトライン ········· 25
アウトライン（ボックス） ········· 355
値 ········· 198
アニメーション ········· 422
暗黙のアウトライン ········· 26
暗黙のトラック ········· 479
一般兄弟セレクタ ········· 212
移動 ········· 411, 413
イベントハンドラ属性 ········· 495
イメージマップ ········· 112
上付き文字 ········· 92
エリア ········· 471
遠近効果 ········· 413
円形グラデーション ········· 336, 340
エンベディッドコンテンツ ········· 22
オートコンプリート ········· 139
奥行き ········· 417
親要素 ········· 20
音声 ········· 120

▶ か行

改行 ········· 94, 95, 279, 280, 282, 351
外国固有名詞 ········· 76
開始タグ ········· 18
階層構造 ········· 20, 25
回転 ········· 395, 410, 413
改ページ ········· 408
カウンター ········· 388, 389, 484
拡大・縮小 ········· 410, 413
影 ········· 294, 350
頭文字 ········· 83
画像 ········· 105
カテゴリー ········· 21
角丸 ········· 311
カラー ········· 494
カラーコード ········· 494
カラーネーム ········· 494
カラーピッカー ········· 158
間隔 ········· 276, 277
間接セレクタ ········· 212
記事 ········· 47
キャプション ········· 116
強勢 ········· 72
行揃え ········· 269
兄弟要素 ········· 20
禁則処理 ········· 281
均等割り付け ········· 272
区切り ········· 67
区切り位置 ········· 408
クライアントサイドスクリプト ········· 190
クラスセレクタ ········· 213
グリッドアイテム ········· 460
グリッドレイアウト ········· 460, 489, 490
グローバル属性 ········· 27
クロス軸 ········· 440
計算結果 ········· 176
傾斜 ········· 410
罫線（段組み） ········· 400
言語コード ········· 33
圏点 ········· 290, 291, 292, 293

コード	101
子セレクタ	210
コメントアウト	199
子要素	20
コンテンツモデル	24

▶ さ行

再生方向	431
細目	78
作品タイトル	80
字下げ	274
子孫セレクタ	209
下付き文字	91
実行回数（アニメーション）	430
重要性	73
終了タグ	18
出力結果	103
詳細情報	186
省略記号	273
書字方向	99, 100
スタイルシートファイル	200
スタイル情報	44
スペルミス	76
スモールキャップス	254
整形済みテキスト	66
セクショニングコンテンツ	21
セクショニングルート	22
セクション	48
絶対パス	69
セル	462
セレクタ	198
線	286, 287, 288, 289
線形グラデーション	334, 338
全称セレクタ	207
送信ボタン	162, 163
相対パス	69
属性	18
属性セレクタ	
	215, 216, 217, 218, 219, 220, 221
属性値	18, 485
測定値	179

▶ た行

ダイアログ	188
タイトル要素	38
タイプセレクタ	208
タグ	18
縦書き	285
タブ	278, 279
単位	493
段組み	396
段落	58
チェックボックス	159
定義語	82
定義リスト	63, 64
テーブル	128, 370
問い合わせフォーム	184
動画	122
透明度	382
ドキュメントタイプ	32
トラック	462, 489, 490
トラックサイズ	464
トラック情報	124
トランジション	433
トランスフォーム関数	410, 413
トランスペアレントコンテンツ	24

▶ な行

内容	19
ナビゲーション	51
入力候補	173
入力欄	138

▶ は行

背景	321
背景画像	322
配置（ボックス）	365
ハイフン	283
背面（変形）	420
パディング	202
幅ディスクリプタ	110
パルパブルコンテンツ	23

ピクセル密度ディスクリプタ	109
ビューポート	110
表組み	128
表題	116
フォーム	136
フッター	50
プルダウンメニュー	170
フレージングコンテンツ	22
フレキシブルボックス	440
フローコンテンツ	22
プログレスバー	177
プロパティ	198
文献	80
文書型宣言	19
ヘッダー	49
ヘッダ情報	34
ヘディングコンテンツ	21
変形	410, 413
変数	102
ベンダープレフィックス	206
ボーダー	202, 303, 306, 308, 309, 311
ボーダー（テーブル）	372
ボーダー画像	313, 314, 315, 317, 318, 320
補足	52
ボタン	165, 166
ボックス	342
ボックスサイズ	347
ボックスモデル	202
ホットスポット領域	113
本文	45

▶ ま行

マーカー（リスト）	377
マージン	202
マイクロデータ	29
マウスポインター	383
孫要素	20
マトリクス変形	410, 413
回り込み（ボックス）	364
見出し	57
無効	79

メイン軸	440
メタデータ	35
メタデータコンテンツ	21

▶ や行

優先順位（スタイル）	203
ユニバーサルセレクタ	207
要素型セレクタ	208
要素の内容	202
要素名	18
要約	188
横書き	285
余談	52
余白	298, 301

▶ ら行

ラジオボタン	160
リスト	59, 61
リスト項目	62, 63
リセットボタン	164
略語	83
リンク	68
隣接兄弟セレクタ	211
隣接セレクタ	211
ルート要素	33
ルビ	84
レイアウトアルゴリズム	370
レスポンシブイメージ	107
連絡先	54
論理属性	18

■ 著者プロフィール

中島 真洋（なかしま まさひろ）

HTML、CSS、JavaScript などフロント
エンドから、PHP やサーバー構築などサー
バーサイドまで Web サイト制作業務全般
に携わる。Web サイト制作を中心に行う
株式会社 FlipClap 代表取締役。また、ミャ
ンマー現地法人の Innovasia MJ Co.,Ltd.
所属。

https://www.flipclap.co.jp
https://innovasia-mj.com

今すぐ使えるかんたんPLUS⁺
エイチティーエムエルファイブアンドシーエスエススリー　コンプリートだい　じ　てん
HTML5&CSS3 完全大事典

2018 年 8 月 8 日　初版　第 1 刷発行
2019 年 7 月 17 日　初版　第 2 刷発行

著　者●中島 真洋
発行者●片岡 巖
発行所●株式会社 技術評論社
　　　　東京都新宿区市谷左内町 21-13
　　　　電話　03-3513-6150　販売促進部
　　　　　　　03-3513-6160　書籍編集部

カバーデザイン●菊池祐（ライラック）
本文デザイン●リンクアップ
本文 DTP●スタジオ・キャロット
本文図版●技術評論社
編集●鷹見成一郎
製本／印刷●図書印刷株式会社

定価はカバーに表示してあります。

落丁・乱丁がございましたら、弊社販売促進部までお送
りください。交換いたします。
本書の一部または全部を著作権法の定める範囲を
超え、無断で複写、複製、転載、テープ化、ファイルに
落とすことを禁じます。

©2018　中島 真洋

ISBN978-4-7741-9811-8　C3055
Printed in Japan

お問い合わせについて

本書に関するご質問については、本書に記載され
ている内容に関するもののみとさせていただきま
す。本書の内容と関係のないご質問につきまして
は、一切お答えできませんので、あらかじめご了
承ください。また、電話でのご質問は受け付けて
おりませんので、必ず FAX か書面にて下記まで
お送りください。
なお、ご質問の際には、必ず以下の項目を明記し
ていただきますようお願いいたします。

1 お名前
2 返信先の住所または FAX 番号
3 書名
　「今すぐ使えるかんたん PLUS⁺
　HTML5&CSS3　完全大事典」
4 本書の該当ページ
5 ご使用の端末や OS、Web ブラウザ
6 ご質問内容

なお、お送りいただいたご質問には、できる限り
迅速にお答えできるよう努力いたしております
が、場合によってはお答えするまでに時間がかか
ることがあります。また、回答の期日をご指定な
さっても、ご希望にお応えできるとは限りません。
あらかじめご了承くださいますよう、お願いいた
します。ご質問の際に記載いただきました個人情
報は、回答後速やかに破棄させていただきます。

問い合わせ先

〒 162-0846
東京都新宿区市谷左内町 21-13
株式会社技術評論社　書籍編集部
「今すぐ使えるかんたん PLUS⁺
HTML5&CSS3 完全大事典」質問係
FAX 番号　03-3513-6167

URL　https://book.gihyo.jp